编委会

农村现代养殖综合配套技术

NONGCUN XIANDAI YANGZHI ZONGHE PEITAO JISHU

王瑜 王伟华 刘燕 主编

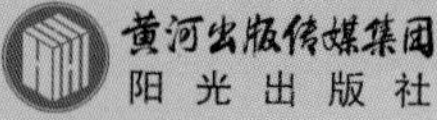

黄河出版传媒集团
阳光出版社

图书在版编目（CIP）数据

农村现代养殖综合配套技术 / 王瑜，王伟华，刘燕主编. -- 银川：阳光出版社，2012.6
ISBN 978-7-5525-0183-4

Ⅰ. ①农… Ⅱ. ①王… ②王… ③刘… Ⅲ. ①禽畜－饲养管理 Ⅳ. ①S815

中国版本图书馆 CIP 数据核字(2012)第 141313 号

农村现代养殖综合配套技术 王 瑜 王伟华 刘 燕 主编

责任编辑 王 燕 金佩霞
装帧设计 张 梅
责任印制 郭迅生

黄河出版传媒集团
阳 光 出 版 社 出版发行

地 址 银川市北京东路139号出版大厦（750001）
网 址 http://www.yrpubm.com
网上书店 http://www.hh-book.com
电子信箱 yangguang@yrpubm.com
邮购电话 0951-5014124
经 销 全国新华书店
印刷装订 宁夏锦绣彩印包装有限公司
印刷委托书号 (宁)0012375

开 本 880mm×1230mm 1/32
印 张 12.5
字 数 300千
版 次 2012年6月第1版
印 次 2012年6月第1次印刷
书 号 ISBN 978-7-5525-0183-4/S·62
定 价 30.00元

前 言

宁夏位于我国西北地区东部，黄河上游，是我国五个少数民族自治区之一。地处中温带，属于典型的干旱半干旱地区，多年平均降水不足300毫米。黄河流经宁夏北部平原397公里，引黄灌溉条件得天独厚，有“天下黄河富宁夏”的美誉。宁夏全区现有耕地127万公顷，其中灌溉耕地40多万公顷，人均耕地、人均灌溉耕地在全国各省市区中名列前茅，年生产粮食能力稳定在350万吨以上，还有大面积后备耕地资源可供开发；拥有优质牧草870万亩，年生产优质干草244.4万吨。独特的民族优势和资源禀赋使宁夏发展特色畜牧养殖业具有得天独厚的优势。

根据宁夏的自然资源、生态条件、农业发展模式和水平不同，“十一五”宁夏回族自治区政府提出加快建设北部引黄灌区现代农业示范区、中部干旱带旱作节水农业示范区、南部黄土丘陵区生态农业示范区的“三大农业示范区”建设战略。在“三大农业示范区”建设中，清真牛羊肉、奶产业和优质牧草产业又被自治区列为13个特色优势产业。其中，生猪养殖一直是宁夏全区卫宁青隆的区域优势产业，养鸡也是宁夏全区山川回汉群众的传统养殖业，特别是近年来发展势头强劲的生态养鸡更受广大养殖者和消费者青睐。“十一五”末，宁夏全区肉牛饲养量189万头，奶牛存栏43.2万头，生猪饲养量345万头，家禽饲养量3800万只，肉类总产量36.8万吨，牛奶产量122万吨，畜牧业总产值达到86.1亿元，占农业总产值的38%。

随着国家“三化”统筹建设步伐的加快，宁夏全区畜牧业也面临着一些困难和挑战，一是城乡居民对畜产品的数量和质量要求越来越高；二是对畜牧业提质增效的要求越来越高，农民增收难度增加；三是畜牧业生态健康养殖和草原生态文明的要求越来越高。“十二五”宁夏在现代农业发展上，提出推进特色优势产业聚集升级，努力在优良品种、高新技术、高端市场、高效益上实现新突破和力促畜牧养殖业效益倍增。为了加快畜牧养殖业稳步发展，农村畜牧养殖从业人员的技术水平亟待提高，为此，我们组织相关人员编著《农村现代养殖综合配套技术》。

本书分为奶牛养殖实用技术、肉牛生产技术、肉牛常用饲草栽培及加工技术、现代养猪实用技术和鸡的饲养技术5个部分。内容涵盖畜禽良种繁育、优质牧草栽培加工和利用、高效生态养殖和保健技术。该书针对农村畜牧养殖生产重点环节，以操作性、实用性为主，通俗易懂，易于被基层畜牧养殖人员理解和掌握。书中的内容不可避免存在不足之处，希望广大同行提出宝贵意见。

编　者

2012年4月

目 录

第一部分
奶牛养殖实用技术

DIYI BUFEN

NAINIU YANGZHI SHIYONGJISHU

第一章 奶牛养殖的基础工作

第一节 养牛前的准备工作

一、牛场选址

根据计划饲养的奶牛头数，牛场选址主要考虑以下几方面因素。

（一）地势

应选择地势比较干燥，地面平坦或稍有坡度，但通常不能选择山坡或高地。否则，冬季容易招致寒风的侵袭，也不利于交通运输。

（二）土质

土质对奶牛的健康、管理和生产性能有很大影响。一般要求土壤透水性、透气性好，吸湿小，导热性小，保温良好。最合适的是沙壤土，雨后不会泥泞，容易保持干燥。如果是黏土，会造成运动场积水、泥泞、牛体卫生差、腐蹄病发生率高。

（三）水源

奶牛场每天消耗大量的用水。一般情况下，100 头奶牛每天的需水量，包括饮水及清洗用具、洗刷牛舍床地和牛体等，至少需要 25～30 吨水。因此，牛场场址应选在有充足良好水源之处，以保证常年用水方便，并注意水中微量元素成分与含量，通常井水、泉水等地下水的水质较好。

（四）交通与防疫

牛场每天都有大量的牛奶、饲料、粪便进出。因此，牛场的位置应选择在距离饲料生产基地和放牧地较近、交通便利的地方，但又不能太靠近交通要道与工厂、居民区，以利于防疫和环境卫生。一般牛场距交通主干道要求在 300 米以上，距居民区 500 米以上。同时，牛场应位于居民区下风向，以防牛舍的有害气体和污水污染居民区。

二、牛场规划

奶牛场规划应根据经营方式、规模大小，本着因地制宜和便于科学管理的原则，合理布局，尽量做到提高土地利用率，节约基建资金，有利于防疫卫生，防止环境污染。一般考虑将奶牛场分为以下 3 个区，即生活管理区、生产区和生产辅助区。各区要相互隔离，并有严格的消毒卫生防疫措施。生活管理区应设置于最上风向。生产区包括各类牛舍、挤奶厅、贮奶室、兽医室等。牛舍与牛舍之间距离应间隔 20 米以上，运动场内尽可能有遮阳树木，有利于夏季防暑降温。兽医室、病牛室建于其他建筑物的下风向。生产辅助区主要指饲料加工调制贮存室、青贮窖、畜粪堆贮处理区等。饲料加工调制贮存室、青贮窖应设在距离牛舍较近的部位。畜粪堆贮处理区应与其他建筑保持一定距离，并且便于牛粪向场外运输。

三、饲草饲料的准备

在养牛之前，要准备好充足的饲草饲料。从大数上讲，一头产奶牛一年需要干草 1 000 ~ 2 000 千克，青贮饲料和青饲料 7 000 ~ 10 000千克，其他饲料如胡萝卜、白薯、糟粕饲料 1 000 ~ 4 000 千克，还要有少量的食盐和矿质饲料。精饲料也就是谷物和各种饼类饲料，一般需要 1 500～3 000 千克。6 月龄以内的犊牛，一般按 4 头折 1 头计算；6 月龄以上的育成牛 2 头折 1 头；青年牛 1 头按 1 头计算。

根据以上数量安排准备好各种饲料，还要注意把饲料保管好，不要受潮。发霉变质的饲料、饲草一定不要喂牛。

第二节　奶牛品种及特点

养牛者要想使牛群达到高产、优质和高效率，最终获得很好的经济效益，首先要选择合适的品种。当前，世界上的乳用牛品种主要有荷斯坦牛、西门塔尔牛、娟珊牛、瑞士褐牛、更赛牛、爱尔夏牛和乳用短角牛等。而世界上分布最广、数量最多的奶牛是荷斯坦奶牛。目前，我国饲养的主要奶牛品种是荷斯坦牛，其中绝大多数是中国荷斯坦牛。近几年，又引入澳大利亚、新西兰、美国、加拿大等国的荷斯坦牛。现主要就中国荷斯坦牛和其他几个头数较多、分布较广、影响较大的品种作一介绍。

一、　奶牛品种

（一）中国荷斯坦牛

中国荷斯坦牛是我国的主要奶牛品种，分布于全国各地，以大中城市及工矿区附近为多。从 19 世纪末期开始，我国先后从英国、法国、日本、美国、加拿大、荷兰和苏联等国引入荷斯坦牛，在纯种繁殖的同时，与我国本地黄牛和当地杂种奶牛杂交，奠定了中国荷斯坦牛形成的基础。因各地牛的基础和引入的国家不同，使中国荷斯坦牛形成不同的类型。如东北地区，原有品种是蒙古黄牛、三河牛等，而对改造当地品种作用较大的主要是日本荷斯坦牛。这一地区形成了中等体型的荷斯坦牛。辽宁、吉林和黑龙江省的一部分荷斯坦牛均属这一类型。该类型第三胎体高 133 厘米左右，产奶量近 6 000 千克，乳脂率 3.5%左右。北京、天津地区的荷斯坦牛受英国、美国、德国、加拿大等国大型荷斯坦牛影响很大，形成了大型荷斯坦牛。该类型第三胎体高 136 厘米以上，产奶 7 000 千克以上，乳脂率 3.4%左右。我国的小型荷斯坦牛主要是用荷兰、丹麦荷斯坦牛改良形成的。第三胎体高 130 厘米左右，产奶 5 500 千克左右，乳脂率 3.5%以上。

中国荷斯坦牛成年母牛体重 575 千克，体高 132.98 厘米。初生重 38.88 千克，6 月龄活重 166.87 千克，日增重 711 克，18 月龄活重为 400 千克，6~18 月龄日增重为 650 克。繁殖性能良好，产后出现第一次发情平均为 53 天，发情周期为 21.2 天，妊娠期怀公犊为 281.9 天，怀母犊为 279.2 天。平均受胎率为 88.7%，繁殖率为 89.04%。生产性能较高，体质结实，外貌结构良好，适应性强，利用年限长，遗传性较稳定，以乳为主且有一定的产肉性能。从目前生产情况看，中国荷斯坦牛在体形上还不够一致，后躯发育和乳房附着上还不够理想，生产水平有待进一步提高。

（二）西门达尔牛

西门达尔牛原产于瑞士西部及法国、联邦德国和奥地利等国，为世界著名的兼用品种。自 19 世纪中期起陆续输往匈牙利、罗马尼亚、南斯拉夫、苏联、美国、加拿大、澳大利亚及阿根廷等国。19 世纪末引入中国，20 世纪初又几次引入，主要分布在内蒙古和黑龙江。20 世纪 50 年代以来，又从联邦德国、瑞士、奥地利等国多次引入，目前众多省区均有饲养。我国早期经苏联引入的西门达尔牛对早期的滨州牛和三河牛的形成起很大作用。西门达尔牛毛色为黄白花或红白花。头胸部、腹下及尾帚为白色，肩部和腰部有条状白片。西门达尔牛体格大，成年公牛体高148~153厘米，体重900~1 400千克；母牛体高133~140厘米，体重650~800千克；犊牛初生重44~45千克。据瑞士1978~1979年对173 582头母牛统计，年均产奶量为4 598千克，乳脂率3.95%。前乳房指数为43%，最高排乳速度为2.3~2.4千克/分钟。西门达尔牛也具有较高的产肉性能，肌肉发达，胴体质量好，肥育后屠宰率可达65%。肥育公牛16~17月龄活重可达600~700千克。

西门达尔牛适应性强，改良效果好。如黑龙江省跃进农场西门达尔杂种牛泌乳期305天产奶量，一代牛为2 123千克，二代牛为2 878千克。三代牛为4 322千克。又据1982年山西省和顺县调查，西门达尔一代杂种母牛在秸秆加少量补饲条件下，日产奶3千克，最高达12千克。在饲料较差的条件下，“西杂”产奶量往往高于荷斯坦杂交后代。“西杂”比荷斯坦杂种后代更适于放牧饲养。西门达尔杂种牛役用能力也较高。宁夏用西门达尔牛改良本地黄牛的结果显示，无论从产奶、产肉还是提高使役能力上，都表现出较理想的效果。

（三）娟姗牛

娟姗牛原产于英国娟姗岛，是英国古老的乳用品种牛，以乳脂率高而闻名于世。原产地因地势孤立，加上英国政府又严格控制其他品种牛在该岛登陆，故在原产地多年来一直保持纯种繁育。

娟姗牛体小，清秀，乳用特征明显。毛色为棕黄色、浅褐色及深褐色，四肢和体躯下部近似黑色，公牛毛色较深。成年公牛重650~750千克，母牛为340~450千克，体高120~122厘米。犊牛初生重23~27千克。英国的娟姗牛，1969~1970年平均产奶量为3295千克，乳脂率 4.9%。我国目前保留的娟姗牛主要分布在内蒙古和新疆。

（四）瑞士褐牛

瑞士褐牛原产于阿尔卑斯山区，其头数占瑞士全国总头数的 47.3%，仅次于西门达尔牛，居第二位。瑞士褐牛为兼用品种，体格比西门达尔牛稍小。公牛体高 146 厘米，活重 930 千克，母牛体高 135 厘米，体重 600 千克。毛色为浅灰褐色及深褐色。乳房和四肢下部有的个体毛色较浅，几乎全为白色。1969 年平均产奶量为 3 860 千克，乳脂率为 3.87%。平均排乳速度为 2.1 千克 / 分钟，前乳区指数为 44%。

瑞士褐牛培育历史长，用途广，遗传性稳定，被世界很多国家引入，并且对好多品种牛的育成起了很大作用。美国于 1868 年首次引入瑞士褐牛，1904 年保持小额进口。经多年选育，美国瑞士褐牛在体型和生产性能上均有很大变化，已基本上成为乳用型。目前，美国瑞士褐牛公牛体重达 900~1 000 千克，母牛 640~680 千克。1982 年泌乳期平均产奶量达 5 874 千克，乳脂率 4.11%，乳蛋白率 3.58%，这一水平比 10 年前提高了 93 千克的乳量和 3 千克的乳脂量。我国新疆饲养的瑞士褐牛及杂种牛头数居全国之首。

二、荷斯坦牛的特点及优势

（一）荷斯坦牛的特点

全世界有 60 多个乳用和乳肉兼用牛品种，其中仅荷斯坦牛就有 10 多个品种。一般认为荷斯坦牛来源于欧洲原牛，经长期选育成为世界公认的高产品种。荷斯坦牛被各国引入后，又经长期选育或与本国牛杂交而育成适应当地环境条件，各具特色的荷斯坦奶牛品种，并大部分被冠以本国名称，如美国荷斯坦牛、加拿大荷斯坦牛、中国荷斯坦牛等。

（二）荷斯坦牛的优势

1. 遗传性稳定 荷斯坦牛自1887年成立品种协会以来，已有100多年的历史，是世界古老的奶牛品种之一。100多年来虽经各国选育成不同类型，但在毛色特征、体质类型等方面仍表现出稳定的遗传性。乳用型荷斯坦牛头狭长、清秀、眼大、口方。角细长，向前上方弯曲。鼻梁直。颈薄而长，与头肩结合良好，颈侧有明显纵行皱纹。垂皮薄而不过度发育。鬐甲窄长，背腰平直。胸长宽，腹大而不下垂。尻长、宽、平。乳房体大，四乳区匀称，前伸后延，附着良好，多呈盆形或圆形。乳头大小适中，距离较宽，乳静脉粗大，弯曲多。四肢长，关节明显。骨骼结实，肢势良好。蹄形正，质地坚实。乳肉兼用型荷斯坦牛，头短宽，眼大突出，鬐甲、背腰宽平，胸宽深，肋骨开张好，肌肉丰满，四肢短而开张。

2. 分布广、适应性强 目前全世界有奶牛近2.3亿头，其中荷斯坦牛2.07亿头，占90%左右。在世界范围内除非洲部分国家外，几乎都有荷斯坦牛。荷斯坦牛分布之广，适应性之强，数量之多，是任何一个乳牛品种所无法相比的。目前的荷斯坦牛从生产性能上可分两个类型。乳用型，以美国、加拿大为代表，日本也在向这个方向发展。乳肉兼用型，以荷兰等欧洲国家的荷斯坦牛为代表。

3. 生产性能高 乳用荷斯坦牛产奶量为奶牛品种之冠，一般年产奶6 500~7 500千克，乳脂率3.6%~3.7%。近年来，加拿大选育的荷斯坦牛产奶量年平均达到9 300千克以上。可以说，无论是一个泌乳期产奶量还是终生泌乳量，创世界记录者均为荷斯坦牛，最高年产量达到2.4万千克。

4. 改良效果好 目前各国的荷斯坦牛，除极少量为引入纯种后代外，绝大多数是和本地牛杂交的后代。实践证明荷斯坦牛改良当地牛效果十分显著。澳大利亚昆士兰省培育的乳用荷斯坦牛，就是用英国荷斯坦牛同当地沙西瓦瘤牛杂交选育成的。它适应于澳大利亚炎热的条件，具有耐热和抗蜱性。

第三节　怎样选购奶牛

一、怎样选购奶牛

开始建立奶牛群大多采用购买成母牛、购买育成牛(或青年牛)、购买犊牛 3 种方法。选购牛时，要做到一查、二看、三取证。

(一) 一查

就是查奶牛系谱，审查选购牛先代的生产性能，如父母的产奶量、乳脂率、乳蛋白率及其体重、体尺、体型外貌等。因为先代的一些性状表现对其后代有很大影响。目前我国饲养的奶牛品种绝大多数是荷斯坦牛。系谱上，成年奶牛的 305 天胎次产量一般在 5 000千克以上，乳脂率 3.2%以上，体重在 500 ~ 700 千克，体高(耆甲高) 132 ~ 140 厘米，达到这几项指标，系谱基本符合标准。

(二) 二看

就是看被选购奶牛本身的性能表现。如选购成年母牛，要看它本身的产奶量、乳脂率是否满意。特别要注意的是，要实地检查母牛的繁殖机能是否正常、乳头是否出奶，再根据年龄、胎次看其本身的体型结构、乳用特征和各部分结构情况。选择后备牛时，要结合系谱资料，看其本身生长发育情况。购买犊牛获得优质奶牛的好机会，且所需的费用最少，但到开始产奶所需的时间较长。注意，购买后备牛和犊牛时，不能购买异性双胎母牛。

（三）三取证

就是取健康证明。奶牛的健康很重要，除了解一般健康状况外，还要向售牛单位索取由当地主管兽医部门签发的近期检疫证明书，证明所选购的奶牛无传染病，如无结核病、布氏杆菌病等。

（四）其他注意事项

1. 不从疫区引进奶牛 在购牛前，应先到售牛地区深入调查，了解该地区是否暴发过布氏杆菌病、结核病、口蹄疫等传染病。如该地区尚在疫情封锁期，就不要从该地区引种。

2. 避免调包 如果外购大批量的奶牛，最好逐头做好标志，给已购买的每头牛打上耳号，以防被调包。

3. 注意运输安全 在夏季运输牛，要特别注意防暑降温，最好选择在比较凉爽的夜间运输；在冬季，要注意保温防寒。对需要长途运输的牛，要准备充足草料，路途休息时保证饮水充足，每次饲喂七八成饱即可。

4. 证明材料齐全 如跨地区运输，应备有运输检疫证明、运输工具消毒证明，利用铁路运输的还应该有铁路兽医检疫证明，在县境内购买则应该备有产地检疫证明等。

二、奶牛的鉴定方法

目前，国际上普遍采用的奶牛鉴定方法是美国的 50 分评分制和加拿大 9 分评分制，两种方法各有优点。我国采用的是加拿大 9 分制线性鉴定方法。

第二章　奶牛的消化特点和营养需要

第一节　奶牛的消化特点

一、牛胃的构造及作用

牛是反刍动物，其胃由4个部分组成，即瘤胃（第一胃，又称草胃）、网胃（第二胃，又称蜂巢胃）、瓣胃（第三胃，又称重瓣胃或百叶胃）、皱胃（第四胃，又称真胃）。第一、二、三胃统称前胃，它们没有胃腺，不能分泌胃液；第四胃叫真胃，有胃腺，可以分泌胃液，相当于单胃动物的胃。

牛胃容积很大，一般100~250升（成年奶牛胃最大约250升，肉牛与役牛100升左右）。其中，瘤胃约占全胃容积的80%，网胃占5%，瓣胃占7%，皱胃占8%。按重量计，瘤胃与网胃共占全胃重量的64%，瓣胃占25%，皱胃占11%。

在四个胃中瘤胃容积最大，它是饲草料的贮存库。瘤胃中有大量的微生物，主要是细菌和纤毛原虫。据研究1克瘤胃内容物中，含有150亿~250亿细菌，60万~100万个纤毛原虫。这些微生物种类繁多且数量大。牛所吃的食物就是通过这些微生物进行发酵、分解、合成为牛必需的氨基酸、维生素B族等。所以，在变换牛的饲料时，要逐渐进行，使微生物有个适应过程，以利于消化利用。同时，这些细菌还能利用一般家畜不能利用的非蛋白质含氮物，来构成细菌本身的蛋白质。这些细菌随食物通过瓣胃进入真胃和肠道而被消化吸收。

网胃的作用与瘤胃相似，当它收缩时，饲料被搅和重新进入瘤胃，部分进入瓣胃。

瓣胃的作用是将瘤胃、网胃送来的食糜挤压和进一步磨碎，然后送入真胃。

真胃的功能与其他单胃动物的胃一样，分泌胃液消化食物，再送入小肠，进一步消化吸收。

二、牛的采食特点

牛采食饲草料速度快、食量大、咀嚼不细，饱食后才反刍，反刍时间长，并有卧槽倒嚼的习惯。

三、奶牛的消化特点

1. 反刍 奶牛采食饲料的速度很快，饲料在口腔内仅略微咀嚼即进行吞咽。待采食结束后，瘤胃口壁很快开始有节律地收缩，将吞下的饲料一团团地送回口腔重新咀嚼，这就是反刍。牛采食后，饲料进入瘤胃，通过瘤胃浸泡和软化，一般喂食后30~60分钟开始反刍。反刍包括逆呕、再咀嚼、混合唾液、再吞咽4个过程。据测，牛每次反刍持续时间为40~50分钟，歇一段时间再进行下一次反刍。一昼夜反刍6~8次，需时间5~7小时。因此，对粗纤维消化能力强，一般消化率为50%~90%，使纤维素分解成乙酸、丙酸和丁酸。这些短链的脂肪酸通过胃壁吸收，为牛提供约3/4的能量。

2. 嗳气 贮存在瘤胃中的食物，经瘤胃中的微生物进行强烈发酵、分解，形成大量的低级脂肪酸和菌体蛋白供牛吸收利用。同时不断产生大量气体，主要是二氧化碳和甲烷。据试验，体重500千克的牛，每分钟可产生1~2升的气体。这些气体通过食道向口外排出，这个过程叫嗳气。每小时平均嗳气17~20次。如吃食不好，嗳气的次数就会大大减少。若采食过多的易发酵的豆科牧草或豆饼类饲料，瘤胃中会出现异常发酵，产生大量气体不能及时排出，就会造成急性臌胀病，轻则影响生产，重则造成死亡，因此要特别注意，发现臌胀要及时治疗。

另外，牛的唾液分泌量大，一昼夜可分泌100~200升，高产奶牛可超过250升，这是牛饮水量多的原因所在。

综上所述，在牛的饲养管理上，根据牛的消化特点，利用瘤胃微生物的有利作用，可充分利用廉价的青粗饲料、农作物秸秆等；保证奶牛充足饮水，并给予充足的休息时间和安静的环境，使其正常反刍，有利于生产性能的发挥。

第二节　奶牛的营养需要

满足奶牛的营养需要，可以使奶牛体型增大，乳房发育良好，提高产奶量和奶牛的健康状况，从而延长使用年限。

一、奶牛需要的营养物质

奶牛在维持生命、生长、繁殖和生产牛奶过程中，必须从饲料中摄取足够的营养。奶牛所需要的营养种类虽然很多，概括起来可分为5大类，即能量、蛋白质、矿物质、维生素和水，主要是满足奶牛干物质采食量。

（一）能量

奶牛维持体温、运动、吃草、呼吸、消化、生产牛奶和繁殖等一切生命活动，都需要一定的能量。奶牛所需要的能量，来源于饲料中的碳水化合物、脂肪和蛋白质三类物质，这些物质被奶牛消化吸收后放出能量。在这三种物质中，碳水化合物是能量的主要来源。碳水化合物通常叫做“糖”，跟平常食用的糖不同，食糖只是碳水化合物中的一种。碳水化合物又可分为无氮浸出物和粗纤维。无氮浸出物是可溶性碳水化合物，易于消化。玉米等谷物的籽粒中含有大量淀粉，淀粉就是无氮浸出物。粗纤维是难溶性的碳水化合物，猪、鸡等单胃动物很难消化。牛的瘤胃分解消化粗纤维的能力较强。粗纤维又可分为纤维素、半纤维素和木质素，木质素最难消化。干草、秸秆中含有大量纤维素，优质的干草中纤维素较多而木质素较少。

能量的表示单位是卡，1 卡就是 1 克水的温度在标准的大气压下，由 14.5℃上升到 15.5℃所需要的能量。1 000 卡等于 1 千卡，1 000 千卡等于 1 兆卡。据研究，每生产 1 千克含脂肪 4%的牛奶需要 750 千卡的能量。为了计算方便，我国奶牛饲养标准采用 750 千卡产奶净能作为一个“奶牛能量单位”，缩写成 NND。就是说每产 1 千克含脂肪 4%的标准奶，就需要 1 个奶牛能量单位的能量。生长牛和产奶牛的维持能量也使用 NND。

成年泌乳母牛常因缺乏能量，而引起产奶量下降或体重减轻，甚至造成繁殖机能紊乱。高产牛的能量供应，经常出现负平衡，而使产奶高峰和泌乳持续期受到影响，并导致发情不明显或受胎率低等现象。青年牛和幼牛能量不足，就会引起生长缓慢、消瘦、头部大以及发情拖延，长期不足会延迟育成牛初情期的到来。反之，能量过多，会使奶牛肥胖，易造成多种代谢疾病。特别需要指出的是在日粮配制时，要优先满足能量，蛋白质不足主要靠粗饲料解决。

（二）蛋白质

蛋白质是一切生命的物质基础，皮、毛、肌肉、蹄、角、心、肝、肺、肠、胃和血液等，主要由蛋白质组成。各种组织器官的生长、更新都离不开蛋白质。在新陈代谢中起特殊作用的各种酶类、激素、抗体等也主要由蛋白质构成。奶牛产奶更需大量的蛋白质。

蛋白质由氨基酸组成，奶牛对蛋白质的需要实质上是对氨基酸的需要。组成蛋白质的氨基酸有 20 种，不同的蛋白质中氨基酸的种类和数量不同。饲料中的蛋白质被奶牛采食后，在消化道中被分解成氨基酸吸收到血液中，输送到牛体各部，合成牛体自身的蛋白质。

饲料中的含氮物质，总称为粗蛋白质（CP），奶牛对粗蛋白质的平均消化率为 65%，可消化部分叫可消化粗蛋白质（DCP）。在我国奶牛饲养标准上，粗蛋白质和可消化粗蛋白质，这两种概念同时使用。奶牛对蛋白质的需要量以千克或克来表示，饲料中的蛋白质含量以百分比表示。青年牛的不同生长阶段和产奶牛的不同产奶量、乳脂率、体重，需要蛋白质的量是不同的，在一般情况下，奶牛日粮应含粗蛋白质 10%~18%。

奶牛体内贮存的蛋白质很少，日粮中如果蛋白质不足，产奶量就会降低，长期不足可使幼牛生长发育受阻、消瘦，母牛繁殖机能紊乱，饲料转化率下降，血红蛋白减少，对生产十分不利。喂量过多也会产生代谢性疾病。

（三）矿物质

矿物质是饲料和牛体中的无机元素，种类很多。奶牛所需要的矿物质有钙、磷、氯、钠、钾、镁等常量元素，还有钴、铜、铁、硒、锰、锌等微量元素。奶牛容易缺少矿物质，一是因为饲料地长期施用化肥，造成土壤中矿物质不足；更重要的原因是奶牛大量产奶，使矿物质供不应求。现将奶牛容易缺少的矿物质介绍如下。

1. 钙　钙是牛体矿物质中的主要成分。有99%的钙构成骨骼和牙齿，余下的分布于细胞与体液中。成年奶牛骨骼中约含30%的矿物质，其中钙占36.5%，磷占17%，钙、磷比例约为2∶1。钙对维持神经和肌肉组织的正常功能有重要作用。据相关资料介绍，牛日粮中钙含量应为干物质的0.3%~0.9%。干奶牛每头每日60~90克，妊娠母牛日粮中钙和磷之比为1∶1，幼牛对钙的需要由体重和生长强度决定，每日每头20~60克，或1千克干物质饲料中含钙5~10克。体重600千克的产奶牛，日需钙量为36克，每产1千克标准奶另需钙4.5克，奶牛日粮干物质中应含钙0.4%~0.6%。

对于生长中的犊牛和青年母牛，缺钙会影响其骨骼的正常发育。泌乳母牛，特别是高产奶牛在产奶旺期往往容易缺钙。缺钙时，初期食欲减退，产奶下降，严重时骨骼变脆，蹄骨与肋骨肿胀，跛行甚至卧地不起。

2. 磷　牛体内约80%的磷存在于骨骼中，其余大部分构成软组织成分，少部分存在于体液中。磷除与钙一起构成骨组织和牙齿外，主要以磷酸根形式参与许多物质代谢过程。

奶牛对磷的需要比钙少，日粮中磷、钙比例1∶1.3~1∶1.8为合适。600千克重的产奶母牛，对磷的维持需要量为27克，每产1千克标准奶需磷2.5~3.0克，在奶牛日粮的干物质中应含磷0.3%~0.4%。

磷不足可引起犊牛佝偻病，成牛患软骨症或骨质疏松病。缺磷的奶牛食欲降低，发情不正常、屡配不孕，有异嗜癖，产奶下降，并因营养不良而迅速消瘦。

3. 钠和氯　钠占牛体重的0.07%~0.08%，大部分存在细胞外的体液中，小部分存在于骨骼组织中。钠在血清的碱基中占93%，所以钠对维持酸碱平衡有重要作用。钠能使肌肉兴奋性加强，因此对心脏的活动也起调节作用。

氯元素在血液中占酸离子的2/3，和钠一样在酸碱平衡上起重要作用。氯又是胃液盐酸的原料。盐酸能使胃蛋白酶活化，并能保持胃液呈酸性，有杀菌作用。

氯和钠的化合物是氯化钠，就是一般所说的食盐。食盐是维持细胞外体液渗透压的主要离子，并参与各种代谢，刺激唾液的分泌，活化消化酶。

每100千克体重，日需食盐4~6克，每产1千克奶另需1.5~1.8克，盐应占日粮干物质的0.45%~0.90%。

4. 钾　钾与肌肉的收缩有密切关系。奶牛对钾的需要量还不太明确，根据报道，对犊牛和青年牛，钾占日粮干物质的0.7%~0.8%，对高产奶牛约占日粮的1%。研究表明，钾对维持正常泌乳很重要。

缺钾的症状是肌肉无力，特别是肠和贲门肌肉松弛，皮肤弹性下降，被毛失去光泽。

5. 镁　奶牛体内镁约占体重的0.05%，其中60%~70%存在于骨骼中，其余分布在肌肉、脑、神经和体液中。镁与某些酶类的活性有密切关系，镁具有活化硫酸酶的作用，又能抑制三磷酸腺苷的活性，因而影响肌肉及其他组织中碳水化合物与脂肪的代谢。

犊牛每天最低需要量每100千克体重为0.9~1.3克；产奶牛每

天维持需要2.0~2.5克，每产1千克奶另需0.12克。犊牛饲料干物质中镁应含0.06%,成年牛饲料中应含0.2%。

奶牛采食的镁量应与需要量相适应。在饲养实践中突然改用缺镁日粮，在2~18天内就会出现缺镁症状，即皮肤颤动、步态不稳、侧卧、四肢交替伸缩、口吐泡沫等。

6. 硫 牛体内含硫约为体重的0.15%，在被毛、蹄、角等的角质蛋白中，都含有多量的硫，所以硫也是奶牛的营养物质。硫应占奶牛日粮干物质的0.2%。硫不足可使牛奶产量下降，氮的利用率降低，并能影响纤维素的消化和乳酸盐转化为丙酸盐的过程。

7. 微量元素 钴、铜、铁、锌、锰、硒等都是微量元素。在一般情况下，饲料中都含有这些元素，可以满足奶牛的需要，但在某些地区也可能缺少某种微量元素。

（四）维生素

维生素在奶牛营养物质中，是很微量的，但是它的生理功能却很大。它参与体内复杂的代谢作用，对维持生命、保持健康、生长和生殖机能都有很重要的作用。维生素的种类很多，对奶牛最重要的维生素有以下几种。

1. 维生素A和胡萝卜素 维生素A和胡萝卜素具有同样的性质和功效，前者多存在于动物体中，后者主要存在于植物中。牛能在肠壁或肝脏中，把胡萝卜素转化成维生素A。

维生素A具有促进生长，保护皮肤和黏膜，强化肝脏功能，提高繁殖机能和抗病力的作用，并能影响激素和蛋白质的合成。维生素A也是眼睛视觉色素的一部分。

胡萝卜素以毫克(mg)、维生素A以国际单位(IU）表示。1毫克胡萝卜素等于300~400国际单位维生素A。母牛每天每100千克体重需要10~11 毫克胡萝卜素，或者是 4 000~5 000 国际单位维生素 A，犊牛每天每 100 千克体重需要 11 毫克胡萝卜素或 4 000~5 000 国际单位维生素 A。繁殖母牛需要量增加一倍，才能满足妊娠和泌乳的需要，怀孕母牛每天需 100~150 毫克胡萝卜素或 40 000~60 000 国际单位维生素 A。

缺乏维生素 A 的症状是夜盲和呼吸道、消化道以及生殖道的黏膜变性。犊牛易患腹泻、感冒、肺炎和其他传染性疾病；初生犊牛体弱或瞎眼；母牛妊娠期缩短，胎盘滞留等。

2. 维生素 D　维生素 D 的生理功能主要是有利于钙、磷的代谢，增加钙、磷的利用率。维生素 D 还有降低肠道 pH 值的作用，使钙、磷盐类在酸性环境中易于分解，加强肠壁对钙、磷的吸收。

维生素 D 的需要量，通常以国际单位（IU）来表示。成年母牛的日需要量约为每 100 千克体重 1 000 国际单位；生长中的犊牛每 100 千克体重日需 660 国际单位。

维生素 D 不足可使犊牛发生佝偻病，成年牛发生软骨症。

（五）水

在牛体的化学成分中，水是最多的，一般可达体重的 55%~60%。

水是家畜体内最重要的溶剂，各种营养物质在体内的消化、吸收、输送以及代谢产物的排出等一系列生理活动均需要水。水是各种消化液的组成成分，并可刺激胃肠道消化液的分泌以促进饲料的消化；水能稀释和溶解已消化的物质使之便于吸收，同时将吸收的营养物质运送到身体各部；体内代谢过程所产生的废物，也是经水溶解以后才能运到一定器官而排出体外。水是各种生物化学反应的参与者，还有调节体温和渗透压、保持细胞的正常形态等重要作用。

奶牛的需水量很大，哺乳犊牛的需水量是日粮干物质的 5.4~7.4

倍，育成牛和干奶牛每饲喂1千克饲料干物质，应给水4~5千克，产奶牛每产1千克奶需饮水4~5千克。

奶牛缺水时影响食欲和消化，严重时可使血液变稠，犊牛生长迟缓，母牛产奶量下降，健康受到严重损害。奶牛短期不喂饲料，靠消耗体内脂肪和蛋白质，还能维持生命，但体内失水20%就会造成死亡。

二、营养物质是怎样被消化吸收的

奶牛不能直接利用饲料中的蛋白质、脂肪和糖类等，这些物质必须在消化道内首先变成比较简单的低分子物质，使之能溶于水，才能进入血液而被利用。这种将食物改变成能被吸收和利用状态的过程叫消化。

消化是由机械性和化学性作用完成的。所谓机械性消化是由牛的牙齿将饲料嚼碎，并混以唾液而咽下，然后由胃和肠的运动将饲料混合与移动；化学性消化是通过化学作用而分解并吸收饲料中的营养，主要由消化液中各种酶的作用而完成的。

(一) 口腔消化

奶牛吃进的饲料，在口腔内经过咀嚼混入唾液，然后吞咽。唾液是颌下腺、舌下腺及口腔黏膜小腺体的混合分泌物，它含水98.8%~99.0%，干物质1.0%~1.2%。奶牛的唾液分泌量很大，产奶母牛每日分泌量达110升，所以在瘤胃内容物中总保持有85%~93%的水分。奶牛唾液中不含有消化酶，但它对饲料的消化却有重要作用。它可以润湿进入口腔的饲料，从而引起味觉，使饲料便于吞咽。唾液中还含有碳酸钠，可降低瘤胃液的酸度，以适合于微生物的生存。瘤胃中由发酵产生的酸可使瘤胃液的pH值达到2.5~3.0，正是由于碱性唾液的缓冲作用，才使瘤胃液的酸度保持在适合于微生物生存的范围内。

唾液分泌量受饲料的粗细和含水量的影响很大。在一般情况下，吃粗料和含水少的饲料，咀嚼的次数和时间就多，唾液分泌量也多；相反，吃粉碎的精料和含水多的饲料，咀嚼的时间就少，唾液的分泌量也少。在一般情况下，奶牛一天的唾液分泌量可达50~100升。

（二）胃的消化

瘤胃（又称草胃）是奶牛消化系统的重要部分，食物经过口腔、食道而进入瘤胃。成年奶牛瘤胃的容积约200升，可容纳的重量约150千克。瘤胃内有极为发达的肌肉黏膜，其上覆有许多乳头状突起。

瘤胃对饲料的消化主要是物理作用和微生物作用。奶牛经过反刍，重新咀嚼并混入了唾液的食团再次吞咽进入瘤胃。

牛的瘤胃中生存着大量微生物——细菌和纤毛虫，它们对牛的消化功能起重要作用，也是牛能消化大量粗饲料的主要原因。进入瘤胃中的饲料蛋白质或氨化物，被微生物分解为简单的含氮化合物（多肽、氨基酸和氨），这些化合物又被微生物利用合成微生物体蛋白（菌体蛋白）。菌体蛋白和未被微生物作用的饲料内的蛋白质，一起进入真胃和小肠以后，被消化酶分解后吸收利用。这些菌体蛋白质中含有很多生命必需的氨基酸，据测定，瘤胃细菌蛋白质的消化率为73%~74%，其生物学价值为85%~88%；瘤胃纤毛原虫蛋白质的消化率为91%，其生物学价值为80%。而籽实类和油饼饲料中蛋白质的生物学价值平均只有56%~67%。可见瘤胃微生物能将饲料蛋白质改造和转变成为营养价值高的微生物蛋白质。瘤胃纤毛原虫与细菌蛋白质的生物学价值之所以相当高，是由于它们所含的氨基酸相当完善。

瘤胃微生物还有另一个功用，就是生产相当数量的 B 族维生素和维生素 K，因此奶牛不需要补喂这两种维生素。

在瘤胃的消化过程中，纤维素和其他糖类发酵产生大量低级脂肪酸——乙酸、丙酸和丁酸，在瘤胃壁被吸收。瘤胃发酵形成的低级脂肪的数量，因日粮性质、微生物区系等因素的影响而不同。

奶牛瘤胃内低级脂肪酸的含量（%）

日粮＼酸	乙 酸	丙 酸	丁 酸
精 料	59.60	16.60	23.80
多汁饲料	58.90	24.85	16.25
干 草	66.55	28.00	5.45

网胃（又称蜂窝胃）紧挨着瘤胃，它的内容物不断地和瘤胃内容物相混合。蜂窝胃的容量约 9 升，因其内部形状很像蜂窝而得名。它的胃黏膜也没有分泌功能，它的作用是协助食团向上通过食道而重返口腔，还能调节食物向重瓣胃以及由重瓣胃向真胃的流动。

瓣胃（又称重瓣胃）的功能是接纳由瘤胃和网胃移来的食物，其容积约 15 升。胃内有强有力的叶瓣，它能挤出食物中所含的水分，大部分水和有机酸被它吸收。固体食物继续留在胃内由叶瓣加工，这些叶瓣的动作不是同时进行的，而是连续的。用这样一种方式食物不断的被挤压和磨碎。重瓣胃的运动还起着一种泵的作用，把食物排进真胃。

真胃（又称皱胃）它相当于单胃家畜的胃。它的容量约 19 升，在这里开始分泌胃液，胃液是由胃底腺和幽门腺分泌出来的。胃液含有胃蛋白酶、凝乳酶、脂肪酶和盐酸等，呈酸性反应。胃蛋白酶只能在酸性环境下起作用把蛋白质分解但不能分解成氨基酸。

凝乳酶能使牛奶凝固，对吃奶的犊牛很重要，脂肪酶在胃内的作用很小。

（三）肠道的消化

肠道明显分为两部分，就是小肠和大肠。

小肠分为十二指肠、空肠、回肠。小肠的内壁布满很小突起，称为绒毛。绒毛具有冲击运动，能帮助混合肠内容物。乳糜是部分消化的物质，沿小肠缓慢移动，与消化液充分混合。小肠壁的腺体分泌肠液。另外，还有胰脏分泌胰液和肝脏分泌胆汁也都注入十二指肠内。这些消化液中含有多种消化酶，经过酶的作用把大分子的蛋白质分解成氨基酸；把脂肪分解成甘油和脂肪酸；把淀粉分解成葡萄糖。这些分解物经过小肠壁的血管或淋巴管被吸收。

大肠可分为盲肠、结肠、直肠。大肠并不分泌酶，但是由小肠来的酶在大肠还继续起作用。大肠也有各种微生物来分解纤维素和戊糖酸，把它的一部分分解成糖类而吸收；另一部分进一步分解成乳酸、醋酸和丙酸等有机酸而吸收。微生物的分解作用，在盲肠是最明显的，到结肠虽然还继续进行，但因水分大部分被吸收，分解作用逐渐减弱。到直肠水分吸收旺盛，最后使肠内容物成为粪状而排出。

（四）吸收

各种物质通过细胞层进入血液和淋巴液的过程叫吸收。消化了的食物，在消化道内被吸收进入血液和淋巴的过程，是奶牛获得营养物质的基本过程。吸收是复杂的生理过程，在吸收过程中虽然滤过、弥散、渗透等理化机制起着一定作用，但是胃和肠的绒毛的运动，也有很重要的作用。

奶牛瘤胃黏膜上有许多绒毛，它能吸收一部分水、钠、钾、氯、硫酸、硝酸、重碳等无机离子。在瘤胃中生成的低级脂肪酸，在到达真胃以前，就大部分在前胃被吸收而成为主要的能源。氨在瘤胃吸收后到肝脏形成尿素经肾被排出体外，只有一小部分作为唾液的成分而重返瘤胃。

小肠特别是在后半部分，有明显的吸收作用，小肠内壁有多数褶襞状的绒毛，绒毛内有毛细血管和乳糜管。毛细血管吸收的营养物质，经肠静脉、门脉、肝脏而到心脏；乳糜管吸收的营养经肠淋巴管、胸管而流入静脉血管，然后运到全身各部。

蛋白质的吸收主要是在小肠内进行的，它的吸收量可达 94%，吸收后经小肠黏膜中的毛细血管而运到肝脏，成为血液蛋白质而被利用。

脂肪在胆盐与脂肪酶的作用下，水解成脂肪酸与甘油，而脂肪酸还必须与胆酸形成一种复合物后，才能透过肠黏膜的上皮细胞。这种复合物进入上皮细胞后，脂肪酸就与胆酸分离，后者透出细胞经血液循环回肝，以供再度分泌，另一方面甘油也透入细胞，并与磷酸化合成磷酸甘油，于是脂肪就与磷酸甘油合成磷脂化合物，最后磷脂化合物转变成中性脂肪。中性脂肪在黏膜上皮细胞合成后，就透出细胞，其中大部分经中央乳糜管入淋巴管，再由胸导管入血管，小部分由毛细血管入门静脉。

碳水化合物被消化成单糖类而吸收，大部分进入血液，经门静脉而到达肝脏。但是其量并不大，因为大部分糖类都在前胃被细菌发酵生成低级脂肪酸并在前胃吸收。

无机盐类和水溶性维生素类，溶解于水而被吸收。钙与磷比例合适为 1：1~2：1 才能很好的吸收。

由小肠移过来的消化酶，在大肠里还能继续进行消化，另外在大肠细菌的作用下，大肠也能消化和吸收一部分营养。

三、影响奶牛营养需求的因素

影响奶牛营养需求的因素主要包括奶牛体重、产奶量、牛奶组成(乳脂、乳蛋白的百分比)、奶牛所处泌乳阶段、奶牛胎次等。需要强调指出的是，第一次泌乳的头胎奶牛(24 ~ 26 月龄）还需额外的营养以支持其生长。

应根据奶牛的营养需求计算并配制日粮，以达到营养平衡。但下列因素也会影响到奶牛对营养平衡日粮的利用：日粮的适口性、每天饲喂次数、饲喂方法(如完全混合饲料饲喂法、电脑控制精料饲喂法和先粗后精饲喂法等)、饲喂方式(单独饲喂或群体饲喂)、清理饲料槽的频率。

第三章　奶牛的饲养管理技术

第一节　犊牛的饲养管理

犊牛是指出生后6个月以内的小牛，也有指断奶前的小牛

一、犊牛生长发育特点

（一）体重增长

在正确的饲养条件下，犊牛体重增长迅速。犊牛初生重大约占成母牛体重的7%~8%，3月龄时达成牛体重的20%，6月龄达30%，12月龄达50%，18月龄达75%。5岁时生长结束。由此可以看出，3月龄到12月龄的犊牛和育成牛体重增长最快，18月龄~5岁时体重增长较慢，仅增长25%左右。

（二）体型的生长发育

初生犊牛与成年牛的体型在发育上有明显的不同。初生犊牛和成年牛相比，显得头大、体高、四肢长，尤其后肢更长。据测定，新出生的犊牛体高为成牛的56%，后高为57%，腿长为63%。而成年牛体型则显得长、宽、深。实践表明，母牛妊娠期饲养不佳，胎儿发育受阻，初生犊牛体高普遍矮小；出生后犊牛体长、体深发育较快，如发现有成年牛体躯浅、短、窄和腿长者，则表示哺乳期、育成期犊牛、育成牛发育受阻。所以犊牛和育成牛的宽度是检验其

健康和生长发育是否正常的重要指标。在正常饲养条件下，6 月龄以内荷斯坦牛平均日增重为 500~800 克；6~12 月龄荷斯坦育成母牛，每月平均增高 1.89 厘米，12~18 月龄平均增长 1.93 厘米，18~30 月龄（即第一胎产犊前）平均每月增高 0.74 厘米。

（三）消化系统的生长发育

犊牛的消化特点，与成年牛有明显不同。新出生的犊牛真胃相对容积较大，约占四个胃总容积的 70%；瘤胃、网胃和瓣胃的容积都很小，仅占 30%，并且它的机能也不发达。3 月龄以后的犊牛，瘤胃发育迅速，比出生时增长 3~4 倍，3~6 月龄又增长 1~2 倍，6~12 月龄又增长 1 倍。满 12 个月龄的育成牛瘤胃与全胃容积之比，已基本上接近成母牛。瘤胃发育迅速，对犊牛育成的饲养，具有特殊的重要意义。为了检验育成牛消化器官发育状况，通常的方法是测量育成牛的腹围。腹围越大，表示消化器官越发达，采食粗饲料能力也越强。高产奶牛必须具有很强的采食粗饲料干物质能力。

二、犊牛各阶段饲养

（一）新生期饲养

犊牛出生后 3~5 天内称新生期。犊牛出生后最初几天，由于组织器官尚未完全发育，对外界不良环境抵抗力很弱，适应力很差，消化道黏膜容易被细菌穿过，皮肤保护机能不强，神经系统反应性不足。所以，初生犊牛最容易受各种病菌的侵袭，而引起疾病，甚至死亡。从各奶牛场犊牛死亡情况看，有 60%~70%发生在犊牛出生后第一周。

新生犊牛死亡有多方面的原因。母牛泌乳后期和干奶期的饲养正确与否，与初生犊牛健康有着密切关系。所以必须重视妊娠母牛干奶期的饲养。在这个时期，不要喂容积过大的饲料，而要喂容量小，易消化和矿物质含量高的饲料，以适应胎儿生长发育的需要。同时还要避免将母牛喂得过肥，以防发生难产。

1. 出生后第一小时

(1) 确保牛犊呼吸　小牛出生后，必须首先清理其口鼻中的黏液。方法是，使小牛的头部低于身体其他部位或倒提几秒钟使黏液流出，然后用人为的方法诱导呼吸；也可用一稻草搔挠小牛鼻孔或冷水洒在小牛头部，以刺激呼吸。

(2) 肚脐消毒　呼吸正常后，应立即注意肚脐位是否出血。如有出血，可用一干净棉花止住。残留的几厘米脐带内的血液挤干后，必须用高浓度碘（7%）或其他消毒剂浸泡或涂抹在脐带上。

(3) 小牛登记　小牛的出生资料必须登记，并永久保存。新生的小牛应打上永久的标记。标记的方法有在颈环上套上刻有数字的环、金属或带塑料耳标。

(4) 饲喂初乳　奶牛分娩后5～7天内所产的乳叫做初乳。初乳含大量的营养物质和生物活性物质（球蛋白、干扰素和溶菌酶），可保证生长发育需要和提高抗病力。由于犊牛出生后4~6小时对初乳中免疫球蛋白（母源抗体）吸收力最强，故生后0.5～1小时喂初乳2千克，第二次饲喂应在出生后6～9小时，持续5～7天；每次饲喂小牛的初乳量不能超过其体重的5%，即每次饲喂初乳1.25～2.5千克。刚出生24小时应喂3～4次；喂初乳前应在水浴中加热到39℃，同时清洗奶瓶或奶桶。

(5) 小牛与母牛隔离开　小牛出生后，立即从产房内移走，并放在干燥、清洁的环境中，确保小牛及时吃到初乳，最好放在单独圈养小牛的畜栏。刚出生的小牛对疾病没有抵抗力，给小牛创造一个干燥、舒服的环境，可降低患病和疾病传播的可能性，也便于饲养人员监测小牛的采食情况和体况。

2. 出生后第一周

（1）培养良好的卫生习惯　保持小牛舍的环境卫生，及时清洗饲喂用具，小牛舍必须空栏3～4周并进行清洁消毒。

（2）观察疾病　营养缺乏和管理不善是犊牛死亡率和发病率高的直接原因。健康的小牛经常处于饥饿状态，食欲缺乏则是不健康的第一症状，必须注意观察和及时治疗。

（3）小牛去角　带角的奶牛可对其他奶牛或工作人员造成伤害，大部分情况下应进行去角。但去角时，饲养员或技术员必须依照一定的技术指导和程序，避免刺激和伤害小牛。

（4）常乳和代乳品　可以饲喂母牛产后7天所分泌的乳，也可饲喂代乳品。犊牛7～10日龄能吃精饲料，可以补充犊牛能量、蛋白质的需要。同时，可以让犊牛自由采食优质青干草，以刺激瘤胃发育。

3. 犊牛早期断奶方案

乳用犊牛断奶时间的确定，应考虑犊牛初生重和牛的饲料状况等。过去认为，犊牛出生后喂奶达70天或90天方可断奶，有利于犊牛前期良好的生长发育，并在断奶后仍有较快的生长速度。在15～16月龄达到性成熟和350千克的体重，以实现配种。目前，根据饲养效果来看，对于35～45千克初生重的犊牛采用60天断奶，亦能达到良好的效果。但对于初生体重低于30千克的弱小犊牛，仍采用70～90天喂奶的办法断奶，以弥补前期生长发育不良的现象。

犊牛出生后即开始喂初乳，持续5～7天，此后，用常乳代替初乳。一直至60日龄。同时，从出生后的第7天开始，饲喂由玉米、大麦、(熟)豆粕、少量花生粕、鱼粉、磷酸氢钙、添加剂等组成的开食料、干草和水。开食料的粗蛋白含量一般高于21%，粗纤维为15%以下。粗脂肪为8%左右。犊牛的开食料最好制成颗粒料。开食料的喂量可随需增加，当犊牛一天能吃到1千克左右的开食料时即可断奶。二月龄断奶有利于控制犊牛拉稀，能促进瘤胃更早发育，有利于提高对粗饲料的消化和利用力，降低饲养成本，为成年后采食大量饲料奠定基础。

犊牛断奶后，继续喂开食料到4月龄，日食精料应在1.8～2.5千克，以减少断奶应激。4月龄后方可换成育成牛或青年牛精料，以确保其正常的生长发育。

第二节 育成牛的饲养管理

育成牛是指7月龄至初次配种受胎阶段。荷斯坦牛3~9月龄，体重72～229千克期间是一个关键阶段，因为在此期间乳腺的生长发育最为迅速。奶牛性成熟前的生长速度指标是日增重600克左右，而性成熟后日增重的指标应为800~825克。

一、断奶后育成牛的饲养

由哺乳到断奶，犊牛消化生理上经受了很大的变化。这个阶段饲养的好坏，对促进育成牛生殖器官的发育及其性成熟都有重要的影响。

犊牛从3月龄以后，采食量逐渐增大。这时要特别注意控制精料的饲喂量，每头牛每天不应超过2千克；要尽量多喂优质青、粗饲料，以便更好地促使育成牛向乳用体型发育。

二、6~12月龄育成牛的饲养

这个阶段育成牛瘤胃的容量大大增加，利用精粗饲料能力有明显提高。此时正值短骨和扁平骨发育最快、变化最大的时期。所以饲养者要利用这一有利时机，加强饲养，获得较大的日增重。这个阶段的日粮必须是以优质青粗饲料为主。每天青粗饲料的采食量可达体重的7%~9%，占日粮总营养价值的65%~75%。

这个阶段要保证有满足育成牛营养需要的日粮。如这个阶段的育成牛体格发育不好，体长发育不充分，育成牛到了成牛多数表现为“短身牛”。在正常饲养情况下，9~11月龄的育成牛，体重可达250千克，体高达113厘米，并出现首次发情。

三、12~18月龄育成牛的饲养

满1周岁后的育成牛，其扁平骨长势最快。牛体的体宽、体深、胸围及腹围变化最大，其消化器官也更加扩大。在这个阶段，为了促进育成牛乳腺和性器官的发育，其日粮要尽量增加青贮、块根、块茎饲料的喂量，其比例可占日粮总量的85%~90%。但青粗饲料品质较差时，要减少青粗饲料的比例，适当增加精料喂量。

13~14月龄育成牛，这个年龄的育成牛正是进入体成熟时期，生殖器官和卵巢的内分泌功能更趋健全，发育正常的育成牛，其体重可达成年牛的70%~75%。根据目前人们的经验，凡体重达到350千克，月龄达到15个月龄的育成牛即可进行第一次配种；但发育不好或体重达不到这个标准的育成牛，不要过早配种，否则对育成牛本身和胎儿的发育均会带来不良影响。这个阶段的育成牛，饲养不能过于丰富，也不能营养不足。前者可使牛体过肥，不易受孕或造成难产；后者可使育成牛发育受阻，体躯狭浅，四肢细高，采食量少或延迟其发情和配种。所以，这个阶段饲养仍然要采取以饲喂优质干草、青贮和块根的饲料为主，适当补以精料的饲养方案。

为了促使育成牛在配种时能增加体重，在预定配种日前两周，可补喂催情饲料。

第三节　青年牛的饲养管理

青年牛是指配种至产犊阶段（一般在24~28月龄）的牛只。

一、青年牛的饲喂

育成牛配种后一般仍可按配种前日粮进行饲养。当青年牛怀孕至分娩前3个月，由于胚胎的迅速发育以及育成牛自身的生长，需要额外增加0.5~1.0千克的精料。如果在这一阶段营养不足，将影响青年牛的体格以及胚胎的发育，但营养过于丰富，将导致过肥，引起难产、产后综合症等。

青年牛怀孕后的180~220天：每日可增加精料最大量到5.0千克。此时，增加精料主要用来增加母牛自身的体重，而此时胎儿的发育速度并不很快。

到了220天以后：胎儿的发育速度迅速加快，此时把精料量必需减到3.0千克以下。同时，可根据母牛的膘情，严格控制精料量的摄入。

产前20~30天：要求将妊娠青年牛移至一个清洁、干燥的环境饲养，以防疾病和乳腺炎。此阶段可以用泌乳牛的日粮进行饲养，精料每日喂给2.5~3.0千克，并逐渐增加精料喂量，以适应产后高精料的日粮，但食盐和矿物质的喂量应进行控制，以防乳房水肿。并注意在产前 2 周降低日粮含钙量（降低到 0.45%），以防产后瘫痪。

二、青年牛的管理

育成母牛的性成熟与体重关系极大。一般育成牛体重达到成年母牛体重的 40%～50%时进入性成熟期，体重达成年母牛体重的 60%～70%时可以进行配种。

当育成牛生长缓慢时（日增重不足 350 克），性成熟会延迟至 18～20 月龄，影响投产时间，造成不必要的经济损失。

为了保证青年母牛能在 24 月龄时产第一胎，初配年龄应在 13～16 月龄。在我国南方，此时青年牛一般为 360 千克，北方为 380 千克。

第四节　干奶牛的饲养管理

干奶是指奶牛在产犊前的一段时期内停止挤奶，使乳房、机体得到休整的过程，这个时期称为干奶期。奶牛的干奶期应根据其体质、体况等因素来确定，通常为 45～75 天，平均为 60 天。对初产牛、高产牛及瘦牛可适当延长干奶期 65～75 天；对体况较好、产奶量低的牛，可缩短为 45 天。

一、干奶的意义

（一）体内胎儿后期快速发育的需要

母牛妊娠后期，胎儿生长速度加快，胎儿近 60%的体重是在妊娠最后2个月增长的，需要大量营养。

(二) 乳腺组织周期性修养的需要

母牛经过10个月的泌乳期，各器官系统一直处于代谢的紧张状态，尤其是乳腺细胞需要一定时间的修补与更新。

(三) 恢复体况的需要

母牛经过长期的泌乳，消耗了大量的营养物质，也需要有干奶期，以便使母牛体内亏损的营养得到补充，并且能贮积一定的营养，为下一个泌乳期能更好的泌乳打下良好的基础。

(四) 治疗乳房炎的需要

由于干奶期奶牛停止泌乳，这段时间是治疗隐性乳房炎的最佳时机。

二、干奶方法

给奶牛干奶的方法常见的有3种，即逐渐干奶法、快速干奶法和骤然干奶法。

(一) 逐渐干奶法

用1~2周的时间使牛泌乳停止。一般采用减少青草、块根、块茎等多汁饲料的喂量，限制饮水，减少精料的喂量，增加干草喂量、增加运动和停止按摩乳房，改变挤奶时间和挤奶次数，打乱牛的生活习性。挤奶次数由3次逐渐减少到1次，最后，迫使奶牛停奶，这种方法一般用于高产牛。

(二) 快速干奶法

在5~7天内将奶干完。采用停喂多汁料，减少精料喂量，以青干草为主，控制饮水，加强运动，使其生活规律巨变。在停奶的第一天，由3次挤奶改为2次，第二天改为1次。当日产奶量下降到

5~8 千克时，就可停止挤奶。最后一次挤奶要挤净，然后用抗生素油剂或青霉素、链霉素注入 4 个乳区，再用抗生素油膏封闭乳头孔，也可用其他商用干奶药剂一次性封闭乳头。该法适用于中、低产牛。

（三）骤然干奶法

在预定干奶日突然停止挤奶，依靠乳房的内压减少泌乳，最后干奶。一般经过 3~5 天，乳房的乳汁逐步被吸收，约 10 天乳房收缩松软。对高产牛应在停奶后的 1 周再挤 1 次，挤净奶后注入抗生素，封闭乳头；或用其他干奶药剂注入乳头并封闭。

无论采用哪种干奶法，都应观察乳房情况，发现乳房肿胀变硬，奶牛烦躁不安，应把奶挤出，重新干奶；如乳房有炎症，应及时治疗，待炎症消失后，再进行干奶。

三、干奶前期的饲喂

干奶前期奶牛指分娩前 21~60 天的奶牛。干奶前期奶牛消耗的干物质预计占体重的 1.8%~2.0%（650 千克的奶牛约消耗干物质 11.5~13 千克）。应给干奶前期奶牛饲喂含粗蛋白 11%~12%，低钙（≤0.7%）、低磷（≤0.15%）含量的禾本科长秆干草。给干奶牛饲喂优质矿物质，硒、维生素 E 的日饲喂量应分别达到 4~6 毫克／头及 500~1 000 国际单位／头。

单一的玉米青贮因能量太高，不是干奶前期奶牛的理想草料。如果必须饲喂玉米青贮（含 35% 的干物质），应将饲喂量限制在 5~7 千克湿重（2.0~2.5 千克干重），防止采食玉米青贮的干奶牛发生肥胖牛综合症。给干奶牛饲喂精料及（或）玉米青贮，可能会引发皱胃移位。

限制玉米青贮的用量，有助于调节干奶牛日粮中的钙、钾及蛋白质水平，有利于瘦干奶牛的饲喂。豆科低水分青贮料本身不是干奶前期奶牛理想的草料。如果必须饲喂低水分青料（含干物质45%），应将饲喂量限制在3~5千克湿重（1.5~2.0千克干重）。

不要给干奶牛饲喂发霉干草（或饲料）。霉菌能降低奶牛免疫系统的抗病力。采食发霉饲料的干奶牛较容易发生乳腺炎。

四、干奶末期的饲喂

干奶末期奶牛，指分娩前21天以内的奶牛。与干奶前期奶牛相比，干奶末期奶牛的采食总量下降15%（即一头650千克奶牛的干物质摄入量减少10~11千克），干奶末期奶牛的干物质平均采食量为体重的1.5%~1.7%。干奶牛在分娩前2~3周的物质摄入量估计每周下降5%，在分娩前3~5天内，最多可下降30%。研究表明，分娩前2~3周，奶牛的采食量约为11.4千克，但在分娩前1周，其采食量可能下降30%，每天每头为8~9千克。实践中，在分娩前3~5天，奶牛干物质摄入量的下降率为10%~20%。

应仔细地计算干奶末期奶牛的钙摄入量，以防发生产后瘫痪。即使是无明显临床症状的产后瘫痪，也可能引发许多其他的代谢问题。对草料及饲料进行挑选，以使钙的总供应量达100克或100克以下（日粮干物质含钙量低于0.7%）。磷的日供应量为45~50克（日粮干物质含磷量低于0.35%）。钙磷比保持在2∶1或更低。限制苜蓿草的用量，以防产后瘫痪。这是因为苜蓿含钙量太高，通过采食苜蓿，奶牛对钙的日摄入量可能超过100克/头。

使干奶末期奶牛适应采食泌乳日粮的基础草料，这一阶段使用玉米青贮及（或）低水分青贮料，不提倡给干奶末期奶牛饲喂泌乳期全混合日粮，因为可能引起奶牛过量采食钙、磷、食盐及（或）

碳酸氢盐。也不要给干奶末期奶牛饲喂碳酸氢钠。饲喂“干奶末期奶牛专用全混合日粮”，可以确保在干物质摄入量发生剧烈波动时，粗、精料比仍保持固定。

在饲喂高钙日粮（含钙超过0.8%的干物质）及高钾日粮（含钾超过1.2%的干物质或每头每天100克）的同时，饲喂阴离子盐。如果饲喂了阴离子盐，钙的摄入量可增加到每头每天150~180克（增加采食含钙1.5%～1.9%的日粮8～11千克）。

给干奶末期奶牛饲喂全谷物日粮，而给新产牛饲喂精料。这样能使瘤胃（包括瘤胃壁及瘤胃菌群）适应分娩后所喂的高谷物日粮。

对于体况良好的奶牛，谷物的饲喂量可高达体重的0.5%（每头每天3～3.5千克），对于非最佳体况的奶牛，谷物的饲喂量最多占体重的0.75%（每头每天4.5～5千克）。精料的饲喂量限制在干奶末期奶牛日粮干物质的50%，或者最多饲喂每头每天5千克。

密集饲养的奶牛的日粮能量密度应为每千克泌乳净能5.06兆焦，但对于冬季在户外的奶牛，其日粮能量密度应增至每千克泌乳净能5.98兆焦。良好的通风对于保持奶牛舒适十分重要，但应注意防止奶牛受凉。奶牛的气候适应区为8℃～18℃，气候适应区以外的气温下，会耗费日粮能量。

干奶牛在干奶期，尤其在分娩前最后10～14天，不应减轻体重。在此阶段减轻体重的奶牛会在肝脏中过度积累脂肪，出现脂肪肝综合症。

注意保持奶牛舒适，注意干奶末期奶牛的通风及饲槽管理。只要有可能，应使奶牛适应产后环境。分娩前减轻应激意味着产后能更多地采食。

五、干奶牛的管理

（一）确保奶牛得到锻炼。锻炼能使奶牛保持良好体况。未经锻炼的奶牛的分娩相关疾病、乳腺炎、腿部疾病的发病率要高于经过锻炼的奶牛。

（二）始终做到分槽饲喂干奶牛。干奶牛与其他奶牛同槽采食时，因竞争力差，而限制了其在干奶期这一关键时期的采食量，从而增加了发生代谢问题的危险性。

（三）保持奶牛在整个干奶期直至分娩的体况，防止出现肥胖干奶牛。

（四）将瘦干奶牛的增重率限制在 0.45 千克 / 日。给瘦干奶牛饲喂 2 ~ 5 千克含 14%谷物的混合日粮（最多占体重的 0.75%）及低钙禾本科干草，并提供足量的钙、磷、维生素 E 和硒。

第五节　围产期的饲养管理

奶牛围产期一般指产前 15 天和产后 15 天这一段时间。围产期的饲养对泌乳牛的健康和整个泌乳期的产奶量、牛奶的质量及经济效益起着重要的作用。

一、产前管理

（一）从进入围产期就需增加精料，由原来的每天每头 4 千克。按每天每头 0.3 千克递增，精饲料可在产前 15 天起每天逐渐增加，但最大量不宜超过体重的 1%，干草喂量应占体重的 0.5%以上。日粮中的精、粗比例为 40：60，粗蛋白质为 13%，粗纤维为 20%左右。

（二）喂给优质干草，喂量不低于体重的0.5%，且长度在5厘米以上的干草占一半以上。

（三）对有酮病前兆的牛应及时添加烟酸（每天每头6克）。

（四）分娩前30天，开始喂低钙日粮（钙占日粮干物质的0.3%~0.4%，总钙量为每天每头50~90克），钙磷比为1：1。分娩后使用高钙日粮（钙占日粮干物质的0.7%，钙磷比为1.5：1或2：1）分娩前10天开始喂阴离子盐。

（五）分娩前7天和分娩后20天不要突然改变饲料。

二、产后管理

（一）分娩时，用麸皮500克、食盐50克、石粉50克、水10千克混合后喂牛，或给益母草膏糖水（250克益母草加1500克水煎熬成益母膏，再加红糖1千克，加水3千克，预热到40℃左右每天一次，连服3天），以利于牛恢复体力和胎衣排出，也可促使排净恶露和子宫早日恢复。

（二）奶牛产后1周内，由于机体较弱，消化机能减退。食欲下降。因此，只能饲喂少量的稀精料，加少许食盐，增加其适口性。应多喂些优质牧草或干草，促进其消化吸收。喂干草时，务必多饮水。

（三）产后1周后，多数奶牛乳房水肿消退，恶露基本排干净，食欲良好，消化机能正常。此时，可逐渐增加精料，多喂优质干草。对青绿多汁饲料要控制饲喂，泌乳初期切忌过早加料催奶，以免引起体重下降（营养负平衡），代谢失调。在此阶段，每天日粮可增加0.3千克精料（高者可达6.5~7.0千克），粗饲料按青贮玉米每天每头15千克，块根料为每天每头3千克以内，自由采食干草，最低饲喂量为每天每头3千克。每天日粮干物质的进食量占体重的2.5%~3.0%。

（四）产后15天以后，可根据牛的食欲和日产奶量（按奶料比2.5：1）投放精料，直至顶峰，但日喂量不要超过10千克。同时，要保证优质粗饲料的供应，精粗比例为60：40，以保证瘤胃的正常发酵，避免瘤胃酸中毒、真胃变位以及乳脂率下降。

日粮中精料的用量应适量，如奶牛体况较差可喂给浓度较高的日粮，以确保90天内发情、配种、受胎。在精粗料的干物质比应调整到（40～45）：（60～55）。

在奶牛围产期的管理上，要注意保胎，防止流产。防止母牛饮冰水和吃霜冻饲料，不要让母牛突然遭受惊吓、狂奔乱跳，保持牛舍（产房）安静，避免一切干扰和刺激。注意临产征兆，做好助产与接产准备。母牛分娩后1～2小时，第一次挤奶不宜挤得太多，大约挤1千克即可，以后每次挤奶量逐步增加，到第三天或第四天后才可挤干净，这样可以防止由于血钙含量一时性过低而发生产后瘫痪。

第六节　产奶牛的饲养管理

一、泌乳前期的饲养管理

（一）采用“预付”饲养

从产后10～15天开始，除按饲养标准给予饲料外，每天额外多给1～2千克精料，以满足产奶量继续提高的需要。只要奶量能随精料增加而上升，就应继续增加。待到增料而奶量不再上升时，才将多余的精料降下来。“预付”饲养对一般产奶牛增奶效果比较明显。

（二）采用“引导”饲养

从产前2周开始加料，母牛产犊后，继续按每天增加450克精料，直到产奶高峰。待泌乳高峰过后，奶量不再上升时，按产奶量、体重、体况等情况调整精料喂量。“引导”饲养对高产奶牛效果较好，低产奶牛采用“引导”饲养容易过肥。

（三）分群饲养

在生产上，按泌乳的不同阶段对奶牛进行分群饲养。可做到按奶牛的生理状态科学配方、合理投料，而且日常管理方便，可操作性强。对于奶牛未能达到预期的产奶高峰，应检查日粮的蛋白质水平。

（四）适当增加挤奶次数

有条件的牛场，对高产奶牛，可改变原日挤3次为4次，有利于提高整个泌乳期的奶量。

（五）适当增加精料

日粮中的精、粗料干物质比不超过60∶40、粗纤维含量不低于15%的前提下，积极投放精料，并以每天增加0.3千克（必要时可0.35千克）精料喂量逐日递增，直至达到泌乳高峰的日产奶量不再上升为止。

（六）供给优质干草如苜蓿等粗饲料

（七）添加非降解蛋白量高的饲料

如增喂棉籽（1.5千克/头·天）。

（八）添加脂肪以提高日粮能量浓度

在泌乳高峰牛的日粮中，可添加占日粮干物质3%~5%（高者可达5%~7%）的脂肪或200~500克脂肪酸钙，以满足日粮中能量的需要。

（九）添加缓冲剂

在高产奶牛日粮精料中每天每头添加氧化镁50克和碳酸氢钠

100 克组成的缓冲剂或其他缓冲剂。

(十) 合理干物质采食量

日粮营养水平原则上控制在：干物质进食量（DMI）占体重的 2.5%～3.5%。精粗料比 60∶40。

(十一) 及时配种

一般奶牛产后 30～45 天，生殖器官已逐步复原。有的开始有发情表现。这时可进行直肠检查，及早配种。

二、泌乳中期的饲养管理

泌乳中期奶牛食欲最旺，日粮干物质进食量达到最高（之后稍有下降），泌乳量由高峰逐渐下降，为了使奶牛泌乳量维持在一个较高水平而不致下降过快。使体重逐步恢复而不致增重太多。在饲养上应做到以下几点。

(一) 料跟着奶走

按“料跟着奶走”的原则，即随着泌乳量的减少而逐步相应减少精料用量。

(二) 饲喂全价日粮

喂给多样化、适口性好的全价日粮。在精料逐渐减少的同时。尽可能增加粗饲料用量，以满足奶牛的营养需要。

(三) 根据体况加减料

对瘦弱牛要稍增加精料，以利于恢复体况；对中等偏上体况的牛，要适当减少精料，以免出现过度肥胖。

三、泌乳后期的饲养管理

泌乳后期奶牛对营养物质的利用效率比干奶期高，因此要利用此期调节牛的膘情。

泌乳 200 天到干奶期间奶牛因早已怀孕，这一阶段比泌乳 200 天之内体脂沉积效率要高。如果这一阶段奶牛体膘膘度变化较大，则最好分群饲养以便根据体膘膘度进行饲喂。应为泌乳后期的奶牛单独配制日粮，为这些奶牛单独配制日粮有几方面的作用：一是帮助奶牛达到恰当的体脂储存；二是通过减少饲喂一些不必要的价格昂贵的饲料，如过瘤胃蛋白和脂肪饲料，来节省饲料开支；三是增加粗料比例将能确保奶牛瘤胃健康，从而保证奶牛健康。

泌乳后期日泌乳量明显下降到最低水平，食入营养主要用于维持、泌乳、修补体组织、胎儿生长和妊娠沉积等方面。所以，该阶段应以粗料为主，防止牛过度肥胖。

第四章　奶牛的繁殖技术

第一节　母牛的发情

一、初情期

奶牛的首次发情称为初情期。荷斯坦奶牛后备母牛出现初情期的时间，与其所处的当地环境气候和营养情况有关。一般在 6 ~ 12 月龄之间出现发情较普遍。

二、性成熟期

奶牛初情期后，生殖器官迅速发育，具有繁殖后代的能力，达到性成熟。其时间一般为 8 ~ 14 月龄。已达到性成熟的母牛虽有繁殖后代的能力，但身体发育尚未完成，故一般仍不宜配种。

三、初配期

我国大多数地区奶牛的初配月龄为 15~17 月龄，母牛体重应超过 350 千克（约占成年体重的 70%）。如果后备母牛体重已达到 350 千克，但小于 17 月龄，也可以考虑初配，但如果达到 17 月龄，而体重仍低于标准，则应延缓配种，必须给后备母牛增加营养，加强饲养管理，待其达到标准体重后再配种。

四、发情周期

母牛达到性成熟后（一般母牛 8~10 月龄开始性成熟），在正常情况下，每隔一定期间就出现一次发情，直到衰老为止。这种有规律的周期称为发情周期。母牛发情周期包括发情前期、发情期、发情后期、休情期四个阶段，但没有明显的界限。根据牛的个体不同，年龄、季节、饲养条件等不同，发情周期长短有一定的变动范围，一般为 18~24 天，平均为 21 天。

五、发情持续期

母牛在发情期内，从发情开始到停止的较短时间称发情持续期。但排卵时间一般在性欲消退后才发生。因此，母牛发情开始到成熟卵排出为止所持续的时间作为发情持续期较为恰当。一般牛的发情持续期为 18 小时左右，范围为 6~36 小时。

六、发情鉴定

（一）外部观察

1. 看神色　发情母牛敏感，躁动不安，不喜躺卧。神色异常，有人靠近时，回首眸视。寻找其他发情母牛，活动量、步行数是通常的几倍。嗅闻其他母牛的外阴，下巴依托牛臀部并摩擦。

2. 看爬跨　在散放的牛群中，发情牛常追爬其他母牛或接受其他牛爬跨。开始发情时，对其他牛的爬跨往往半推半就，不太接受。以后，随着发情的进展，有较多的母牛跟随，嗅闻其外阴部（但发情牛却不嗅闻其他牛的外阴），由不接受其他牛爬跨转为开始接受爬跨，或强烈追爬其他牛。“静立”是重要的发情标志。牛的爬跨姿势多种多样，有时出现两个发情牛互相爬跨。母牛的发情有时在夜间出现，白天不易被发觉（漏情），等到次日早晨发现，该牛已处于安静状态（发情后期）。但从牛体表上。可发现其臀部、尾根有接受爬跨造成的痕迹或秃斑。有时有蒸腾状，体表潮湿。

3. 看外阴 牛发情开始时。阴门稍显肿胀，表皮的细小皱纹消失展平；随着发情的进展，进一步表现肿胀潮红，原有的大皱纹也消失展平；发情高潮过后。阴门肿胀及潮红现象出现退行性变化。发情的精神表现结束后，外阴部的红肿现象仍未消失，直至排卵后才恢复正常。

4. 看黏液 在发情过程中黏液的变化特点是：发情开始时最少、稀薄、透明，此后发情牛分泌黏液量增多，黏性增强，储留在阴道和子宫颈口周围；发情中期即发情旺盛期，由子宫排出的黏液牵缕性强，粗如拇指；发情后期，流出的透明黏液中混有乳白丝状物，黏性减退牵之可以成丝，牛躺卧时，易观察到黏液“吊线”；发情末期，黏液变为半透明，其中夹有不均匀的乳白色黏液，最后黏液变为乳白色，量少。

（二）试情

将结扎输精管的公牛放到母牛群中，根据公母牛的表现来鉴别发情母牛。一般被公牛尾随的母牛或接受公牛爬跨的母牛都是发情牛。

（三）内部检查

1. 阴道检查 用开膣器打开母牛阴道，观察其黏膜、分泌物和子宫颈口的变化来判断是否发情。若发情时阴道黏膜充血、潮红，表面光滑湿润，有较多而透明的黏液；子宫颈外口充血、松弛并开张，同时有黏液流出，如在发情初期则黏液稀薄；随着发情延长，黏液变稠，量也变少到发情后期，黏液量更少，黏稠混浊。

2. 直肠检查 主要通过触摸卵巢上的发育卵泡判断牛的发情状

况。发情前期，母牛卵巢表面上有光滑的软点，但不明显；随着发情进入高潮期，卵泡液增多，体积增大，表面光滑有张力；到了高潮期，触摸卵泡体积不增大，但软点加大，皮薄而波动，但张力不大；再后即到了发情后期，触摸卵泡像成熟的葡萄一样，有一触即破之感觉，此时是最佳的配种时期。

七、异常发情

母牛发情受许多因素影响，发情时如果没有外部症状，或不能正常排卵或长期发情等都属于异常发情，主要表现有以下几方面。

（一）隐性发情（或称潜伏发情）

母牛发情时缺乏性欲表现，外部表现不明显，难以看出，但卵巢上的卵泡正常发育成熟而排卵。主要原因是促卵泡素分泌不足的结果。一般泌乳盛期的高产母牛、营养不良的瘦弱母牛或母牛产后第一次发情等容易发生隐性发情。在实践中，当发现母牛连续两次发情之间的间隔相当于正常发情间隔的2~3倍，即可怀疑中间有隐性发情。因为母牛发情的持续时间短，冬季奶牛舍饲时间长，容易漏情，值得多加注意观察，提高受配率。

（二）假发情

母牛只有外部发情症状，而卵巢无卵泡发育或不排卵称假发情。其原因有两种情况：一种是患有子宫内膜炎或卵巢机能不全的育成母牛，虽有发情表现但无卵泡发育；另一种是有的母牛妊娠5个月左右，突然有发情表现，接受爬跨，但阴道检查时，子宫颈口收缩，无发情黏液，直肠检查时，有胎儿存在。这种现象叫妊娠过半，如不检查而误配，可造成流产事故。

（三）持续发情

母牛发情持续时间很短，但有的母牛却连续几天发情不止，有的母牛发情无周期而频繁发情。这主要由于卵泡发育不规律，生殖激素分泌紊乱所致。一种是卵巢囊肿引起。这种母牛卵泡虽有发育，但迟迟不成熟，不能排卵，而且继续增大、肿胀，造成整个卵巢囊肿，卵泡壁不断分泌雌激素，促使母牛持续发情；另一种是卵泡交替发育，开始在一侧卵巢上发育卵泡，同时分泌雌激素促使母牛发情，不久另一侧卵巢又有卵泡开始发育，前一卵泡发育中断，后一卵泡继续发育。这样交替分泌雌激素而促使母牛延续发情长达 3 天以上。

（四）不发情

不发情是指既无发情表现，又不排卵。原因很多，有些是营养不良，缺乏微量元素；有些是母牛生殖系统先天性缺陷造成的；有些是母牛卵巢、子宫疾病或其他疾病引起的；再者处于泌乳盛期的高产奶牛也往往不表现发情；还有受气候因素影响等。针对上述不同情况，应采取相应措施，促其尽快发情配种。

第二节　母牛的配种

一、母牛产后的适宜配种时间

母牛产犊后，子宫复原及身体恢复大约需 30 天。产后最早排卵在 20 天左右，但处于隐性发情而不易发现。产后表现第一次明显发情，一般 30~70 天，如果产后过早配种，一是不易受孕；二是影响牛体恢复；三是由于奶牛的泌乳期太短而影响产奶量。反之，配种过晚，产奶、产犊都受影响，又常因发情不规律而降低受胎率。所以，为不影响生产和产犊，母牛产后60~80天配种最为适合。

二、母牛发情后的输精适宜期

母牛适时输精是提高受胎率的关键。确定母牛发情后最适宜的输精时间主要从以下几方面综合考虑。

（一）排卵时间

母牛排卵时间为性欲结束之后的5~15小时，多数为8~12小时。确切说，母牛从开始发情到卵泡成熟排卵，一般青年牛需26~32小时，中年母牛需22~30小时，老母牛只需18~24小时。经测定，母牛排卵时间又多数在深夜到第二天凌晨。

（二）卵子保持授精能力的时间

精卵结合实现授精的部位是在输卵管上三分之一处，即为输卵管壶腹部。卵子成活时间为12~24小时。卵子从卵巢排出后在输卵管内运行很慢，到达授精部位需要6~12小时，而授精能力时间只有6~12小时，最长不过20小时，超过这个时间及授精部位，卵子自行老化、解体，被输卵管壁吸收。

（三）精子到达授精部位的时间

活力较强的精子进入母牛生殖道后，仅需15分钟左右的时间就能运行到授精部位，但没有授精力（尚未“获能”）。大部分精子可于输精后2~3小时到达授精部位，全部到达则需在输精后的5~6小时。

（四）精子保持授精能力的时间

一般为24~48小时，平均为30小时左右。精子输入母体后，开始无授精能力，经过一系列的生理变化过程，称“获能”过程，一般需5~6小时之后，才具备有授精能力。“获能”的精子在受精部位与卵子相遇时，用精子头部所携带的透明脂酸酶将卵子的保护膜——透明带溶解后，才能实现一个精子钻入卵子内部形成接合体，完成受精过程。

（五）最适宜输精时间

输精的适宜时间应该在发情末期，即停止接受爬跨后3~5小时内输精为最好，受胎率最高。结合实地情况，输精时间可这样安排：早八时前发现母牛发情，可在傍晚进行第一次输精，第二天早晨再输精一次；从午前九时到中午发现母牛发情，第二天早晨输精一次，必要时在傍晚再输精一次；午后发现母牛发情，第二天午前进行第一次输精，晚上再输精一次。

三、配种方法

（一）自由交配

自由交配主要在放牧牛群中采用。将公牛混入到放牧的母牛群中饲养，让公牛自由地与发情母牛交配。公母牛比例为1∶15~1∶20头。此方法简便省事，但公牛利用率低，利用年限会缩短，且无法进行个体选配，容易传播疾病。因此，必须选择健康的公牛，且注意血缘关系，防止近亲繁殖产生退化现象。

（二）人工辅助交配

人工辅助交配是平时公母牛分开饲养，在母牛发情的适当时间，把发情的母牛固定在配种架里用指定的公牛进行交配，然后将公母分开。人工辅助交配和自由交配均属于自然交配。两者相比之下，辅助交配能人为地控制公牛的配种次数，有利于个体选配，还可以延长公牛的利用年限。

（三）人工授精

人工授精是利用假阴道采集公牛的精液，经过检查和稀释，再用输精器将公牛的精液输入发情母牛的生殖道内，以达到受胎的目的。它分为新鲜精液和冷冻精液输精两种方式。

（四）牛的冷冻精液配种技术

1.安瓿冷冻精液方法　将稀释平衡后的精液按0.5~1毫升的标准装入安瓿中，冷冻后保存使用。其优点是剂量标准，标记明显，防止污染，解冻后直接使用，不必再稀释，精子复苏率和受胎率较高。缺点是体积大、封口麻烦、运输易破、解冻易炸、成本高。

2.颗粒冷冻精液方法　此法是日本永濑等人于1961年首创成功。将稀释平衡后的精液按0.1毫升标准冷冻成颗粒，在冷源中保存，随用随取。优点是制作方法简便、体积小、成本低、便于保存、精子复苏率和受胎率较好。缺点是剂量不够标准，不同公牛冻精颗粒易混淆，保存时暴露在液氮中，易污染，用时需要再稀释，操作麻烦。

3.塑料细管冷冻精液方法　此法是20世纪60年代中期由法国凯苏氏研制成功。细管采用无毒聚乙烯塑料制作，容量为0.5毫升和0.25毫升两种型号。使用时，利用特制的凯苏式输精器将管内精液送入母牛子宫颈深部，靠母牛生殖道的温度自然解冻，效果好。优点是剂量标准、卫生、标记明显、不易混淆、不易污染、不用稀释、体积小易保存、精子复苏率和受胎率高，世界各国普遍采用。目前，国内主要种公牛站普遍生产0.25毫升的细管冻精，每支细管上标有牛号、生产日期等，奶牛场（户）在使用时可对照检查，避免近亲现象发生，杜绝劣质冻精的使用。

(二) 输精方法

应用冻精配种最好的方法是用直肠把握输精法。输精员左臂涂以润滑剂伸入母牛直肠，固定住子宫颈（长 8~10 厘米、有软骨样感觉），右手持输精枪由阴门插入，先向上倾斜插入一段，以避开尿道口，而后平插，在左手的配合下旋转向前缓慢插入子宫颈口内 5~8 厘米处注入精液。注意子宫颈口有 3~4 个横向的皱壁，千万不要粗暴插入输精枪。每个发情期输精次数以 1~2 次为宜，每次输入一支。

第三节　选种选配及种公牛的选择

一、选种选配

选种：对种畜的选择叫选种，主要目的是提高优良基因比例。选配：把具有优良遗传特性的公母牛进行组合交配，使后代取得较大的改进和提高，目的是产生新的优良基因型。

(一) 选种选配的意义

1. 提高产奶量。

2. 提高牛奶中的有效成分（干物质含量）。

3. 提高繁殖能力。

4. 牛群健康，增强对疾病的抵抗力。

5. 体型结构符合生产管理上的要求（特别是机械化挤奶的体型）。

6. 生产利用年限符合经济要求（长寿）。

这些性状都和奶牛场经济收入有直接关系。一般牛场的经济收入，是靠直接出售牛奶、牛肉等产品获得。出售牛奶的多少是影响收入的最大因素，在按质论价的地方，牛奶中的脂肪率、蛋白率或非脂肪固形物等成分的变异，都会影响经济收入。下一代无论是产奶量，还是牛奶中各营养成分的含量，都同父母有很大关系。选种选配的目的并不是为了当代获得改进，而是期望下一代甚至其后多少世代的牛群能获得一定程度的提高。选择是以群体为基础，通过对个体的选择，最终在群体水平上得到改进。

二、公牛的选择

种公牛是影响牛群遗传品质的主要因素，而选择种公牛又是获得优良种公牛的关键。据研究，人工授精技术广泛应用后，种公牛对奶牛生产性能遗传改良的贡献，可以达到总遗传进展的75%~95%。随着奶牛业的发展，人工授精技术通过跨地区的选择公牛日益普遍，在这种条件下，如何准确地选出遗传特性优良的种公牛，就显得更加重要了。当前对奶用种公牛的选择，大多分为两个阶段，一是在性成熟之前，即犊牛阶段，一般是采用系谱指数并结合犊公牛本身的生长发育情况；二是在性成熟以后，是根据公牛女儿的生产性能及外貌进行后裔测定。由于产奶性状这一特征受性别限制，因此对公牛的选择需用的时间较长，往往需要5~6年，为了节约选择公牛的费用，有许多国家在公牛12月龄时，就采集精液保存，每头公牛保存1万~4万份后，即将公牛淘汰，待后裔测定结果，若证明为优质公牛，保存的精液可全部分发使用，若为劣质公牛，即将全部精液废弃不用。到目前为止，虽然超排与胚胎移植育种方案可以改进后裔测定的不足，加快遗传进展，但就准确性而言，后裔测定仍然是决定种公牛产奶遗传性能最有效地方法，这已是大家所公认的。在选择公牛时，应从以下几个方面进行。

（一）种公牛育种值

一个个体的一般育种值等于它所有决定某一性状的基因座位上平均效应的总和，同时也等于它随机地与群体中某一抽样交配时，它们的直接后代均数与群体均数之差的两倍。应注意育种值的重复力（R%）。可靠的育种值是遗传进展的保证，重复力（REL）应在70%以上。

（二）谱系

谱系是对公母牛各项指标和上一辈的情况进行汇总登记。完整、准确、详细的谱系记录是搞好选种选配工作的基本保证。公母牛的谱系侧重点各有不同。公牛谱系侧重于上几辈的生产及相关情况。而母牛谱系除了对父母及上几辈的情况进行记录外，还对母牛本身的产奶、繁殖和体型评分情况进行详细记录。总的原则是保留优点，改进缺陷。选择种公牛时，应详细查看公牛的谱系（条件许可应到现场观看种公牛情况）、生产性能、外貌鉴定材料主要优缺点的记录等。

（三）体型外貌

奶牛体型外貌是人们选种的另一重要内容，与生产性能一样受到人们的重视，目前的外貌鉴定主要采用加拿大 9 分制和美国的 50 分制两种。目前我国主要采用的是 9 分制方法进行外貌评定。

（四）应注意的几个问题

一是防止近亲交配，不要从一个极端走向另一个极端。二是在需要改进多个性状时，要先选择最易进行改进的缺陷，特别注意公母牛的缺陷不能一致。三是育种基础资料要完整、可靠，要及时记录。四是毛色、花片与生产性能等无关性状在选择公牛时不需要考虑。

总之，通过选种选配工作的开展改良奶牛品质，把具有优良遗传特性的公母牛进行组合交配，使后代取得较大的遗传改进。选配能创造变异，又能稳定地遗传给后代，培育出理想的奶牛。只有通过恰当地选配，才能保证牛群的品质，达到产奶量高，奶的质量好，体型无严重缺陷，经济效益高。选配是在牛群鉴定和选种的基础上进行。选配是有意识有计划地决定公母牛的配对，有意识地组合后代的遗传基础，以达到培育和利用良种的目的。对一个牛来说是个选配，对牛群来说是分组选配。奶牛场制订的选配方案一经确定，要严格按照既定的育种目标去实行，并对公母牛的亲和力和公牛的选配效果进行调查分析。同时，要加强育种资料的整理，防止近亲交配。通过若干年不断的努力，将会使牛群生产水平稳步提高，增加农民（养殖户）收入。

第四节　母牛的妊娠、分娩与护理

一、妊娠期

母牛配种以后，从受精开始，经过发育到成熟的胎儿娩出为止，这段时间称为妊娠期。牛的妊娠期一般为275~285天，平均为280天。妊娠期的长短与牛的品种、类型、个体、年龄、饲养管理条件的不同而有差别。一般饲养管理条件好的比饲养条件差的短，怀母犊比怀公犊的短。

母牛妊娠后，为做好下一步的生产安排及分娩前的准备工作，应大致确定妊娠母牛的预产期。其推算的方法，预产期可按配犊月份减3，日数加6的公式计算。

例 1：3 号母牛于 2000 年 5 月 10 日配种，它的预产期为：5 - 3 = 2（月）……预产月份。

10 + 6 = 16（日）……预产日期

即 3 号母牛的预产期是在 2001 年 2 月 16 日。

例 2：5 号母牛于 2001 年 1 月 28 日配种，它的预产期为：月份不够减，须借一年，故加 12，则（1 + 12）- 3 = 10（月）；日数加上 6 已超过 1 个月的天数，故减去 30 天，再往月份里加上 1 个月。

即 28 + 6 - 30 = 4（日）……预产日期

10 + 1 = 11（月）……预产月份

所以 5 号母牛的预产期是在 2001 年 11 月 4 日。

二、妊娠症状

母牛配种后，经过一两个发情周期不再发情，证明可能妊娠了。母牛妊娠后，性情变得安静、温顺，行动谨慎、缓慢，放牧时往往走在牛群的后面，常常躲避角斗和追逐，食欲逐渐增强，被毛光亮，身体饱满，腹围变大，乳房也逐渐增大。

妊娠后的母牛，由于胎儿不断发育，子宫体积逐渐增大，压迫内脏，使内脏器官挤向右侧，脉搏和呼吸次数增加，排粪尿次数增多，右侧腹围逐渐增大。经产奶牛，妊娠 5 个月后，产奶量明显下降。妊娠后期，母牛后肢及腹下出现水肿现象。临产前，外阴部肿胀，松弛，尾根两侧明显塌陷。

妊娠时，母牛体内也发生很大变化。主要表现在卵巢有妊娠黄体存在，随着胎儿的发育，子宫角失去对称，孕角变得短粗，逐渐下沉到腹腔。

三、妊娠检查

母牛的妊娠检查是提高繁殖率的手段之一。通过早期妊娠检查，可判断妊娠与否。如果妊娠了，则需保胎；如果未孕可促其早日发情配种。如若早期确认妊娠，以后又开始发情，经直肠检查又无胎儿存在，证明为早期隐性流产，可待发情后再次配种。同时查明流产原因，以便加强保胎工作。

1. 阴道检查法　母牛配种后1个月进行。妊娠的母牛，当开膣器插入阴道时，有明显的阻力，并有干涩之感；阴道黏膜苍白，无光泽；子宫颈口偏向一侧，呈闭锁状态，为灰暗浓稠的黏液塞封闭。

2. 直肠检查法　母牛配种后一个月，可进行直肠检查。主要检查子宫角的变化和卵巢上黄体的存在。

妊娠牛触摸一侧卵巢体积增大，约核桃大或鸡蛋大，呈不规则形，质地较硬，有肉样感，有明显的黄体突出于卵巢表面；触摸另一侧卵巢无变化。子宫角柔软或稍肥厚，但无病状变化，触摸时，无收缩反应，可判定为妊娠。

未妊娠牛两侧卵巢一般大或接近一般大；两侧卵巢的大小与发情检查时恰恰相反；两侧卵巢一大一小，大的如拇指大或核桃大，小的如食指大或小指大，有滤泡发育；一侧卵巢大如鸡蛋，既有黄体残迹，又有滤泡发育，触摸时卵巢各部质地软硬不一致，不像卵巢囊肿时那样软，又不像妊娠黄体那样硬。其原因是上次发情在这侧卵巢排卵后形成黄体，因未受胎，黄体正在消退中，下次发情前本侧卵巢又有新的滤泡发育。所以同一卵巢上同时存在黄体残迹和新的发育滤泡，是未妊娠的表现。

3. 激素诊断法　母牛配种后20天，用己烯雌酚10毫克，一次肌肉注射。妊娠者，无发情表现或表现微弱；未妊娠者，第二天便表现明显发情。

四、母牛的分娩

(一) 临产征兆

临近分娩的母牛，尾根两侧凹陷明显，特别是经产母牛凹陷得更明显；乳房胀大，分娩前1~2天内可挤出初乳。阴唇肿胀、柔软，皱褶开始展平，封闭子宫颈口的黏液塞开始融化，在分娩前1~2天呈透明的索状物从阴门流出，垂挂于阴门外。母牛食欲减退，时起时卧，显得不安，频频排粪尿，头不时回顾腹部。此时，分娩即将来临，要加强护理，做好接产准备工作。

(二) 接产

临产母牛应牵拉到预先打扫干净，有柔软垫草的产房或产床内。用0.1%的高锰酸钾温水洗涤外阴部及其周围，然后擦干。当胎膜露出外阴部时，要使母牛向左侧倾卧，以免胎儿受到瘤胃挤压而难以产出。当胎儿的前蹄将胎膜顶破时，流出的羊水最好用盆接取，让产后母牛喝下，促使胎衣排出。正产时两前肢夹着头部先产出，倘若发生难产，要及时矫正胎位，趁母牛努责时顺势协助拉出胎儿，千万不能硬拉。倒产时，是两后腿先出，应趁母牛努责时顺势及早拉出胎儿，以防胎儿窒息死亡。当母牛努责、阵缩无力时，需进行助产，即用消毒绳缚住胎儿两前肢系部，交助手拉住，助产者双手伸入产道，捏住胎儿下颌，乘母牛努责时一起用力向臀部后下方拉引。当胎儿头部拉出阴门后，再拉时动作应缓慢，以免发生子宫内翻或脱出。当胎儿腹部通过阴门时，用手固定住胎儿脐孔部，防止脐带断在脐孔内。

犊牛产出后需立即用干抹布将口腔、鼻的黏液擦净，以利呼吸，然后擦净全身黏液。脐带已断时，在断端用5%碘酊充分消毒；未断时，可距脐孔8~10厘米处剪断或扭断，充分消毒，一般不需结扎，以利于干燥。为了防止污染，可用纱布把脐带兜起来。剥去胎儿软蹄，称重编号，登记，送入保育栏，最好在产后30~50分钟内让犊牛吃到初乳。

五、产后护理

产后母牛应饮麦麸盐水汤（麸皮0.5~1千克，食盐80克）或红糖温水汤，可暖腹、充饥、解渴、增加腹压，有利胎衣排出。然后，清除污草，换上干净垫草，投喂优质干草。

胎衣排出后，首先检查胎衣是否完整，立即取走。然后，用1.5%来苏儿溶液清洗外阴部及臀部周围，防止细菌感染。一般胎衣排出时间为5~8小时，最长不超过12小时。若超过12小时胎衣仍未排出，应及时进行手术剥离。

第五节　提高母牛繁殖力的主要途径

奶牛业要迅速发展，必须提高母牛的繁殖力。而母牛繁殖力的高低，受到多种因素的影响，主要与饲养、管理、繁殖技术和疾病防治等有密切关系。因此，加强饲养管理，提高繁殖技术和做好保健工作事关重要。

一、加强科学的饲养和管理

大力提倡科学养牛，进行合理的饲养和管理，能够增进牛群健康，使之正常生长发育，杜绝营养性不育，保证正常的繁殖机能。如果营养水平过高，造成母牛过肥，生殖器官被脂肪所充塞，使受胎率下降和难产；营养过于贫乏，则体质消瘦，影响母牛发情配种；营养比例不当，易发生代谢疾病，也会影响繁殖机能。因此，保证能量、蛋白质、矿物质和维生素的合理供给，才能促进母牛的正常发情、妊娠、产犊。在管理上，给予适当的运动，充足的阳光和新鲜空气。牛舍建筑要宽敞明亮，通风良好，运动场宽大平坦，做到冬有暖舍，夏有凉棚。对妊娠母牛更应加强管理，进出圈舍要先进后出，防止相互拥挤碰撞引起流产。

二、掌握发情规律，做到适时配种

母牛发情，一般情况下是有规律性的，掌握好时机及时配种，能提高受胎率。母牛产犊后，20 天生殖器官基本恢复正常，此时，注意发情表现，产后 1~3 个发情期，发情及排卵规律性强，配种容易，受胎这对奶牛生产极为重要。随着时间推移，发情与排卵往往失去规律性而难以掌握，产后多次错过发情期，有可能造成难孕，达不到一年一头犊。对于产后不发情或发情不正常的母牛要查找原因，属于生殖器官疾患的要及时治疗，属于内分泌失调的应注射性激素促进发情排卵，以便适时配种。

三、保证精液质量，提高人工授精技术水平

保证精液质量是提高繁殖率的重要条件。冷冻精液的广泛应用，对于种公牛的精液品质提出了更高的要求。因此，特别要加强种公牛的饲养管理，保证提供优质精液。同时，新鲜精液的处理，冻精制作技术、保存、解冻技术和解冻液的选择，以及解冻后的使

用和保存等，都与精液质量密切相关，直接影响母牛的受胎率，因此要重视每个技术环节，保证精液质量。

人工授精技术是每个配种员必须熟练掌握的，未经培训不准上岗。要求配种员熟练掌握母牛发情鉴定、直肠把握输精方法和冷冻精液配种技术，学会直肠检查发情、排卵和配种后的妊娠检查，从而提高受胎率。

四、加强疾病防治，做好保健工作

在养牛业中，培育健康牛群的同时，必须加强疾病防治，才能有效提高牛群的繁殖力。布氏杆菌病和结核病对牛群健康、繁殖影响最大，必须加以控制，防止传染蔓延。母牛子宫内膜炎、卵巢囊肿、持久黄体等生殖器官疾病也直接影响牛的繁殖力，造成母牛不孕。因此，及时检查，发现病症及早治疗，早愈早配，提高繁殖力。

第五章　奶牛生产性能测定技术

第一节　奶牛生产性能相关知识简介

一、奶牛生产性能测定的概念

奶牛生产性能测定是目前国际上广泛应用的一项新技术，国际通常用英文 Dairy Herd Improvement 三个单词首字母 DHI 来简称。其含义是奶牛群改良，被养殖户形象的称之为“测奶养牛”。其主要内容是收集奶牛系谱、胎次、产犊日期等牛群饲养管理基础数据，每月采集一次泌乳牛的奶样，记录其当天产奶量，并收集泌乳牛每月产犊、干奶、淘汰、繁殖等信息，通过生产性能测定中心的检测，获得牛奶的乳成分、体细胞数等数据，最后将这些数据统一整理分析，形成生产性能报告。生产性能报告反映了牛群配种繁殖、生产性能、饲养管理、乳房保健及疾病防治等准确信息。牧场管理人员利用生产性能报告，能够科学有效的对牛群加强管理，充分发挥牛群的生产潜力，进而提高经济效益。同时，政府主管部门利用收集的大量准确数据，组织开展全国奶牛良种登记、种公牛后裔测定、遗传评定及奶牛的选种选配等工作，达到提高奶牛整体种质遗传水平，提高奶牛产量，增加农牧民养殖经济效益的目的。

二、国外奶牛生产性能测定发展与现状

生产性能测定自诞生以来，经过100多年的发展，已经逐渐发展演变为综合的牛场记录方案，旨在向奶农提供全面的牧场管理的基础信息。1953年，美国、加拿大两国正式启动“牛群遗传改良计划”，即奶牛生产性能测定（DHI）。目前，加拿大有70%的牛群参加生产性能测定测试，美国有45%的牛群参加生产性能测定测试。奶牛单产水平最高的以色列参加生产性能测定测试的牛群高达90%。几十年的发展证实，美国、法国、荷兰等奶业发达国家通过应用奶牛生产性能测定这一先进体系，为奶农指导服务，产生了巨大的经济效益，单产水平已经平均达到9 000~10 000千克。

三、我国开展奶牛生产性能测定情况

奶牛生产性能测定在我国起步较晚，1992年天津在“中日奶业技术合作项目”的扶持下，开始启动奶牛生产性能测定工作。1993年国内开始进行正式、规范的奶牛生产性能测定，1995年以来，随着中国—加拿大奶牛综合育种项目的实施，我国先后在上海、西安、杭州、北京等地试行生产性能测定工作。

2006年，全国畜牧总站根据《关于下达2006年畜禽良种补贴项目资金的通知》(农财发[2006]84号)文件要求，组织北京、上海、天津、山东、黑龙江、河北、内蒙古和宁夏等8省（区）项目单位，完成了近10万头奶牛的生产性能测定任务，取得了良好效果，受到广大奶农的欢迎。

2007年和2008年，国家先后出台《国务院关于促进奶业持续健康发展的意见》(国发[2007]31号文件)和《国务院办公厅关于转发发展改革委等部门奶业整顿和振兴规划纲要的通知》(国发办

[2008]122 号）文件，明确提出要“切实做好良种登记和奶牛生产性能测定等基础性工作”。2008 年 11 月农业部和财政部联合下发了农办财[2008]150 号文件，在北京、天津、河北、山西、内蒙古、辽宁、黑龙江、上海、江苏、山东、河南、广东、云南、陕西、宁夏、和新疆 16 个省（区、市）以及黑龙江农垦总局和新疆生产建设兵团等 18 个项目区开展奶牛生产性能测定工作，完成了近 25 万头奶牛的测定工作。

四、奶牛生产性能测定意义

（一）完善奶牛生产性能记录体系

“能度量，才能管理；能管理，才能提高”，这是奶业发达国家对生产性能测定工作指导奶牛生产管理作用的精辟总结。只有通过生产性能测定准确了解牛群的实际情况，才能针对具体问题制定出切实有效的管理措施，并付诸实施，这样才能提高牛群的生产水平。生产性能测定提供了一个有效量化管理牛群的工具，并且这种量化是针对每一头个体的。没有生产性能测定就不能建立完善的奶牛生产记录体系，没有完整的奶牛生产性能记录，管理牛群只能凭经验及感觉，有时难免出现偏差，造成一定的经济损失。特别是对那些没有最基本的生产性能和谱系纪录的奶牛养殖户，通过生产性能测定能帮助他们逐渐完善奶牛生产记录工作，为以后生产管理再上层次奠定基础。

（二）提高原料奶质量

原料奶的质量是保证乳制品质量的第一关，只有高质量的生鲜原料奶才能生产出高质量的乳制品。原料奶质量的好坏主要反映在牛奶的成分和卫生两个方面。在 DHI 测试中，可以通过调控奶牛的营养水平，科学有效地控制牛奶乳脂率和乳蛋白率，生产出含理想成分的牛奶；通过控制降低牛奶体细胞数（SCC）能提高牛奶的质量。体细胞数超过标准不仅影响牛奶的质量，而且还会影响牛奶的风味。

一个高产牛群的产奶量达到一定水平以后，若要再提高单产就要付出更高的成本，而且牛群对饲料、管理、保健的要求也越来越苛刻。如果在产奶量变化不大的情况下，提高原料奶的质量，在牛奶收购以质论价的情况下，也能为奶牛场增加十分可观的收入。而且这个途径比单纯追求高产奶量要简单一些。

（三）提供兽医防治依据，指导奶牛场兽医工作

奶牛机体任何部分发生病变或生理不适都会首先通过减少产奶量的形式表现出来。生产性能测定适时监控奶牛个体生产性能表现，因此可以很好地提高兽医的工作效率和质量。通过奶牛生产性能测定报告：一是掌握奶牛产奶水平的变化，了解奶牛是否受到应激，准确把握奶牛健康状况；二是分析乳成分的变化，判断奶牛是否患酮病、慢性瘤胃酸中毒等代谢病；三是通过测量体细胞数（SCC）的变化，及早发现乳房损伤或感染，特别是为及早发现隐性乳房炎、制定乳房炎防治计划提供科学依据，从而有效减少牛只淘汰，降低治疗费用。除此以外，产后体细胞数高的牛只，可能存在卵巢囊肿、子宫内膜炎等繁殖疾病，奶牛生产性能测定使这样的牛只得到及时治疗，大大提高了牛只的受胎率。

（四）改进饲料配方，提高饲养效率

通过分析生产性能测定报告中乳成分含量的变化确定饲料总干物质含量及主要营养物给量是否合适，指导调配日粮，确定日粮精粗比例。生产性能测定报告还提供直接反映乳脂率与乳蛋白率之间

关系的一个指标——脂蛋白比，正常情况下，荷斯坦牛的脂蛋白比应在 1.12~1.30 之间，比值高可能是日粮中添加了脂肪，或日粮中蛋白不足，比值低可能是日粮中谷物类精料太多或缺乏纤维素，应及时对日粮进行适当调整。生产性能测定报告提供个体牛只牛奶尿素氮水平，它能准确反映出奶牛瘤胃中蛋白代谢的有效性，根据牛奶尿素氮的高低改进饲料配方能提高饲料蛋白利用效率，降低饲养成本。此外，乳脂率低或乳蛋白率低在一定程度上还反映奶牛的营养和代谢状况不理想，应通过分析及时找出原因，积极改进。

（五）指导牛群遗传改良及选种选配

生产性能测定数据是进行种公牛个体遗传评定分析的重要依据，只有准确可靠的性状记录才能保证不断选育出真正遗传素质高的优秀种公牛用于牛群遗传改良。对于奶牛场而言，可以根据奶牛个体（群体）各经济性状的表现，本着保留优点、改进缺陷的原则，选择配种公牛，做好选配工作，从而提高育种工作成效。例如根据奶牛个体产奶量、乳脂率、乳蛋白率的高低，选用不同的种公牛进行配种。对那些乳脂率、乳蛋白率高，但产奶量低的母牛，可选用产奶性能好的种公牛配种；乳脂率低的，可选用乳脂率高的种公牛；乳蛋白低，选用乳蛋白高的种公牛等等。

（六）制定牛群管理和生产计划

在正常饲养情况下，为保持和提高牛群的整体生产水平，降低饲养成本，提高经济效益，需要对牛群进行分群管理及淘汰，其可靠的依据是生产性能测定报告。生产性能测定报告不仅可以适时反映个体牛只生产表现，还可以追塑牛只的历史表现。可以依据牛只生产表现及所处生理阶段实现科学分群饲养管理；依据计算饲养投入及生产回报，对那些已经无利可图的牛只尽早淘汰；根据牛群生产性能情况编制各月产奶计划，并制定相应的管理措施。

第二节　奶牛生产性能测定流程及技术要点

一、组织形式

2005年，在农业部主管部门高度重视和支持下，中国奶业协会设立了中国奶牛数据处理中心。数据中心在协会的领导和支持下，积极配合业务主管部门组织全国奶牛联合育种和中国荷斯坦奶牛品种改良、良种登记、种公牛后裔测定及公牛遗传评定等工作。数据中心具体负责全国奶牛生产性能测定工作，在农业部畜牧业司和全国畜牧总站指导下，与各地生产性能测定中心紧密合作，对大量测定数据进行整理分析，及时为行政管理部门和广大奶牛养殖者提供系统、准确和有效的信息服务。

二、奶牛生产性能测定流程

奶牛生产性能测定流程主要包括牧场的初期工作、实验室分析测定、数据分析处理和信息反馈四部分。

（一）牧场初期工作

1. 参测牛群要求　参加生产性能测定的牧场，应具有一定生产规模，采用机械挤奶，并配有流量计或带搅拌和计量功能的采样装置。生产性能测定采样前必须搅拌，因为乳脂比重较小，一般分布在牛奶的上层，不经过搅拌采集的奶样会导致测出的乳成分偏大或偏小，最终导致生产性能测定报告不准确。

2. 测定奶牛条件　测定奶牛为产后5天至干乳前6天的泌乳

牛。对每头泌乳牛一年测定10次，每头牛每个泌乳月测定1次，两次测定间隔一般为26~33天。牧场、小区或农户应具备完好的牛只标志（牛籍图和耳号）、系谱和繁殖记录，并保存有牛只的出生日期、父号、母号、外祖父号、外祖母号、近期分娩日期和留犊情况（若留养的还需填写犊牛号、性别、初生重）等信息，在测定前需随样品同时送达测定中心。

3. 奶样采集 每次测定首先要记录泌乳牛测试日当天各班次产奶量的总和，并对所有泌乳牛逐头取奶样，每头牛的采样量为40毫升，一天三次挤奶一般按4∶3∶3（早∶中∶晚）比例取样，两次挤奶早、晚按6∶4的比例取样。测试中心配有专用取样瓶，瓶上有三次取样刻度标记。一般采样应从前一天的中午（三次挤奶）或晚上（二次挤奶）开始，第二天上午结束取样，并以结束这天的日期作为鉴定日。

4. 样品保存与运输 为防止奶样腐败变质，在每份样品中需加入防腐剂重酪酸钾，加入量是0.03克（40~50毫升奶样）。现在我们宁夏DHI测试中心奶样中加入的是进口的溴硝丙二醇奶样专用防腐剂。采样结束后，要保证添加的防腐剂充分溶解，奶样在15℃的条件下保持4天，在2℃～7℃冷藏条件下保持一周，样品应尽快安全送达测定实验室，运输途中需尽量保持低温，不能过度摇晃。

5. 数据填报 参加测定的牛只信息如新增（头胎）测定牛只、干奶、分娩、淘汰等情况每月都在变动。每个测定牛场由资料员详细准确的记录这些信息，在每个测定日前或采样结束后当天，将上个测定日和当前测定日之间所有参加测定牛只相关信息变动情况，按DHI测定中心制定的表格要求填好，随奶样一起送到DHI测定中心。

（二）实验室样本测定

1. 测定内容

乳成分：主要测定的乳成分有乳脂率、乳蛋白质率、乳糖率、全乳固体及尿素氮含量等。

体细胞（SCC）：体细胞包括嗜中性白细胞、淋巴细胞、巨噬细胞及乳腺组织脱落的上皮细胞等，是反映泌乳牛乳房健康及牛群管理的关键指标。

2. 测定设备　实验室配备有乳成分测试仪、体细胞计数仪、恒温水浴箱、保鲜柜、流量计、采样瓶、样品架及奶样运输车等仪器设备。

3. 测定原理　乳成分测定是采用红外原理（滤光片或平涉仪技术），根据乳中各成分对红外光谱吸收程度的不同而进行分析，精确度 Cv < 1.0%，单位为%。体细胞测定采用流式细胞计数原理，记录每毫升牛奶中体细胞的数量，将奶样稀释，细胞核染色后，通过电子自动计数器测定得到结果。精确度控制在（10 万 ~ 500 万 / 毫升）10%范围内，单位为 1000 个 / 毫升。

（三）数据的分析处理

测试个体奶牛的产奶量、乳脂率、乳蛋白率、体细胞数、尿素氮等指标，收集牛群胎次、分娩日期、泌乳天数等基本信息，通过 CNDHI 分析系统分析处理之后，形成反映牛场配种、繁殖、饲养、疾病、牛群生产性能等信息的 DHI 分析报告。

1. 测定日相关信息的记录　参加测定的牛只信息，如新增（头胎）测定牛只、干奶、分娩、淘汰等情况，每月都在变动。每个测定牛场由采样负责人详细准确的记录这些信息，在每个测定日前或采样结束后当天，将上个测定日和当前测定日之间所有参加测定牛只的相关信息变动情况，按 DHI 测定中心制定的表格要求填好传送到 DHI 测定中心。

2. 测定牛场与 DHI 测定中心之间相关信息的传输 参测牛场每月给 DHI 测定中心传送各种信息，DHI 测定中心导入 DHI 分析系统并出具 DHI 测定分析报告及时反馈各牛场，为保证测定工作的顺利开展，需要一个方便快捷的传输方式来传递数据信息。具备 internet 联网条件的牛场通过网络以电子邮件的方式传输，暂时条件不具备的，也可采用电子表格、传真、信件或人员传递等方式。无论采用哪种方式传输都要保证数据信息安全、准确、及时送到 DHI 测定中心，制作奶牛生产性能测定报告，并及时将报告反馈给牛场或农户。从采样到测定报告反馈，整个过程需 3～7 天。

3. DHI 分析报告的项目指标

（1）日产奶量 是指泌乳牛测试日当天的总产奶量。日产奶量能反映牛只、牛群当前实际产奶水平，单位为千克。

（2）乳脂 是指牛奶所含脂肪的百分比，单位为%。

（3）乳蛋白率 是指牛奶所含蛋白的百分比，单位为%。

（4）乳糖 是指牛奶乳糖含量。

（5）全乳固体 是指测定日奶样中干物质含量的百分比。

（6）分娩日期 用于计算与之相关的指标。

（7）泌乳天数 是指计算从分娩第一天到本次采样的时间，并反映奶牛所处的泌乳阶段。用于计算 305 天预计产奶量。

（8）胎次 是指母牛已产犊的次数。

（9）校正奶量 是根据实际泌乳天数和乳脂率校正为泌乳天数 150 天、乳脂率 3.5%的日产奶量，用于不同泌乳阶段、不同胎次牛只之间产奶性能的比较，单位为千克。

（10）前次奶量　是指上次测定日产奶量和当月测定结果进行比较，用于说明牛只生产性能是否稳定，单位为千克。

（11）泌乳持续力　当个体牛只本次测定日奶量与上次测定日奶量综合考虑时，形成一个新数据，称之为泌乳持续力，该数据可用于比较个体的生产持续能力。

（12）脂蛋比　是衡量测定日奶样的乳脂率与乳蛋白率的比值。

（13）前次体细胞数　是指上次测定日测得的体细胞数，与本次体细胞数相比较后，反映奶牛场采取的预防管理措施是否得当，治疗手段是否有效。

（14）体细胞数（SCC）　是记录每毫升牛奶中体细胞数量，体细胞包括嗜中性白细胞、淋巴细胞、巨噬细胞及乳腺组织脱落的上皮细胞等，单位为1000个/毫升。

（15）牛奶损失　是指因乳房受细菌感染而造成的牛奶损失，单位为千克（据统计奶损失约占总经济损失的64%）。

（16）奶款差　等于奶损失乘以当前奶价，即损失掉的那部分牛奶的价格。单位为元。

（17）经济损失　因乳腺炎所造成的总损失，其中包括奶损失和乳腺炎引起的其他损失，即奶款差除以64%，单位为元。

（18）总产奶量　是从分娩之日起到本次测定日时，牛只的泌乳总量；对于已完成胎次泌乳的奶牛而言则代表胎次产奶量。单位为千克。

（19）总乳脂量　是计算从分娩之日起到本次测定日时，牛只的乳脂总产量，单位为千克。

（20）总蛋白量　是计算从分娩之日起到本次测定日时，牛只的乳蛋白总产量，单位为千克。

(21) 高峰奶量　是指泌乳奶牛本胎次测定中，最高的日产奶量。

(22) 高峰日　是指在泌乳奶牛本胎次的测定中，奶量最高时的泌乳天数。

(23) 305天预计产奶量　泌乳天数不足305天的奶量，则为预计产奶量，如果达到或者超过305天奶量的，为实际产奶量，单位为千克。

(24) 预产期　是根据配种日期与妊娠检查推算的日期。

(25) 繁殖状况　是指奶牛所处的生理状况（配种、怀孕、产犊、空怀）。

(26) 成年当量　是指各胎次产量校正到第五胎时的305天产奶量。一般在第五胎时，母牛的身体各部位发育成熟，生产性能达到最高峰。利用成年当量可以比较不同胎次的母牛在整个泌乳期间生产性能的高低。

根据不同牛场的要求，生产性能测定数据分析中心可提供不同类型的报告，如牛群生产性能测定月报告、平均成绩报告、各胎次牛305天产奶量分布及实际胎次与理想胎次对比报告、胎次分布统计报告、体细胞分布报告、体细胞变化报告、各泌乳阶段生产性能报告、泌乳曲线报告等综合损失报告。

（四）信息反馈

信息反馈内容为测定报告、问题诊断、技术指导。

1. 奶牛生产性能测定报告　奶牛生产性能测定报告是信息反馈的主要形式，奶牛饲养管理人员可以根据这些报告全面了解牛群的饲养管理状况。报告对牛场饲养管理状况的量化，是科学化管理的依据，这是管理者凭借饲养管理经验而无法得到的。根据报告量化的各种信息，牛场管理者能够对牛群的实际情况作出客观、准确、科学的判断，发现问题，及时改进，提高效益。

2. 问题诊断　测定报告关键是从中发现问题，并及时将问题能够得到快速、高效、准确地解决。数据分析人员可以根据测定报告所显示的信息，与正常范围数据进行比较分析，找出问题，针对牛场实际情况，作出相应的问题诊断，分析异常现象（例如牛群平均泌乳天数较低，平均体细胞数较高等），找出导致问题发生的原因。问题诊断是以文字形式反馈给牛场，管理者依据报告，不仅能以数字的形式直观地了解牛场的现状，还可以结合问题诊断提出解决实际问题的建议。

3. 技术指导　一般情况下，因为受到空间、时间以及技术力量的限制，即使测定报告反馈了相关问题的解决方案，但牛场还是无法将改善措施落到实处。根据这种情况，奶牛生产性能测定中心要指定相关专家或专业技术人员，到牛场做技术指导。通过与管理人员交流，结合实地考察情况及数据报告，给牛场提出符合实际的指导性建议。

第三节　奶牛生产性能测定的实际应用

一、应用方向

可作为牛场管理者制定管理计划的依据。帮助牛场建立计算机网络管理系统。不同部门的管理人员可根据测定报告，定期对阶段内的工作进行交流总结，共同商讨解决问题的方案，既避免了解决问题的狭隘性，又加强了部门间的沟通与交流，使得每一位管理人员都能积极参与到管理中来。管理者根据测定报告反映的信息进行不同层面的比较，找出差距，改善管理。帮助管理者寻找问题及分析经济效益下降的原因，使管理者能将牛场的资源投入与所得的回报进行合理比较，判断牛场的资源投入是否合理。

二、牛场的实际应用

（一）体细胞的应用

1. 牛奶中的体细胞 牛奶体细胞通常由巨噬细胞、淋巴细胞和多形核嗜中性白细胞(PMN）等组成。正常情况下，牛奶中的体细胞数一般在 20 万个 / 毫升 ~30 万个 / 毫升。当乳房受到外伤或者发生疾病（如乳房炎等）时体细胞数就会迅速增加。如果体细胞数超过 50 万个 / 毫升，就导致产奶量下降。测量牛奶体细胞数的变化有助于及早发现乳房损伤或感染、预防治疗乳腺炎，同时还可降低治疗费用，减少牛只的淘汰，增加产奶能力。因此，体细胞数反映了牛奶产量、质量以及牛只的健康状况，也是奶牛乳房健康水平的重要标志。

奶牛理想的体细胞数：第 1 胎≤15 万 / 毫升，第 2 胎≤25 万 / 毫升，第 3 胎≤30 万 / 毫升。

影响体细胞数变化的主要因素有病原微生物对乳腺组织感染、应激、环境、气候、泌乳天数、遗传、胎次等，其中致病菌影响最大。

2. 体细胞数与牛奶损失的关系 临床乳房炎的发生，将会损失 20%～70%的奶量，个别牛只甚至会无乳汁分泌。

从以下数据可看出体细胞数的高低对奶损失的影响。例如：一个牧场有泌乳牛 300 头，体细胞数平均 40 万 / 毫升，一年仅奶产量损失的费用就可达 4.5 万元（指头胎牛占 25%，奶价 2.2 元 / 千克），这其中还不包括因乳腺炎造成的其他损失，如乳房永久性破坏、牛只间相互传染、头胎牛过早干奶与淘汰、兽药费、抗生素残留奶、原料奶质量下降等，约占总费用的36%。

3. 体细胞数对奶牛乳房健康及牛奶品质的影响　测定奶牛体细胞，是判断乳房炎轻重的有力手段，特别是能预示隐性乳房炎的发生。奶牛一旦患有乳房炎，产奶量、奶的质量都会有相应的变化。患乳房炎的奶牛其乳腺组织的泌乳能力下降，达不到遗传潜力的产奶峰值，并对干奶牛的治疗花费较大。如果能有效的避免乳房炎，就可达到高的产奶峰值，获得巨大的经济回报。

患乳房炎的奶牛所分泌的牛奶与正常牛奶的主要区别，是干物质含量减少及各种乳成分的含量比例发生变化。如乳房炎达到很重的程度，牛奶将接近血液成分。所以，牛奶体细胞数与产奶量是成反比关系，高体细胞数牛奶中脂肪、蛋白、乳糖等成分都将发生变化。

4. 体细胞数与泌乳天数的关系　正常情况下，体细胞数在泌乳早期较低，而后逐渐上升。

泌乳早期体细胞数偏高，预示干奶牛治疗、临产及产后环境等存在问题，改善后则体细胞数就会相应下降。

泌乳中期体细胞数高，可能是乳头药浴无效、挤奶设备不配套、环境肮脏、饲喂时间不当等原因所致，这时应进行隐性乳腺炎检测（CMT），以便及早治疗和预防。

对于泌乳后期体细胞数高、胎龄大的牛只，则应及早利用干奶药物进行治疗。

5. 如何有效的应用体细胞数　体细胞数能反映乳房的健康状况，通过阅读测定报告，总结月、季、年度的体细胞数，分析变化趋势和牛场管理措施，制定乳腺炎防治计划，降低体细胞数，最终达到提高产奶量的目的。

通过采取以上措施后各胎次牛只的体细胞数如果都在下降，则说明治疗是正确的。

如连续两次体细胞数都持续很高，说明奶牛有可能是感染隐性乳房炎（如葡萄球菌或链球菌等）。若因挤奶方法不当导致隐性乳房炎相互传染，一般治愈时间较长。

体细胞数忽高忽低，则多为环境性乳腺炎，一般与牛舍、牛只体躯及挤奶员的个人卫生有关。这种情况治愈时间较短，且容易治愈。

6. 降低奶牛体细胞数的方法

（1）正确使用和维护挤奶设备；

（2）采用正确的挤奶程序；

（3）正确治疗泌乳期的临床乳腺炎；

（4）定期监测乳房健康，检测隐性乳腺炎（SMT）；

（5）淘汰慢性感染牛；

（6）保存好体细胞数原始记录和治疗记录，定期检查；

（7）补充微量元素和矿物质，如硒、维生素 E 等；

（8）预防苍蝇等寄生性昆虫滋生。

总之，定期总结乳腺炎的防治，结合实际情况及时作出改进计划，是十分重要的。

（二）乳脂率、乳蛋白率的应用

乳脂率（F）和乳蛋白率（P）能反映奶牛营养状况，乳脂率低可能是瘤胃功能不佳，代谢紊乱，饲料组成或饲料大小、长短等有问题。如果产后 100 天蛋白率很低（3%），其原因可能是：干奶牛日粮差，产犊时膘情差，泌乳早期碳水化合物缺乏，饲料蛋白含量低等。

目前，我国原料奶收购对乳脂率的要求有一些差别，因而乳脂率也越来越显得重要。根据测定报告提供牛只的乳脂率和乳蛋白率，可用于选择生产理想型乳脂率和蛋白率的奶牛。

1. 乳脂率和乳蛋白率之间的关系

(1) 脂蛋白比　荷斯坦牛乳脂率与乳蛋白率比，正常情况下应在1.12~1.30之间。这一数据可用于检查个体牛只，不同饲喂组别和不同泌乳阶段牛只的状况。高产牛的脂蛋白比偏小，特别是处于泌乳30~60天之间的牛只。如3%的乳脂和2.9%的蛋白比值仅为1.03。高脂低蛋白会引起比值过高，可能是日粮中添加了脂肪，或日粮中蛋白和非降解蛋白不足；而低比值则相反，可能是日粮中太多的谷物精料，或者日粮中缺乏有效纤维素。

(2) 脂蛋白差　奶牛泌乳早期的乳脂率如果特别高，就意味着奶牛在快速利用体脂，则应检查奶牛是否发生酮病。如果是泌乳中后期，大部分的牛只乳脂率与乳蛋白率之差小于0.4%，则可能发生了慢性瘤胃酸中毒。

2. 乳脂率较低的牛只特征

(1) 牛只体重增加；(2) 过量采食精料；(3) 乳脂率测定小于2.8%；(4) 乳蛋白率高于乳脂率。

3. 牛群中多数牛只乳脂率过低　主要原因是牛瘤胃功能异常，可采取的减缓措施如下。

减少精料喂量，精料不要太细；避免在泌乳早期喂饲太多的精料；先饲喂0.5 ~ 1小时长度适中的优质干草，后再饲喂精料；提高粗纤维水平，改变粗饲料的长短或大小；日粮中添加缓冲液；补充蛋白的缺乏；取消日粮中多余的油脂；精粗比例≤42 : 58；避免饲喂发酵不正常的青贮草；增加饲喂次数。

4. 乳蛋白率过低可采取以下措施

避免过多使用脂肪或油类等能量饲料；增加非降解蛋白质的供给，保证氨基酸摄入平衡；减少热应激，增加通风量；增加干物质饲喂量。

（三）尿素氮（MUN）的应用

1. 牛奶尿素氮的正常范围 研究结果表明，牛奶尿素氮的平均值大多数在 10 ~ 18 毫克 / 公升范围内。

2. 牛奶尿素氮的测定意义 在养牛成本中饲料约占 60%，而蛋白料是饲料中最贵的一种。因此，测定牛奶尿素氮能反映奶牛瘤胃中蛋白代谢的有效性，具有以下优势：平衡日粮，最大效率地利用饲料蛋白质，降低成本；牛奶尿素氮过高会降低奶牛的繁殖率；保证饲料蛋白的有效利用，发挥产奶潜能；利用牛奶尿素氮的测定值可选择物美价廉的蛋白饲料。

一般而言，牛奶尿素氮数值过高直接反映饲料中蛋白没有有效利用，可引发奶牛的繁殖、饲料成本、生产性能的发挥等一系列问题。

研究表明，牛奶尿素氮过高与繁殖率低下有很大的关系。据报道，夏季牛只在产后第一次配种前 30 天的尿素氮大于 16 毫克 / 公升时，其不孕率是冬季且尿素氮值低牛只的 10 倍以上。

（四）奶产量的应用

通过比较本月和上月奶量的变化情况，可以检验饲养管理是否得到改进，饲料配方是否合理。如果管理有改进，配方合理，本月奶量就会比上月奶量增加，否则就会下降，若两次的奶量波动较大，可从以下查找原因。

饲料配方过渡时，是否给予牛只足够的适应时间（应为 1~2周），这可能会发生在干奶配方到产奶配方过渡或变更牛群的过程中。

母牛产犊时膘情是否过肥，如果牛只过肥产后食欲时好时坏，会造成产奶量剧烈波动。

是否长期饲喂高精料日粮，若长期饲喂会造成酸中毒及蹄病，产奶量会受到影响。

是否有充足的槽位，如果槽位不充足，牛只之间相互争抢槽位，也会影响产奶量。

（五）测定日产奶量的应用

测定日产奶量，是精确衡量每头牛只产奶能力的指标。通过计量每头牛只的产奶量，区分高产与低产牛，进行分群饲养，即按照产奶量的高低给予不同的营养需要。这样不仅可以避免因饲养水平高于产奶需要而造成的浪费和可能导致的疾病，也可避免因饲养水平低于产奶需要而造成的低产，从而给牛场带来更大的经济效益。

当泌乳牛的饲养水平低于产奶需要时，直接的影响就是产奶量下降，间接的影响是不易受孕。若饲养水平高于产奶需要时，直接的影响就是增加了生产成本，间接的影响是牛只膘情过肥，同样会引起繁殖问题。如：胎儿过大造成难产，难于受孕而引起空怀天数的增加等。

测定日产奶量主要应用在以下几方面：反映牛只当月产奶量高低，可评价上一阶段的管理水平；按照产奶水平，结合胎次、泌乳阶段、膘情等进行分群合理管理；为配合经济日粮提供依据；测定日平均产奶量及产奶头数可用于衡量牛场盈利水平；可将 305 天预计产奶量与实际产奶量综合分析，用于本月及长期的预算。

（六）泌乳天数的应用

1. 校正产奶量　校正产奶量是将测定日奶量按泌乳天数及乳脂

率校正的数值，用于比较不同生理阶段牛群及个体之间产奶量高低的指标。牛只在泌乳高峰期及泌乳后期产奶量差距很大，即在不同的泌乳阶段，产奶量也不同。所以，校正奶量使处在不同泌乳阶段及不同乳脂率的泌乳牛，在同一标准下进行比较。

2. 平均泌乳天数　如果牛群为全年均衡产犊，那么牛群平均的泌乳天数应该处于150~170天，这一指标可显示牛群繁殖性能及产犊间隔。牛场管理者可以根据该项指标来检测牛群繁殖状况，而后再查找影响繁殖的因素。如果测定报告获得的数据高于正常的平均泌乳天数，就表明牛群的繁殖状况存在问题，导致产犊间隔延长，将会影响下一胎次的正常泌乳。

依据测定报告分析泌乳天数、日产奶量、校正奶量及繁殖状况，有利于制订繁殖配种计划。若近期内分娩的牛数比正常多，泌乳天数应该下降，牛群整体日产奶量水平应是上升，月产奶量水平也是上升；反之，日产奶量将会下降。

（七）高峰奶量、高峰日的应用

1. 高峰产奶量　指个体牛只在某一胎次中最高的日产奶量。例如：成母牛泌乳高峰时产奶量为30千克，则头胎牛在泌乳高峰时产量应为22.5千克，即75%，若比例小于75%，说明没有达到应有的泌乳高峰；相反，则表明头胎牛泌乳牛或成母牛的潜力没有得到充分发挥。

2. 高峰日　指产后高峰奶量出现的那一天。高峰产奶量的牛只，305天奶量也高；一般在产后4~6周达到产奶高峰，若每月测定一次，其峰值日应出现在第二个测定日，即应低于平均值70天；若大于70天，表明有潜在的奶损失。要检查下列情况：产犊时膘情、干奶牛日粮、产犊管理、干奶牛日粮向产奶牛日粮过渡的时间、泌乳早期日粮是否合理等。

3. 影响高峰产奶量的因素

(1) 体况　理想的体况是获得高峰产奶量的前提，膘情从前一胎产奶后期开始恢复，在分娩时理想体况评分应为 3.5 分。

(2) 育成牛饲养　育成牛发育良好，分娩时体重大约 550 千克。

(3) 围产期护理　围产期奶牛护理不当将影响其高峰产奶量的发挥，应保持产犊环境干净，避免子宫及乳房感染，注意产后护理、测量体温及饲料变化过程。

(4) 泌乳早期营养　泌乳早期营养直接影响能否达到高峰产奶量。日粮改变需循序渐进，牛只产后视食欲情况先粗后精，快速加料。

(5) 遗传　遗传水平可直接关系到奶牛高峰产奶量的高低。

(6) 乳腺炎　避免在产奶高峰时发生乳腺炎，注意干奶后两周及产前两周的乳头药浴和干奶牛乳腺炎检查。

(7) 产后疾病与并发症　若母牛产后受到应激或细菌感染，将不能达到理想的峰值水平。

(8) 产后并发症的起因　由于干奶牛营养饲喂不当、产犊环境不清洁及助产太多等原因导致并发症，因此影响高峰产奶量。

(9) 不完全挤奶　使用劣质挤奶设备，挤奶设备维护不当或不正确的挤奶程序等，均能降低高峰产奶量。

(10) 干奶牛管理　这是校正牛只膘情的最后环节，这一时期瘤胃修复因泌乳期高精料日粮引起的损伤，也对上次泌乳所引起的乳房损伤进行自我修复。

(八) 泌乳持续力的应用

根据个体牛只测定日奶量与前次测定的日奶量，可计算个体牛只的泌乳持续力，用于比较个体牛只的生产持续能力。泌乳持续力随着胎次和泌乳阶段而变化，一般头胎牛产奶量下降的幅度比二胎以上的要小。

影响泌乳持续力的两大因素是遗传和营养。

泌乳持续力高，可能预示着前期的生产性能表现不充分，应补足前期的营养不良。

泌乳持续力低，表明目前饲养配方可能没有满足奶牛产奶需要，或者乳房受感染，挤奶程序、挤奶设备等其他方面存在问题。

（九）泌乳曲线的应用

1. 奶牛正常的泌乳曲线

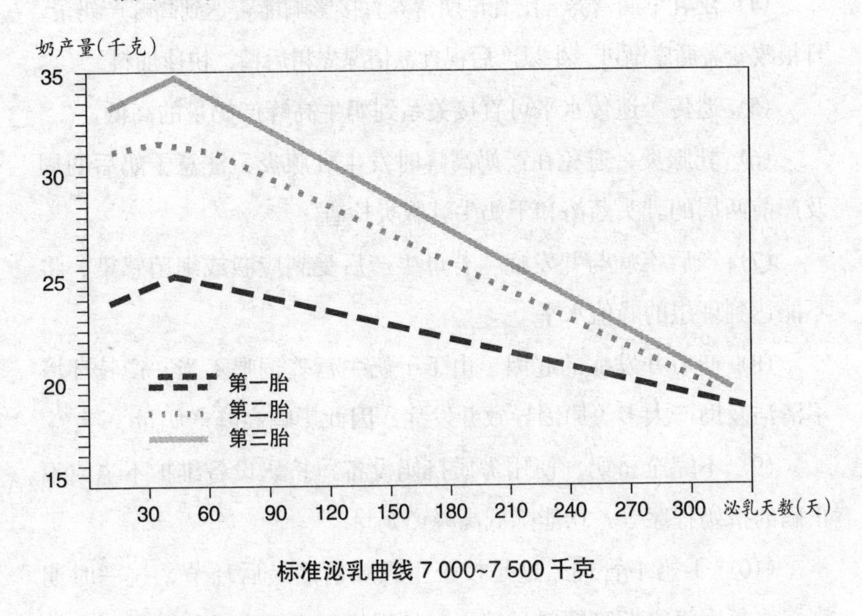

标准泌乳曲线 7 000~7 500 千克

2. 平均泌乳曲线的特点

高产奶牛的产奶峰值也高；一般奶牛的高峰出现在第二次采样时；产奶高峰过后，所有牛只的产奶量逐渐下降；产奶量平均 0.07 千克 / 天，每月下降 6%~8%；头胎牛的持续性要好于经产牛。

第六章　奶牛的疾病防控

第一节　奶牛场的防疫措施

一、牛场建设要求

1. 牛场不建在人口稠密、交通要道及兽医站附近。

2. 牛舍建筑必须具有良好的光照、通风及防暑降温条件，每幢牛舍间的距离应保持在 20 米以上。

3. 粪池、隔离病牛舍、兽医室等应建在场内下风处。设计上应考虑到便于运出污物、易于消毒等。

4. 奶牛场或生产区入口处，应设消毒池及消毒室。

5. 场内牛奶、饲料及粪便应分道运输。

6. 奶牛场如用地下水，必须对水质进行检验，水质达标才能使用。

二、防疫措施

1. 奶牛场或生产区入口处消毒池内，每天应保持有消毒液，消毒室内应装紫外灯。

2. 非本场人员未经场长或技术员同意，不得随意进入生产区。外人进入必须先更换工作服、帽和胶鞋。经消毒池和消毒室消毒，杀菌后方可进入。

3. 每天应清理牛舍、运动场及周围地区的牛粪及其他污物。每季度大扫除、大消毒1次。

4. 对病牛舍、产房、犊牛预防室及隔离牛舍，每天应进行清扫及消毒。

5. 奶牛发生烈性或疑似烈性传染病时，应立即向上级主管部门或当地防疫、检疫机构报告，并主动采取隔离、封锁、消毒和注射等应急措施。当该传染病终止后，经彻底消毒，报上级主管部门检查合格后，方可解除封锁。

6. 场外附近发生烈性或疑似传染病时，应立即采取隔离、消毒等措施，防止传染病的传入。

7. 引进奶牛时，必须从非疫区引入，并应持有当地法定单位的健康检验证明。运牛时，应有车船消毒证。运入后，经一定时间（两个月左右）隔离观察和检疫，确定无传染病后，方可合群饲养。

8. 严禁调出或出售传染病患牛和隔离、封锁区解除前的任何牛只。

9. 奶牛场全体员工，每年必须进行一次健康检查，发现结核病、布氏杆菌病及其他传染病患者，应及时调离生产区。新员工必须进行健康检查。

10. 奶牛场内不准饲养其他畜禽。禁止将市售畜禽及其产品带入生产区进行清洗、加工等。

11. 每年定期进行大范围灭蚊、蝇、虻、蠓等吸血昆虫及灭鼠活动，以降低昆虫及鼠带来的损害。

三、免疫措施

1. 每年5月或10月全牛群进行一次无毒炭疽芽孢菌的免疫注

射，免疫方法参照疫苗使用说明书，免疫期为1年。

2. 全牛群每年进行2~3次口蹄疫疫苗的免疫注射，免疫方法参照疫苗使用说明书。

3. 必须严格执行国家农业部和省、市区（县）各级防疫部门有关接种防止其他传染疾病疫苗的规定，以预防地区性传染病的发生和传播。

4. 结合本场以往的奶牛发病史，应及时接种相应的疫苗，如气肿疽疫苗、出血性败血症疫苗等。

5. 当牛群受到某些传染病威胁时，应及时采用经农业部或省、市兽医药政部门批准的生物制品，如抗炭疽血清、抗气肿疽血清、抗出血性败血症血清等进行紧急接种，以治疗病牛和防止疾病进一步扩散。

四、检疫措施

1. 全牛群每年进行两次结核病的检疫。

2. 结核病检疫最常用的方法是结核菌素试验，分点眼法和皮内注射法两种。未作检疫的牛群及结核阳性率在3%以上的牛群，应采用皮内注射和点眼相结合的方法进行检疫，每年进行4次；经过定期检疫，结核阳性反应率3%以下的假定健康牛群和健康牛群，皮内注射方法进行检疫。其中，假定健康牛群每年检疫4次，健康牛群每年检疫2次；犊牛群以皮内注射法进行检疫，于出生后25~30天进行第一次检疫，3月龄时进行第二次检疫，6月龄时进行第三次检疫。

3. 凡判定为结核病可疑反应的牛，于第一次检疫30天后进行复检；其结果仍为可疑反应时，经30~45天后再复检；如仍为可疑，应判为阳性。

4. 对出现结核病阳性反应牛的牛舍内牛群应停止调动，每隔 45 天复检一次，直至连续 2 次不再出现结核病阳性反应牛为止。

5. 结核病检疫终判为阳性反应的牛，应立即隔离、扑杀。

6. 全牛群每年要进行 1 次布氏杆菌病的检疫。

7. 布氏杆菌病的检疫一般采用布氏杆菌病的血清试管凝集反应检验法。

8. 凡布氏杆菌病检疫血清试管凝集反应阳性或连续 2 次出现可疑反应的牛应立即扑杀。

9. 结核病及布氏杆菌病的各种检疫结果报告书应妥善保留，并将可疑和阳性反映情况登记在奶牛病史上。

10. 引进奶牛时，应按“家畜家禽防疫条例”中有关规定，作口蹄疫、结核病、布氏杆菌病、蓝舌病、牛地方性白血病、副结核病、牛肺疫、牛传染性鼻气管炎、黏膜病等临床检查和实验室检验。

五、发生烈性或疑似烈性传染病后应采取的措施

1. 立即将疫情向上级业务主管部门或当地防疫、检疫机构报告，以便接受防疫指导和监督检查。

2. 将发生传染病的牛及牛舍、护理用具以及该牛舍的饲养人员就地隔离、封锁，并划出封锁区，不允许其他人进出。

3. 对病牛舍尤其是病牛接触的地方，如牛床、通道、用具等进行严格彻底的消毒。

4. 积极配合检疫机构对病牛进行确诊。在未确诊以前，不能私自剖解尸体。

5. 对病牛及时进行治疗，包括注射免疫血清、噬菌体、疫苗、抗生素、磺胺类药物等。对其他假定健康牛进行紧急接种。

6. 当封锁区内最后一头病牛扑灭或治愈后，经过对所发病一个潜伏期以上的监测、观察，未再发现病牛时，经彻底消毒、清扫后，报县级以上农牧部门检查合格后，才可能解除封锁。解除封锁后，尚需根据传染病的性质，在一定时间内限制病牛的活动。

第二节 奶牛的保健措施

一、犊牛与育成牛的保健

1. 新生犊牛必须及早吃到初乳。如母牛分娩后无乳或病亡，则可用其他分娩时间相近的母牛初乳或发酵初乳替代，也可用人工调制初乳哺喂。

2. 加强饲养管理，预防新生犊牛窒息、犊牛腹泻、脐带炎、犊牛大肠杆菌病、佝偻病、犊牛水中毒、肺炎、白肌病等疾病的发生。

3. 加强育成牛的饲养管理，预防瘤胃鼓气、肠胃炎、肺炎、软骨病、持久黄体、卵巢囊肿、卵巢机能衰退、难产等疾病的发生。

二、成年母牛保健

（一）围产期的保健

1. 预产前 60 天，用专用干乳药物干乳。乳室出现红、肿、热、痛等症状时，在挤尽乳汁后，应对每乳室用抗生素或专用乳房炎治疗药物灌注，每日 1 次，直至痊愈为止。严重时，还应结合全身抗生素注射治疗。用药量参照药物使用说明书。

2. 产犊期，应做好产房消毒工作，预防发生产后子宫内膜炎。当奶牛预产期已到，临产症状明显，阵缩和努责正常，胎水破后 1

小时内不见胎儿时，应及时检查，采取矫正胎位等助产措施，使其产出。如胎儿助产不成，应及早采取剖腹手术。

3. 产后 24 小时（夏季 12 小时），胎衣仍未排出，可用抗生素（如四环素、土霉素等）灌注子宫，1～2 天 1 次，直至胎衣全部排出。

4. 产后 14 天内，发现阴道流出黏液带脓或久流不净，直检子宫肥大，应及时用抗生素或专用药物灌注子宫，防止子宫内膜炎及产后子宫复旧不全等病的发生。

5. 产后 24～72 小时，如出现产后瘫痪，应及时用钙剂治疗。

6. 密切注视产后母牛食欲、精神、体温、泌乳等情况，一旦出现食欲不佳或体弱的产牛，可静脉注射 10% 葡萄糖酸钙注射液或 5%～10% 葡萄糖溶液。如出现产后败血症状，必须全力进行抢救，避免牛死亡。

（二）泌乳盛期的保健

1. 泌乳盛期一般指产后 16～100 天。有条件时，血样抽查分析血糖、血钙、血磷、血钠、血酮体、血脂等指标。当某物质的含量下降至正常水平以下时。应及时补饲。

2. 建立酮体检测制度。产后 1 个月内，隔日测尿液 pH、尿酮体或乳酮体 1 次。凡测定尿液为酸性、尿（乳）酮体为阳性，可静脉注射葡萄糖溶液和碳酸氢钠溶液治疗。

3. 产乳高峰期，可适当加喂瘤胃缓冲剂，如碳酸氢钠、氧化镁、醋酸钠等，以维持瘤胃内环境的 P^H 及营养代谢的平衡。

（三）、泌乳后期的保健

1. 及时防治卵巢疾病、激素失调、子宫疾病等引起的不孕症。

2. 奶牛干乳前 15 天进行隐性乳房炎检测。凡检测结果“++”以上的牛只，应及时药物治疗。间隔 2～3 天再检测 1 次，直至转为阴性后方可用专用药物干乳。

3. 干乳 14 天内观察乳房收缩状况，如发现 4 个乳室收缩不均匀，某乳室出现红、肿、热、痛等症状时，要及时挤尽乳汁，并进行治疗处理。

（四）乳房保健

1. 应保持牛舍、牛床、牛体及挤乳器、洗乳房用毛巾的清洁卫生。提倡使用一次性消毒纸巾，及时清除牛粪及被污染的垫草等。

2. 挤乳前、后用有效消毒液浸泡乳头数秒钟。

3. 正确掌握挤乳技术和挤乳器的操作技术规范。

4. 及时有效地治疗临床乳房炎患牛，防止病原菌污染环境和感染健康牛只。

5. 参加 DHI 测定的牛群，应及时对每毫升奶中体细胞达 50 万以上的牛只进行隐性乳房炎的测定与防治。

6. 未参加 DHI 测定的牛群，每年至少 2 次（5 ~ 6 月和 11 ~ 12 月）对全群泌乳牛进行隐性乳房炎检测，以降低乳房炎的发生率。

（五）蹄部保健

1. 改善环境卫生和饲养条件。保持牛舍干燥、清洁，定期消毒；饲料中钙、磷的含量和比例合理；不应频繁改变饲喂条件。

2. 定期修蹄。每年春、秋两季普检牛蹄底部，及时消除腐烂、坏死组织，并及时治疗。

3. 在潮湿季节，用 30% 福尔马林溶液或 5% 硫酸铜溶液定期喷洗蹄部，以防蹄部的感染。

4. 用蹄形好、无腐蹄病的公牛精液进行配种，以降低后代变形蹄和腐蹄病的发生率。

5. 在日粮中补充生物素。

第三节　奶牛重点防治的传染病

奶牛重点防治的传染病主要有3类。一类传染病为口蹄病、牛海绵状脑病（疯牛病）；二类传染病为炭疽、布氏杆菌病、结核病、副结核病、传染性鼻气管炎；三类传染病为传染性腹泻（黏膜病）、流行热等。这里简要介绍口蹄病、布氏杆菌病和结核病的临床症状和预防措施。

一、牛结核病的临床症状和处理方法

结核病是由结核分枝杆菌所引起的人畜共患的慢性传染病。开放性的结核病牛通过排出的气体、唾液、痰、粪尿、乳汁和生殖道分泌物等传染空气、土壤、水源、饲料、牛舍、用具等，并通过消化道和呼吸道直接或间接地传染其他牛或人。该病的临床特点是在机体组织如肺、淋巴、乳房、子宫、肠、脑及全身脏器形成结核结节性肉芽肿和干酪样、钙化的坏死病变。

牛场现行诊断本病的方法是用结核菌素作皮内注射和点眼注射。健康牛群只用皮内注射。病牛群和假定健康牛可用2种方法同时进行。该病的检验由地方兽医部门负责组织和实施，发现阳性牛只，要按照相应的防疫条例规定，由专业兽医卫生部门进行扑杀。

二、牛布氏杆菌病的临床症状和处理方法

布氏杆菌病是由布氏杆菌引起的一种人畜共患的慢性传染病。传染途径是病牛或带菌牛。特别是在流产或分娩时，大量布氏杆菌

随胎儿、胎水和胎衣排出，偶尔在乳、粪、尿以及阴道流出的恶露内发现。然后，通过消化道、损伤或完整的皮肤、黏膜、结膜和交配而互相感染。病牛的临床特点是发生流产、胎衣滞留、子宫炎、不孕症、乳房炎、关节炎等，孕牛在7~8月时流产。公牛发生睾丸炎和附睾炎。人可通过与病牛的频繁接触及食入未严格杀菌的病牛乳、肉而感染。人患病的主要症状是呈波浪热，关节炎和睾丸肿胀，头和全身疼痛，有的发生骨质变形、流产等。

布氏杆菌的检验主要是采用血清学诊断方法。对发病牛只的处理方法同牛结核病。

第四节 奶牛常见病的预防和处理

一、产后瘫痪

产后瘫痪又称产乳热病，是产后母牛突然发生的一种急性低血钙症。

(一) 病因

主要是由于饲料日粮中高钙、低磷，缺乏维生素D及分娩后立即大量泌乳，而使过多血钙丧失引起。一般多发生于产后12~72小时。4~5胎以上的高产牛易发生。

(二) 产后瘫痪的症状

病初不安，站立时两后肢频繁交换。对外界反应敏感，竖耳，睁眼呈发怒状。大便量少但次数多。行走时，步态不稳，可撞墙壁或人。有时全身出汗，体温偏低0.5℃。3~4小时后出现精神沉郁，卧地，头偏向一侧，当头颈强行拉直，松手后迅速偏回原处。从后背向前看，颈部呈“S”型弯曲，对外界反应淡漠，耳尖及四肢端发凉。随病情的延长，四肢伸直横卧，舌伸至口外，对光反应消失，用针刺全身无反应，呼吸浅而慢，如不及时抢救，易发生死亡。

（三）防治措施

1. 妊娠后期，要注意日粮中钙、磷的供应及比例。有材料认为，日粮钙磷的比例为 1∶1 可预防本病。要给牛适当运动及日光照射。

2. 对有产后瘫痪的牛，产前 5～10 天，每天注射一次维生素 D_3 1000 毫克，可预防本病的发生。

3. 病牛用 10%的葡萄糖酸钙注射液 800～1 000 毫升或 50%的氯化钙注射液 400～600 毫升，混合于 5%的葡萄糖溶液 1 000～2 000 毫升中缓慢静脉注射。如心力衰竭，在注射前 15 分钟左右，先肌肉注射 15%苯钾酸钠咖啡因注射液 20 毫升。

4. 乳房送风。用乳房送风器向乳房内送风，直至乳房及皮肤胀平为止。然后，用皮筋或绳索扎紧乳头（15 分钟松开一次）。一般在送风后 0.5～1 小时后站立。

5. 同时治疗各种并发症，如低磷酸盐血症、低钾血症等。

二、瘤胃酸中毒

瘤胃酸中毒是瘤胃中乳酸蓄积过多而引起代谢紊乱，多发生于奶牛，死亡率高。

（一）病因

主要是由于采食大量富含碳水化合物的谷物饲料，或长期过量饲喂块根类饲料，以及酸度过高的青贮饲料都可促使本病的发生。

（二）症状

最急性的病例，常在采食谷物饲料后 3～5 小时内突然发病死亡。亚急性病牛，精神沉郁，食欲废绝，流涎。

（三）防治措施

治疗可用20%葡萄糖酸钙和25%葡萄糖各500毫升，一次静脉注射，每天2~3次，直到能站立为止。如多次使用钙剂仍不能站立的，可用20%磷酸二氢钠500毫升，一次静脉注射。

（四）预防方法

1. 产前饲喂低钙饲料，钙、磷比为1∶1~1∶3为宜。

2. 增加阴离子饲料喂量，产前21天，每头牛补食50克的氯化铵。

3. 产前5~8天，每头牛每天注射维生素D_3 2000单位；静脉注射20%的葡萄糖酸钙液500毫升，每天1次，连用3天。

4. 母牛长期不发情，直肠检查，长期不发情母牛，以发现其卵巢光滑、小，这种现象称为卵巢静止。它是卵巢机能减弱，或卵巢机能暂时受到扰乱而使卵巢长期处于静止状态所致。卵巢静止严重时，会发展到卵巢萎缩或硬化。其原因是饲养管理不良，如饲料质量不佳、量不足，尤其是青绿饲料缺乏；高产奶牛消耗过大，呈营养失调；子宫或全身疾病引起机体衰弱；近亲繁殖等。

三、母牛长期不发情

直肠检查长期不发情母牛，可以发现其卵巢光滑、小，这种现象称为卵巢静止。它是卵巢机能减弱，或卵巢机能暂时受到扰乱而使卵巢长期处于静止状态所致。卵巢静止严重时，会发展到卵巢萎缩或硬化。

（一）病因

其原因是饲养管理不良，如饲料质量不佳、量不足，尤其是青绿饲料缺乏；高产奶牛消耗过大，呈营养失调；子宫或全身疾病引起机体的衰弱；近亲繁殖等。

（二）防治措施

1. 加强饲养管理，尤其要供应全价日粮。

2. 每天或隔天通过直肠按摩卵巢1次，每次3～5分钟，以4～5天为一疗程。

3. 用促卵泡素（FSH）100～200单位。静脉注射，或用2 500～5 000单位肌肉注射；孕马血清20～40毫升肌肉注射或皮下注射，待发情后注射同剂量PMSG抗血清。

4. 黄体酮与绒毛膜促性腺激素（HCG）配合应用：先用黄体酮100毫克肌肉注射，隔日1次，连用3次，在第二天肌肉注射HCG 2 500～5 000单位1次。

5. 激光治疗。用功率为30毫瓦的氦氖激光原光束照射卵巢和阴蒂，距离30厘米，每部位照射10分钟，每日1次，连续照射7天为一疗程。

四、持久黄体

牛在发情或分娩后，性周期黄体或妊娠黄体经过25～30天不消失，临床上表现为不发情，称为持久黄体。

（一）病因

主要是由于饲养管理不当或子宫疾病，如蛋白质供应过多或过少；矿物质、维生素不足或缺乏；高产奶牛消耗过大；子宫内膜炎；子宫积脓或积水、胎儿木乃伊、胎衣滞留等引起垂体前叶所分泌的促卵泡素不足，促黄体素过多所致。患持久黄体的母牛主要表现不发情。直肠检查发现一侧或两侧卵巢上有大小不等的数颗黄体，多数呈蘑菇状突出于卵巢表面，质地较硬。

（二）治疗方法

1. 改善饲养条件，给予全价饲料。

2. 用促卵泡素（FSH）100～200 单位肌肉注射，如无效，隔 2～3 天再注射 1 次。

3. 氯前列烯醇注射液 4 毫克，肌肉注射或子宫内灌注。

4. 人绒膜促性腺激素（HCG）1 000～5 000 单位，肌肉注射。

5. 隔着直肠按摩卵巢，每天 1～2 次，每次 3～5 分钟，连用 3~5 天；或用手指通过直肠壁挤压黄体，使其分离，但必须紧压分离黄体后的卵巢凹陷处 5 分钟以上，否则易造成大出血而死亡。

6. 激光治疗。用功率为 30 毫瓦的氦氖激光原光束照射卵巢和阴蒂，距离 30 厘米，每部位照射 10 分钟，每天 1 次，连用 5～10 天。

五、胎衣不下

母牛分娩后，一般在 12 小时以内完整、顺利将胎衣排出。若超过 12 小时仍不能完整排出胎衣，则称胎衣不下或胎衣滞留母牛，应及时处理。

（一）预防措施

1. 加强饲养，降低流产、难产、死产的发生率，纠正干奶母牛不平衡的日粮及营养不良。妊娠后期，注意饲料营养的合理搭配及矿物质的补充，特别是钙与磷的比例要适当。产前 1 周内精料不要过多饲喂，并增加光照。同时，加强产科管理。

2. 母牛分娩后，尽早让其舔干犊牛身上的液体；或事先准备一干净盆，待产时胎膜破裂后，将羊水接入盆内，加温到 38℃左右，等奶牛分娩后即让其饮用；或饮益母草、当归水、红糖汤、温麸皮盐水等，都可以预防胎衣不下。

3. 如果分娩 8～10 小时，不见胎衣排出，可肌肉注射催产素 100 单位，同时静脉注射 10%～15%葡萄糖酸钙 500 毫升。

4. 产犊前后要使奶牛有足够的运动及舒适的产房，可减少胎衣不下的发生率。

（二）处理方法

1. 当出现胎衣不下时，应及时进行处理。最好的办法是人工剥离（产后 24 小时内）。但是，由于剥离胎衣的技术水平要求较高，剥离时间较长，加上气味难闻和人工造成的感染，带来的问题也较多。因此，目前都采取保守疗法。

2. 土霉素 5～10 克，利凡诺 0.5 克，蒸馏水 400～500 毫升。用法：子宫内灌注，每日或隔日 1 次，连用 4～7 次。第 1～2 次子宫注入量要达到 500 毫升，以后逐渐减少。冬季处理 3～5 次，夏季处理 5～7 次。

3. 四环素 6～15 克，50%葡萄糖 500 毫升，分娩后第 1 天进行子宫冲洗，第 5 天如果仍无法用手轻轻拉出胎衣，则重复冲洗 1 次。

4. 10%氯化钠 500 毫升，子宫灌注。隔日 1 次，连用 4～5 次，让胎衣自行排出。

5. 为增强子宫收缩，可用垂体后叶素 100 单位或新斯的明 20～30 毫克等药物，肌肉注射，促使排出胎衣。

六、腐蹄病

腐蹄病是指蹄真皮和角质层组织发生的化脓性病理性过程的一种疾病。

（一）病因

多数病例是感染化脓性棒状杆菌、金黄色葡萄球菌、坏死杆菌或其他细菌引起。牛只体弱，日粮中钙、磷比例不当或钙、磷供应不足，造成蹄角质层疏松，牛舍卫生条件差而使牛蹄经常被粪、尿浸润。运动场有大量的小石子、煤渣、坚硬石块等使牛蹄底损伤。均可促进本病的发生。

（二）症状

病牛站立时，病蹄负重差，行走时跛行，有疼痛感。全身消瘦。泌乳量明显下降。蹄底检查，多数发现在蹄底枕部有小黑斑，用刮刀扩创后，可流出污黑色带气泡的恶臭液体。部分病牛蹄腐烂处自溃而长出不良的肉芽组织。往往突出蹄底表面。严重时，炎症蔓延至冠关节。使之红肿、发热、疼痛明显。常并发蹄关节炎。严重时蹄壳可因腐烂、坏死而脱落或出现败血症。

（三）防治措施

首先应改善牛舍的卫生条件和供应钙磷比例合适的饲料。当发现牛已经发生该病时，要及时进行处理。处理方法为：先提起病蹄并保定，用消毒药（如0.1%高锰酸钾溶液）清洗蹄底部，用蹄刮刀将腐烂区削成圆锥形，使脓汁排出，然后用10%碘酊消毒后，将硫酸铜粉或水杨酸粉、磺胺、碘仿等撒布于腔内，最后用浸有松溜油的棉团塞紧，用蹄绷带包扎，外涂松溜油，隔2～3天检查1次。也可用功率为6瓦的CO_2激光聚焦光束烧灼腐烂处，效果尚可。有全身症状时，可肌肉注射或静脉注射抗生素。另外，每年定期对蹄底维修1～2次。在潮湿季节，用3%福尔马林溶液或10%硫酸铜溶液定期喷洗蹄部，不用发生腐蹄病公牛的精液配种等方法，可明显降低其发病率。

七、乳房炎

乳房炎是奶牛常见的一种疾病，其特征是乳腺叶间结缔组织或乳腺体发炎，或两者同时发炎。

（一）病因

常因挤奶技术不熟练，乳汁存留过多，乳房不洁，乳头、乳房外伤受到细菌感染而发病。另外，牛患口蹄疫、子宫炎等疾病也能继发本病。

（二）症状

一般多为急性，乳房皮肤紧张，红肿、热痛，常拒绝挤奶。泌乳量减少，乳汁中常带有絮状物或凝乳块，有的乳汁混有脓液或血液，乳质多呈淡棕色或黄褐色。病牛乳腺淋巴结肿大，后肢外展，步态僵硬。严重时体温升高，精神萎靡，食欲废绝。若转为慢性时，乳房内有大小不等的硬块，甚至挤不出乳汁。

（三）预防方法

1. 搞好环境卫生。奶牛生活的环境力求清洁，牛舍、牛床要经常消毒，勤更换垫草。严防运动场积存粪尿、污水，防止病原微生物经乳头嘴侵入乳房。

2. 搞好牛体和乳房卫生。每天刷拭牛体，清除体表污垢、粪便。挤奶前必须用温水（或加入适量高锰酸钾）将乳房擦洗干净，最好每次挤完奶用消毒液对乳头喷雾消毒，减少乳头感染的机会。每次挤奶前后，可用0.15%~1.0%的洗必太溶液，或3%~5%的次亚氯酸钠液，或4%的碘甘油药液洗涤乳房和乳头。并且每头牛应固定专用毛巾擦洗乳房。

3. 挤净奶后将青霉素和链霉素各100万单位，溶于40毫升注射水中，用乳导管注入乳孔内，然后按住乳头轻轻揉动乳房。

4. 干奶后每个乳头分别注入抗菌素油剂 10 毫升，对预防乳房炎有良好效果。抗菌素油剂的配制：青霉素 40 万单位，链霉素 100 万单位，混入 40 毫升豆油中，充分混合均匀便可应用（豆油加热灭菌后冷却）。

5. 防止乳房外伤。有一部分乳房炎是经外伤的伤口感染的。因此，群养的母牛要去角，要定期削蹄；清除牛栏的铁丝、玻璃、石块等异物；对乳房过大、乳房水肿严重的牛，可包上后肢的副蹄，免得起卧划破乳房。

6. 严格遵循挤奶操作规程。若手工挤奶，要“先慢挤，中快挤，后挤净”。挤奶过程中严防随意打牛和高声吆喝牛，免得引起阻抑反射，使乳汁残留过多引起乳房炎。

（四）治疗方法

1. 治疗轻度乳房炎，首先用温肥皂水洗净乳房，然后擦干，涂以樟脑油或凡士林；或用硫酸镁 100 克加水 1000 毫升煮开，待温后将毛巾蘸湿，温敷肿胀部位。

2. 用 0.25%~0.5%普鲁卡因 100~200 毫升，腰旁封闭。

3. 青霉素 180 万单位，0.25%盐酸普鲁卡因 10~20 毫升，于挤完奶后从奶头管注入乳房内，每日 2 次。

4. 干奶期治疗方法。奶牛干奶期是防治乳腺炎的最佳时期。此时奶牛不泌乳，提供了一个乳房休养生息改善健康的机会；同时，干奶期开始和结束也表示乳腺内感染的危险性增加。干奶期间防治乳腺炎的目的是消除干奶前已有的乳腺感染和把新的乳腺内感染率减到最小程度。

八、酮病

酮病是由于糖、蛋白质、脂肪代谢紊乱，大量酮体在体内蓄积引起的，在临床上表现消化机能障碍，神经系统机能紊乱，低血糖以及血、乳、尿中酮体含量增高为特征。根据发病原因，可分为原发性酮病和继发性酮病；按临床症状的有无，可分为临床型酮病和隐性酮病；按酮体存在的部位，可分为酮乳症和酮尿症。

（一）病因

原发性酮病主要由日粮内葡萄糖和生糖物质缺乏，或生酮作用的饲料过剩而引起。

1. 饲喂高蛋白和高脂肪饲料，而日粮内碳水化合物饲料（纤维素、淀粉）不足时。

2. 饲喂低蛋白和低脂肪饲料，而碳水化合物饲料不足时。

3. 长期饲喂含丁酸多的青贮料、含乙酸 30%以上的半干青贮料，以及饲喂含大量丁酸的糟、渣类饲料。

4. 长期饲料单一，瘤胃代谢紊乱，维生素 B_{12} 合成不足，糖原异生作用降低，致使体内产生的酮体不能有效地被利用。

此外，长期舍饲，缺乏运动和日光照射，以及应激反应等，均能促进本病的发生。

继发性酮病可继发于前胃弛缓，创伤性网胃腹膜炎、皱胃变位、生产瘫痪、子宫炎以及饲料中毒等。

（二）酮病发生的一般规律性

1. 与围产期有关　一般在分娩后 1~2 周内发生，但也有在泌乳后期或产后 2~3 天发病的。也可发生于干奶期。

2. 与季节有关　通常在冬季或早春季节多发，而入夏以后则减少。

3. 与奶牛个体有关

（1）年龄　6~9 岁奶牛发病率较高。

（2）营养　据调查，肥胖奶牛发病率占21%，瘦牛仅占5%。

（3）胎次　3~6胎发病率较高，据调查资料，3胎以下牛占32%，4胎以上牛占67%。

（4）产奶量　年产奶量1万千克以上的高产奶牛容易发病。

（三）症状

1. 隐性型　见于轻症或酮病初期，常无明显的临床症状，只是化验能发现血、乳、尿酮体含量增高。据资料，奶牛发生隐性酮病时，其血液、乳汁中酮体的浓度增高，而尿素含量降低。

2. 临床型　一般表现为消化型、神经型及生产瘫痪型。

（1）消化型　病牛精神沉郁，食欲减退，食欲异常，初期常拒食浓厚饲料，尚愿采食干草，后期连青、干草也不愿吃，甚至食欲废绝。排粪干燥，有时便秘。瘤胃蠕动减弱，反刍、嗳气减少，泌乳量降低。

（2）神经型　除呈现上述消化型的症状以外，尚可见到不同程度的神经症状。病牛兴奋不安，摇头，呻吟，空嚼，流涎，眼球震颤，项肌痉挛，转圈。有时抑制，或呈半昏睡状态。

（3）生产瘫痪型　除呈现类似生产瘫痪的症状以外，并表现体重和泌乳量急剧降低。食欲减退，肌肉无力，肌肉痉挛，对外界刺激过敏，不能站立，呈横姿势。

（四）治疗

治疗原则：迅速补糖和应用生糖物质，促进糖原异生作用，缓解酸中毒以及采用对症疗法。

1. 补充糖类　应用25%~50%葡萄糖液，静脉注射，每次300~500毫升，一天2次。对重症病牛，可配合肌肉注射胰岛素100~200ED，每天1~2次。应用生糖物质，可用丙酸钠，牛

120~200 克，混于饮料内给予，或一次灌服，连用 7~10 天。

2. 激素疗法 为了促进糖原异生作用，应用垂体促肾上腺皮质激素（ACTH），一次皮下注射；必要时，可经 3~4 天后以同样剂量再注射一次。可的松或氢化可的松肌肉注射，每次 10 毫升。

3. 综合疗法 应用钴类（氯化钴或硫酸钴）、维生素类（维生素 A、维生素 C、维生素 E、维生素 B_1、维生素 K）等。

4. 对症疗法 心脏衰弱时，可用咖啡因、可拉明皮下注射；神经型酮病时，可用氯丙嗪、水合氯醛；酸中毒时，可用 5%碳酸氢钠液 300~500 毫升静脉注射，或用碳酸氢钠 50~100 克，内服；生产瘫痪时，可用钙剂。

（五）预防

1. 实行科学的饲养管理 全价饲养和科学的管理对预防酮病的发生具有重要意义。按照干奶、泌乳等不同时期的生理需要，给予足够的能量饲料、微量元素及维生素等全价饲料，保证日粮内蛋白质与糖的适宜比例：1∶1.3~1∶1.5。在母牛产后 15 天、干乳期、特别在妊娠后期，不宜饲喂酸性的渣、糟饲料及含丁酸多的青贮料。保持牛舍及运动场清洁卫生，使奶牛有足够的运动量。在易发生酮病的奶牛场里，建议应用乳酸钠（400~500 克，内服，连用 5~6 天）；乳酸铵（每天 450 克，连用 4~10 天；丙酸钠（每天 70 克）；或应用钴盐（0.3 毫克 / 千克），锰（0.45 毫克 / 千克），拌与饲料内给予，一天一次，连用 30~60 天，直到产犊为止。

2. 实行牧场预防性监测制度 为了监测高产奶牛的新陈代谢状态，奶牛分娩后必须进行尿（乳）酮试验，并检查奶牛机体的早期障碍（如呼吸频数、心搏过速、瘤胃蠕动减弱、最后尾椎及肋骨脱钙等），据此判定有无隐性酮病的发生，以便做到及时采取防治措施。

九、子宫内膜炎

子宫内膜炎系奶牛围产期常发病，约有1%~2%母牛于产后一周内发生。感染严重时，往往呈蜂窝织炎状，继发败血症，但多见慢性经过，有的牧场发病率高达25%以上，因此，该病系引起不孕症的主要原因。

（一）病因

1. 分娩异常，助产消毒不严，胎衣不下，子宫弛缓，尤其是产道损伤易引起细菌性感染。

2. 人工授精用具未进行严格消毒，母牛外阴部不洁，输精时操作粗暴引起子宫污染或损伤而发炎。

3. 公牛生殖器官有炎症可通过本交传播给母牛。

4. 某些传染病和寄生虫病，如布氏杆菌病、结核病、滴虫等可侵入子宫。有人采取患慢性子宫内膜炎病牛的子宫颈分泌物作细菌学检查，主要的病原菌是金色葡萄球菌，其次为大肠杆菌、化脓棒状杆菌、溶血性链球菌及变形杆菌等。

（二）症状

根据子宫内膜炎的炎症性质和病程，其临床症状轻重不同。如患脓性卡他性子宫内膜炎时，母牛体温略升高，食欲、精神不振，奶量下降，有的病牛拱腰、举尾，不断努责，随之由外阴排出脓性黏液，具有腐臭味。直肠检查时，两侧子宫角大小不同，有波动感，有时有痛感。如呈急性纤维蛋白性的或坏死性子宫内膜炎症时，母牛具有严重的全身症状，发高烧，呼吸浅表，脉搏加速，精神沉郁，从阴门排出污红色恶臭的黏液，内含腐败分解的组织碎片。直肠检查子宫壁增厚而发硬有痛感。

子宫内膜炎呈慢性经过时，一般没有全身的明显症状，只见奶量减少，病牛营养表现不良，体重下降和毛发无光。主要症状：母牛从阴户不断流出稀薄的浅白色黏液，尾部可见到脓汁污迹，当牛躺下时，地面上有脓样物，母牛发情不规则，或不发情；直肠检查可触知子宫膨大并有波动感，易与孕角混淆，但没有胎膜滑落感和胚胎、子叶以及子宫中动脉颤动感；如子宫内容物可移向另一角，则确系积脓无疑，同时多半卵巢持久性黄体存在。

在实践中，常遇到隐性子宫内膜炎：子宫不发生形态上的变化，发情周期正常，分泌黏液不大透明略有混浊，但屡配不孕，临床上确认较困难，诊断方法可用冲洗子宫回流液静置，观察有无沉淀，或蛋白样絮状物，即可确定。

（三）治疗

1. 对急性的伴有全身严重症状的牛只，首先要用大剂量抗菌素或磺胺类药物全身治疗，并结合子宫内投放土霉素、四环素或金霉素粉剂 2 克，溶于 100~200 毫升蒸馏水中，一次灌注，一日一次，直至体温下降至正常和异臭分泌物转为量少而清洁时为止。

2. 对慢性病程较长，含有脓性分泌物者，可用消毒剂如卢戈氏液，5%鱼石脂，3%~5%盐水等液冲洗，然后再灌注抗菌素溶液。

3. 应用前列腺素肌注可促使持久性黄体消退，孕酮下降，雌激素增加，子宫颈开张，通过子宫收缩而排出内容物。

4. 对隐性子宫内膜炎，可于发情配种前 2~3 小时，用生理盐水加青霉素冲洗子宫，或用 1%氯化钠苏打溶液冲洗，可提高受胎率。

最近，国内研制出治疗慢性子宫内膜炎的成品药，如宫得康、宫炎净等都具有使用方便、疗效好的特点。

十、产后败血症

本病系由于分娩、流产后，产道受伤，病菌和病毒通过血液和淋巴而迅速引起的一种严重的、全身性疾病。病程多呈急性。

（一）症状

多在产后1~3天突然发作，食欲、反刍和泌乳骤减或停止，精神委顿，有寒战，体表温度低，呈持续高温达41℃以上，呼吸急速（每分达60次以上），心音快（每分达100次以上），子宫弛缓，不见恶露排出，或仅有少量褐色的异臭恶露，内混有白色絮状物。白细胞增加，病情恶化时下降。血红蛋白减少，红细胞降低。

（二）病因

1. 本病常因难产、助产不当或胎儿腐败致使产道组织受伤而感染发生。胎衣不下、恶露停滞、子宫脱落或坏死性乳房炎亦可续发此病。

2. 母牛分娩后机体抗力降低，或产后牛体和环境卫生消毒不严，生殖道黏膜上血管淋巴管扩张，为细菌侵入阴门、产道开创条件。

3. 本病常见病原菌的是溶血性链球菌、金色葡萄菌、大肠杆菌和绿脓杆菌，多为混合感染。

（三）治疗

1. **由于病势很急，如不及时治疗，极易引起死亡** 治疗原则要全身和局部治疗相结合，广谱抗菌素与磺胺类药物相结合，而且首次剂量要加倍，并维持治疗3~5天。

2. **全身治疗** 可选用四环素6~10克溶于5%的葡萄糖盐水1 000~1 500毫升，和磺胺嘧啶钠30克溶于5%的葡萄糖1 500毫升中静注，每天2次，或硫酸庆大霉素注射液160万单位稀释静注，每日2次，病情缓解可改用肌注。亦可配合使用肾上腺皮质激素，如地塞米松 20~30 毫克或氢化可的松 400~600 毫克溶于 5%葡萄糖 1 000 毫升静注，可显著提高疗效。

3. 局部治疗 及时治疗产道伤口感染和促进子宫恶露的排除是非常重要的，可向宫腔灌注抗菌素和各种消炎防腐制剂，如向宫内灌注土霉素 5~10 克和雷夫诺尔 1 克或硫酸新霉素 6 克和雷凡诺尔 1 克，溶于 500~1 000 毫升蒸馏水内。亦可用宫得康、双氧水等。为促进恶露排除，可肌注乙烯雌酚 20~30 毫克，或皮下注射自家血液。

4. 对症治疗 根据病情，如病牛出现少尿或无尿时，极易发生电解质紊乱和酸中毒，可静注 5%碳酸氢钠 1 000~2 000 毫升，以及补液，静注 10%葡萄糖 1 000~1 500 毫升，一日两次，并加入维生素 C 10~15 克，可重复多次使用。

第二部分
肉牛生产技术

DI'ER BUFEN

ROU NIU SHENG CHAN JI SHU

第一章　牛的品种

第一节　肉牛概况

养牛业是畜牧业的重要组成部分，是人类获得奶、肉、工业、医药原料和农业动力及肥料的重要支柱产业。牛是具有多种经济用途和重要经济价值的家畜，在世界上分布最广，从数量和产值方面均居畜牧业首位。发展养牛业对于充分利用饲草、农作物秸秆和其他农副产品，促进农牧业生态良性循环，提高农业综合效益，改善人民膳食结构和增加外贸出口，调整农村产业结构以及加速国民经济发展等方面都具有重要的战略意义。

牛肉肉味醇美，营养丰富，不仅瘦肉多，胆固醇低，而且蛋白质含量高，蛋白质中含有人体营养所需要的全部氨基酸，维生素 A 也比其他畜禽肉高，钙、锌含量多，是最好的保健食品。牛是反刍家畜，有庞大的瘤胃，能使植物纤维分解发酵，产生大量的挥发性脂肪酸。牛对秸秆等粗纤维的消化率可达 55%～85%。牛能合理利用尿素等非蛋白氮合成菌体蛋白，转化成牛奶、牛肉等。

一、国外肉牛业发展趋势

世界发达国家由于经济的高度发展和技术的不断进步，从而带动了肉牛饲养业向优质、高产、高效方向的发展，其特点如下。

(一) 肉牛品种趋向大型化

20 世纪 60 年代以来，消费者对牛肉质量的需求发生了变化，除少数国家（如日本）外，多数国家的人们喜食瘦肉多、脂肪少的牛肉。他们不仅从牛肉的价格上加以调整，而且多数国家正从原来饲养体型小、早熟、易肥的英国肉牛品种转向欧洲的大型肉牛品种，如法国的夏洛来、利木赞和意大利的皮埃蒙特等，因为这些牛种体型大、增重快、瘦肉多、脂肪少、优质肉比例大、饲料报酬高，故深受国际市场欢迎。

(二) 肉牛生产向集约化、工厂化方向发展

国外肉牛的饲养规模不断扩大，大的饲养场可以养到 30 万 ~50 万头。肉牛生产从饲料的加工配合、清粪、饮水到疫病的诊断全面实现了机械化、自动化和科学化。把动物育种、动物营养、动物生产、机械、电子学科的最新成果有机地结合起来，创造出了肉牛生产惊人的经济效益。

(三) 利用杂交优势，提高肉牛生产水平

利用杂交优势，可提高肉牛的产肉性能，扩大肉牛来源。近年在国外肉牛业中，广泛采用轮回杂交、“终端”公牛杂交、轮回杂交与“终端”公牛杂交相结合的三种杂交方法。据报道，这三种杂交方法可使犊牛的出生重提高 15%~24%。

(四) 充分利用青贮饲料和农副产品进行育肥

肉牛在利用粗饲料的比例上仅次于绵羊和山羊，占 82.8%。国外在肉牛饲养中，精料主要用在育肥期和繁殖母牛的分娩前后，架子牛主要靠放牧或喂以粗饲料，但其粗饲料大部分是优质人工牧草。为了生产优质粗饲料，英国用 59% 的耕地栽培苜蓿、黑麦草和三叶草，美国用 20% 的耕地、法国用 9.5% 的耕地种植人工牧草。

国外对秸秆的加工利用也做了大量研究，利用氨化、碱化秸秆饲养的肉牛在英国、挪威等国家也有一定规模。

（五）利用奶牛群发展肉牛生产

欧共体国家生产的牛肉有45%来自奶牛，美国是肉牛业最发达的国家，仍有30%的牛肉来自奶牛。日本肉牛饲养量比奶牛多，但所产牛肉55%来自奶牛群。利用奶牛群发展牛肉，一方面是利用奶牛群生产的奶公牛犊进行育肥。过去奶公牛犊多用来生产小牛肉。随着市场需求的变化和经济效益的比较，目前小牛肉生产有所下降，大部分奶公牛犊被用来育肥生产牛肉。另一方面是发展奶肉兼用品种来生产牛肉，欧洲国家多采用此种方法进行牛肉生产。

二、我国肉牛业发展现状

我国肉牛业的发展大体经历了三个阶段：一是保护耕牛阶段(20世纪五六十年代)。二是品种改良与肉牛发展阶段（20世纪七八十年代)。20世纪70年代，开始引入一些肉牛品种改良黄牛。实行家庭联产承包责任制，废除禁宰耕牛法令，放开与提高畜产品价格，调动了农民养肉牛的积极性，特别是政府鼓励发展草食动物和投资建设肉牛生产基地，使肉牛业得到初步发展。三是快速发展阶段（20世纪90年代至今)。从1992年提倡秸秆养牛起，政府增加了对肉牛业的投入，尤其是对“秸秆养畜”项目的投入，肉牛养殖出现了大发展，到1995年达到养殖高峰。1996年，肉牛生产出现了徘徊和波折，这一方面是正常的回落；2000年以后，肉牛业又出现快速发展。

中国的肉牛业起步较晚，肉牛生产水平还很低，目前仍处于起步阶段。1996年中国牛的年末存栏量为1.4亿头，占世界牛存栏总量14.7亿头的9.5%，但中国牛肉产量仅占世界牛肉总产量5666万吨的5.4%，即每头出栏牛的产肉量仅为世界平均水平的57%。另一方面，1996年中国人均牛肉占有量仅有2.5千克，为世界人均占有量的1/4，而且质量差，大多为中低档牛肉，在深加工方面还远不能满足实际需要。在中国肉牛生产迅速发展的同时，中国肉牛业地域分布也在不断的发生变化，肉牛生产从牧区向农区的转移已经成为一个不可逆转的趋势。1998年，西部牧区占全国牛存栏量的16%，全国牛肉产量的70%来自于中原地区和东北地区，这正是中原肉牛带和东北肉牛带兴起和发展的结果。因为牧区过度放牧状况的存在，不但直接危害了肉牛业的再发展，而且破坏了生态平衡，而农区大量的秸秆资源有待利用，从资源配置、保护生态环境的专家们认为，在中国肉牛的主产区（农区），已形成了“以千家万户分散饲养为主，以中小规模育肥场集中育肥为辅”的肉牛饲养模式。据调查，农产个体饲养的效益比较好，每头牛可以有300~500元的利润。长期以来，国产牛肉中优质牛肉所占比重太小，国内大宾馆、饭店及外资餐厅等所需的牛肉，国内无力供应，只好高价进口；对于一般大众所需的牛肉，也由于肉质老、烹饪费时而食用单调，限制了国人消费。在国际市场上，之所以不能打入西方国家牛肉市场的重要原因之一，也是质量不符合他们的要求，还有卫生检疫方面的一些问题。由此可见，提高牛肉质量是中国肉牛业持续发展的关键。从整个发展情况来看，是由数量型向质量型的转变。肉牛的饲养呈一种多元化的趋势。像过去，肉牛育肥都是短期快速育肥，现在不但有短期快速育肥，还有中长期育肥，另有幼龄牛的直线育肥等多种形式并存。因此，中国肉牛业发展战略需从“资源开发型”向“市场导向型”转变，由过去的“重量轻质”向“重质轻量”方向转变。

近年来，中国牛肉产量每年以20%左右的速度递增。但是，肉牛生产中还存在很多问题：繁育体系不健全，杂交改良盲目性大；繁殖率低，供种能力差；日粮配合不完善，饲料转化率低；母牛不孕、中毒病及寄生虫病严重；牛肉排酸期长，嫩度品质差；保鲜技术落后等。为此，中国每年要花几千万美元进口优质牛肉。

从整体上来说，饲养期缩短，出栏率提高，会促使肉牛牛肉的质量、档次得到提高。选进杂交牛在整个生产中所占的比例越来越大。肉牛的饲养技术也逐渐在生产中得以普及。比如说，在肉牛饲养中，使用配合饲料，对犊牛实行断奶补饲。

三、肉牛业未来的趋势分析

（一）杂交改良工作将会广泛地推广

所采用的肉牛品种，既有原来已证实为优良的品种（比如夏洛来牛、西门塔尔牛），又有最近几年新引进的品种（比如肉用性能较好的皮埃蒙特牛），又有奶肉性能俱佳的兼用品种（如德国黄牛）。肉牛的杂交模式也将会呈多元化的趋势，比如转回杂交，也将会在生产中得到推广。

（二）向优质、中高档化发展

牛肉的屠宰、分割、与加工，将受到人们的重视。因为，目前市场对于加工过的中高低档牛肉的需求量较大。

（三）朝着国际化方向发展

面向国际市场的肉牛生产，将会是一个较大的发展方向。因为国际肉牛的需求量很大，而且价格也很高。而我国的肉牛业，面向国际肉牛生产具有生产成本和价格低的比较优势，但如何使肉牛生产规模化、标准化，是今后应该密切注视的一个问题。建立起肉牛生产安全体系，仍然是目前的当务之急。只有达到与国际上的要求相接轨，满足有关质量标准要求，才能大批量地打入国际市场。

（四）技术的快速发展和广泛应用

肉牛的营养工程技术，将会得到快速的发展和广泛的应用。比如，肉牛的预混合饲料、专用饲料将会在生产中广泛应用。

近年来，国家对畜牧业给以重点政策倾斜，结构调整战略业已取得明显成效，特别是肉牛带区域规划和冻精政策性补贴等必将推动繁育体系建设和肉牛业的快速发展。随着我国家畜饲养向节粮型品种调整以及膳食结构改变的需要，肉牛业将成为一个大产业。

第二节　牛的品种

一、国内品种

我国养牛业历史悠久，由于幅员辽阔，气候、地形复杂，生产耕作制度差异，在不同条件下，经过人们长期选育，培育出了地方优良品种黄牛：秦川牛、南阳牛、鲁西牛、晋南牛、延边牛、荡脚牛、复州牛、广西黄牛、海南牛、蒙古牛等，以前面五种黄牛质量为最优，它们是我国五大地方优良品种。其特点：一是体格大；二是役用能力强；三是产肉性能好；四是耐粗饲、适应性强。因此在改良我国地方小型黄牛起到重要作用。

（一）秦川牛

秦川牛原产陕西省渭河流域的关中平原地区。以咸阳、武功、兴平、乾县、醴泉、扶风、渭南等县所产秦川牛质量最好，秦川牛属优良的役肉兼用品种。

1. 外貌特征 体格高大，结构匀称，体质结实，骨骼粗壮，肌肉丰满，具有役肉兼用牛的体型。全身被毛紫红色，且具有光泽，头大小适中。公牛头额宽，母牛头清秀，眼大、口方、面平、鼻镜宽大呈粉红色。角短，并向后或向外下方伸展。公牛颈短，垂皮发达，具有明显的肩峰；母牛肩低而薄，胸部宽深，肋骨开张良好，背腰长短适中，尻部稍斜，后躯发育差，大腿肌肉不够丰满，圆且大，多呈紫红色。秦川牛属较大型牛，四肢健壮结实，且公牛平均体高为141.46 厘米，体重 594.5 千克，母牛平均体高 124.51 厘米，体重381.2 千克。

2. 产肉性能 具有肥育快，瘦肉率高，肉质细嫩，大理石花纹明显等特点。在中等饲养水平条件下，18 月龄公、母、阉牛的宰前活重依次为 436.9 千克，365.6 千克和 409 千克，平均日增重相应为0.70 千克，0.55 千克和 0.59 千克，消耗可消化蛋白质相应为 1071.3克，972.64 克和 1132.42 克，公、母、阉牛的平均屠宰率为58.28%，净肉率为 50.5%，胴体产肉率为 86.65%，骨肉比为 1∶6.13，眼肌面积为 97.02 平方厘米。

3. 役用性能 据秦川牛课题研究组对 95 头 5~10 岁役用秦川牛的测定，公牛最大挽力平均为 475.92 千克，占活重的 71.74%，母牛相应为 281.17 千克和 77%，阉牛相应为 333.6 千克和 71.7%。耕作挽力一般是活重的 30%左右。据咸阳市畜牧兽医站测定，秦川牛1 小时可耕地 0.84 亩，耕作速度为 1.07 米 / 秒。

4. 产奶性能 泌乳期平均为 7 个月，产奶量为 715.79 千克（范围256.35~1006.75 千克），平均日产奶量为 3.22 千克。奶的成分：含干物质为 16.05%，其中乳脂肪为 4.7%，蛋白质 4.0%，乳糖为

6.55%，灰分为 0.8%。

5. 繁殖性能　秦川牛的初情期为 9.3 ± 0.9 月龄，发情周期为 20.9 ± 1.6 天，发情持续期为 39.44 小时（范围为 25~63 小时），妊娠期为 285 ± 9.3 天，产后第一次发情为 53.1 ± 21.7 天。公牛 12 月龄性成熟。公母牛初配年龄为 2 岁。

6. 特点　适应性强，性情温顺，遗传性稳定，耐粗饲，役用性能强，产肉性能好。缺点：尻部尖斜，后腿肌肉不丰满。在秦川牛非保种区采用丹麦红牛改良，效果良好，提高了挽力，克服了尖斜尻和大腿肌肉不够丰满的缺点。宁夏大部分县市引入数量不等的秦川牛，进行纯种繁育和改良当地黄牛取得了良好效益。

（二）南阳牛

南阳牛原产于河南省南阳地区白河和唐河流域的广大平原地区，以南阳市郊、邓县、唐河等地的牛为最佳。

1. 外貌特征　体格高大，结构匀称，体质结实，肌肉丰满。胸深、肋密、背腰平直，肢势端正，蹄形圆大，蹄壳以蜡黄色居多。公牛头方正雄健，颈部短粗，前躯发达。肩峰高耸，8~9 厘米。母牛头清秀，颈薄，一般中后躯发育良好，乳房发育欠差。毛色有黄、红、草白等色，以深浅不等的黄色最多，占 80.5%，红色占 8.8%，草白色占 10.7%。鼻镜多为肉红色，部分带黑色斑点，黏膜多为淡红色。角形较杂，颜色为蜡黄色、青色、白色。

南阳牛按体型高矮细分，可分高脚牛、矮脚牛。高脚牛体高而身长，胸部欠宽深，步幅大，速度快，持久力差。矮脚牛体矮而身长，四肢短粗，胸围大，步幅小，行动速度较慢，持久力强。南阳牛属大型牛，公牛平均体高 153.8 厘米，体重 716.5 千克，母牛体高 134.0 厘米，体重 463.4 千克。

2. 产肉性能　以粗料为主达中等膘情的牛屠宰，18 月龄公牛平均屠宰率为 55.6%，净肉率为 46.6%，成年公牛屠宰率可达 60.6%，净肉率为 52.3%。其日增重为 813 克的情况下，每公斤增重消耗 7.6 个饲料单位（燕麦单位）和 740.6 克可消化粗蛋白质。

3. 役用性能　南阳牛的经常挽力约占体重的 25%。公牛最大挽力为 517 千克，约占体重的 74%；母牛为 365 千克，约占体重的 64%；阉牛为体重的 59%。阉牛每头每天可耕地 4~6 亩，一般牛可耕 2~3 亩。拉车速度每秒 1.1~1.4 米，载重 1 000~1 500 千克，日行 30~40 千米。

4. 产奶性能　母牛泌乳期 6~8 个月，产奶 600~800 千克，乳脂率为 4.5%~7.5%。

5. 繁殖性能　性成熟期为 8~12 月龄。据南阳地区黄牛研究所统计 483 头母牛，发情周期为 21 天（范围 17~25 天），发情持续期为 1~1.5 天。产后第一次发情平均为 77 天（范围 20~219 天），妊娠期平均为 291.6 天，怀母犊较短，平均为 289.2 天，怀公犊比母犊长 4.4 天。

6. 特点　适应性强，耐粗饲，肉用性能好，役用能力强，适合平原、山地和丘陵地带饲养和使役。缺点：骨骼较细，胸部发育欠差，并有卷垂腹和尖斜尻缺陷。通过本品种纯种选育正向早熟性肉用方向发展。在南阳牛非保种区，采用利木赞、皮埃蒙特、契安尼娜、西门塔尔牛杂交改良，效果良好，克服了南阳牛的缺点，提高了经济效益。

（三）鲁西牛

鲁西牛原产于山东省西部、黄河以南，运河以西一带。济宁、菏泽两地为中心产区。由于产区的土质黏重和运输任务的需要，有

“抓地虎”型和“高辕”型之分。

1. 外貌特征 体躯高大而稍短，骨骼细，肌肉发育好。侧望似长方形，具有肉用型外貌。公牛头短而宽，鼻骨稍隆起，角较粗，颈短而粗，鬐甲高，前躯发育好。母牛头稍窄而长，顶细长，鬐甲平，后躯宽阔。毛色从浅黄到棕红色，以黄色为主，约占70%，多具有“三粉”特征，获彝眼圈、喘圈，腹下和四肢内侧为浅粉红色。鼻镜多肉红色。或间有黑斑，尾毛与体躯颜色一致，部分有混生白毛或黑毛。“抓地虎”牛的个体较矮，体躯壮而长，似长方型，四肢粗短，胸宽深，肌肉发达，具有肉用牛体型，屠宰率较高。“高辕”牛的个体高大。但这两种类型的牛为数较少，中间型的牛居多。成年公牛体高为134.8厘米，体重为450千克，母牛体高为120.5厘米，体重为350千克。良种繁育场种公牛体高为147.6厘米，活重为682.5千克，母牛体高为128.1厘米，体重430千克。

2. 产肉性能 以青草为主加少量麦秸，日喂混合料2千克(40%豆饼和60%麦麸)，肥育期半年到1.5岁，平均日增重610克，每公斤增重消耗6.3个饲料单位（燕麦单位），一般屠宰率为57.2%，净肉率49.0%，成年牛屠宰率平均是58.1%，净肉率50.7%。

3. 役用性能 公牛耕作时挽力为130~137千克，功率为0.9~1.05马力。公牛最大挽力为300千克，母牛为206.5千克。中等的个体，公牛和阉牛可日耕砂土地5~6亩，母牛为3~4亩。

4. 繁殖性能 初配年龄，公牛为2岁，母牛为2.5岁，母牛终生可产犊10~12头。

5. 特点 性情温顺，易于管理，适应性强，耐粗饲，役用力强，耐持久，生长发育快，较早熟；产肉性能好，易肥育，肉质佳。缺点：部分牛胸部发育欠开阔，后躯发育差，并有斜尻等缺陷，有待选育提高。

（四）晋南牛

晋南牛原产于山西省南部临汾和运城两地区，以临汾、万寿、河津、运城、绛县、垣曲等地牛为最好。

1. 外貌特征 体格粗大，骨骼结实，健壮。头长而偏重，公牛额短，颈粗而微弓前躯发达，稍凸，嘴、鼻宽大，角根粗，角圆；颈短，公牛，肌肉发育好，鬐甲宽而略高于背线，胸宽深，后躯稍差，尻较窄略斜。母牛较清秀，面平。角形复杂，多为扁形，呈蜡黄色。四肢结实，红色。皮厚，被毛光泽，毛色多为枣红色，其次为红色，黄色。公牛体高 139.7 厘米，蹄大而圆，体重 382 千克。

2. 产肉性能 体重平均为 650 千克，母牛平均体重 382 千克。据万荣县畜牧局测定，10 头牛（阉、母牛各 5 头）平均日增重为 926 克，屠宰率为 55%，净肉率 44.17%，骨肉比为 1∶5.64，眼肌面积为 77.59 帕平方厘米，脂肉比为 1∶7.92。阉牛肉化学成分：蛋白质 14.3%，脂肪 29.98%，碳水化合物 1.28%，灰分 0.62%，每公斤增重消耗饲料单位 5.98 燕麦单位，可消化粗蛋白 611.5 克。

3. 役用性能 晋南牛役力较强，步幅较快，阉牛平均挽力 280.5 千克，最大挽力 360.5 千克，母牛为 227.8 千克，阉牛每天可耕地 3~4 亩，母牛 2~3亩。

4. 产奶性能 母牛一般日产奶量为 3~5 千克。

5. 繁殖性能 性成熟期为 8 月龄，母牛初次配种年龄为 2 岁。繁殖年限，公牛为 8~10 岁，母牛为 12~13 岁。母牛发情周期为 18~24 天，平均 21 天。母牛妊娠期为 285 天。

6. 特点 性情温顺，易于饲养管理，耐粗饲，性能好。缺点后躯发育差，体成熟较晚。

（五）延边牛

延边牛又称朝鲜牛，原产朝鲜及我国吉林省的延边朝鲜族自治州，分布于吉林、辽宁及黑龙江省。

1. 外貌特征 延边牛体格较大，体型结构良好。角颈背壮，骨骼强，肌肉结实。皮肤稍厚而有弹力，被毛长而柔软，为浓淡不同的褐色。头部较小，额部宽平，鼻中等长。角间宽，角根粗，呈“竹笋”状，多向两侧伸展，形如“八”字。颈短，公牛颈部隆起高于背线，母牛低于背线。鬐甲长平，背平直而稍窄。胸深、腰短、尻稍斜。四肢较高，关节明显，肌腱发达，运步伸畅。肢势良好，蹄质致密坚实。公牛平均体高130.6厘米，体重480千克，母牛平均体高121.8厘米，体重380千克。

2. 产肉性能 延边牛产肉性能良好，易肥育，肉质细嫩，肌肉横断面呈大理石状。屠宰率一般为40%~48%，净肉率35%，经短期育肥后屠宰率可达54%，净肉率42%。

3. 产奶性能 泌乳期约6个月，产奶量500~700千克，乳脂率5.8%，在良好的饲养条件下，产奶量最高可达1 500~2 000千克。

4. 繁殖性能 一般性成熟期为6~9个月，母牛2岁开始配种，发情周期为20~21天，发情持续期1~2天。种公牛利用年龄一般为3~8岁。

5. 特点 体型较大，结构良好，步伐轻快，抗寒力强，耐粗饲，性情温顺，灵敏，便于使役，尤其适应于水田作业和雪地运输。缺点：体重较轻，体高偏低，胸较窄，后躯发育较差。短期肥育屯肥能力较强，但体格较小，有待今后选育提高。

二、引入品种

国外牛的优良品种较多，育种历史久，生产性能高，遗传性稳定，分布比较广。20世纪70年代以来，国内先后引入20多个国外优良品种牛，其中肉用型品种有英国产的夏洛来牛、利木赞牛，澳大利亚产的抗旱王牛、墨累灰牛，日本短角牛；兼用型品种有西门塔尔牛（五大系：瑞系、法系、德系，澳系和苏系），丹麦红牛，英国无角红牛，瑞士褐牛，巴基斯坦的辛地红牛；奶用型品种有北美大型黑白花牛，欧洲型黑白花牛。近期又引入法国的乳肉兼用型蒙贝利亚牛以及以精液形式引入的意大利的皮埃蒙特肉牛和契安尼娜肉牛。这些优良品种牛，对于改良我国地方土种牛发挥了很大作用，尤其是黑白花牛、西门塔尔牛、短角牛、利木赞牛在我国牛改工作中起着重要作用。我国改良培育出的牛种有中国黑白花牛、三河牛、草原红牛等。经过外血导入，使我国地方黄牛良种的不足得到了克服。由于引入品种较多，现简要介绍几个改良面大，推广面广的主要牛种。

（一）西门塔尔牛

西门塔尔牛原产于阿尔卑斯山区，即瑞士西部、法国、德国、澳大利亚和苏联等国，是世界著名的兼用品种，也是世界上分布最广，数量最多的牛种之一。由于繁育的国家和目的不同，其体型外貌和生产性能略有差异。按国家可分为瑞系、法系、德系、澳系和苏系牛。以生产性能可分为肉乳兼用型和乳肉兼用型。在欧洲南部和西部主要是乳肉兼用，在美国、加拿大、新兰、阿根廷及英国等为肉乳兼用或肉用。

1. 外貌特征 西门塔尔牛的毛色以黄白色为主，其次为红白花，由于支系不同，毛色的变化范围较大。苏联和匈牙利的西门塔尔牛多为浅黄白花，从麦秸黄到深黄不等；联邦德国、澳大利亚的西门塔尔牛多为深黄白花和红白花；法国的西门塔尔牛多为红白花，从降红到紫红不等。但是这些支系牛的共同特点是头部毛色全为白色，德系的牛有时颊部为红色，法系的牛颊部几乎无红色。这种牛大多数有白色肩带，尾梢全为白色。被毛柔软而有光泽。

西门塔尔牛体躯强壮，肌肉发达，头比较大，眼大有神，角细，向外向上弯曲，颈较短，自背部到民部平整宽厚，胸部较深，肋骨开张良好，四肢端正结实，大腿肌肉明显。乳房发育较好，碗状乳房较多，盆状的少，乳静脉的发育程度不如黑白花牛，乳头较粗大。公牛体高 140~150 厘米，体重 1 000 千克左右，母牛体高 130 厘米，体重 600 千克左右。目前在美国育成的西门塔尔牛体躯颀长，生长速度快，1 周岁体重可达 450 千克，并育成无角西门塔尔牛和黑色西门塔尔牛等新品系。

2. 产奶性能　同黑白花奶牛相比，西门塔尔牛乳脂率高而产乳量较低。据利希蒂氏报道（1972 年：产乳量为 5148 ± 1018 千克，乳脂率为 4.02%，高产母牛平均排乳速度为 2.60 ± 0.40 千克 / 分，前乳区指数为 45% ± 3.5%，余乳量为 0.29 ± 0.34 千克。

3. 产肉性能　西门塔尔牛产肉性能高，肉质好，在放牧和舍饲肥育条件下，日增重为 800~1 000 克，1.5 岁活重为 440~480 千克，3.5 岁活重公牛为 1 080 千克，母牛 634 千克。公牛肥育后屠宰率为 65%左右，一般母牛在半肥育状态下，屠宰率为 53%~55%。

4. 特点　耐粗饲，适应性强；产奶性能好，排乳速度快；生长快，饲料报酬高，产肉性能好，胴体脂肪含量少，肉质佳，屠宰率高；遗传性能稳定。同时步伐稳健，速度快，役力强。其主要缺点是难产率较高。

西门塔尔牛我国引入不少，从北到南，从东到西均有分布，连西藏高原也能纯种繁育，对改良我国黄牛起到很大作用。为了更好地发展西牛品种，1981 年成立了全国西门塔尔牛育种委员会，指导西门塔尔牛生产。目前我国纯种西门塔尔牛已达 2 万多头，各类西杂改良牛已达 250 多万头，并建立了纯种繁育场，如新疆呼图壁种畜场，四川阳坪种牛场，内蒙古高林屯种畜场等为我国自产纯种西门塔尔牛提供了种源。

（二）利木赞牛

利木赞牛原产法国中部高原的利木赞省，原来是役用牛，从 1850 年开始选育，1886 年建立良种登记簿，1900 年后向肉用选育，逐步培育出现在的肉用品种。在法国属第二大肉用品种牛，仅次于夏洛来牛。

1. 外貌特征　利木赞牛头短，嘴较小，额宽，有角，母牛角细向前弯曲，公牛角短粗，向两侧伸展，并略向外卷曲。胸宽，肋圆，体躯较长，尻平，四肢弧壮，较细，前肢肌肉发达，全身肌肉丰满。体格比夏洛来牛轻而矫健，被毛硬，毛色由黄到红，背部毛色较深，腹部较浅。

利木赞牛初生体重较小，公犊为 36 千克，母犊为 35 千克，难产率较低。成年公牛平均体高 140 厘米，体重 950~1200 千克，母牛平均体高 130 厘米，体重为 300~600 千克。在欧洲大陆型肉牛品种中是中等体型的牛种。该牛早熟，生长发育快。良好的饲养条件下，10 月龄活重可达 408.2 千克，12 月龄达 479.9 千克。

2. 产肉性能　利木赞牛产肉性能高，肉品质好。肉嫩，脂肪少，而瘦肉多，肉的风味好。该品种的特点是小牛产肉性能好，在幼龄时就能形成一等牛肉。8 月龄小牛就具有成年牛大理石纹状的肌肉。肉质细嫩，沉积的脂肪少，瘦肉多（占35%~80%）。3~4月龄活重为140~170千克的小牛，屠宰率为67.5%；30~36月龄活重为600~750千克的牛，屠宰率为64%，淘汰的成年母牛活重600~800千克，屠宰率为57.5%。

3. 产奶性能　成年母牛平均产奶量为1 200千克，乳脂率为5%，个别母牛产奶量达4 000千克，乳脂率为5.2%。

4. 繁殖性能　利木赞牛一般21个月开始配种，2.5岁产第一胎。母牛利用年限为9岁，平均产犊4~6头。据法国农业研究院的资料，6207头经产母牛的难产率为7%，1012头初产母牛的难产率为15%。

5. 特点　利木赞牛性情温驯，对环境条件适应性强，耐粗饲，在饲料不足的情况下，能以最低的日粮维持生命，一旦饲养水平恢复正常，就能迅速补偿生长。适宜放牧饲养，能在单位面积牧场上获得较高的产肉量。我国1974年从法国引进，分布于东北、华北、内蒙古等地区，用于改良当地黄牛。

（三）短角牛

短角牛的历史悠久，参加了当前世界上许多牛种的培育。短角牛原产于英格兰东北部。因从梯斯河域的长角中改良而来，故称改良好的牛为短角牛。是英国古老的牛品种之一。

短角牛是世界上第一个建立品种协会的牛品种，先后被世界许多国家列入，以美国、澳大利亚、新西兰和欧洲一些国家繁育的较多。中国1913年首次引入，后又陆续批量引入，用此品种与内蒙古牛杂交改良，培育出我国的草原红牛品种。宁夏于1977年12月从日本青森县引入两头日本短角公牛（2号和19号）和1头短角母牛（1号），对改良宁夏本地黄牛发挥了一定作用。

1. 外貌特征

短角牛头短，额宽，颜面部小，角短，细而稍扁，向内弯曲(或呈半圆形弯曲)，角呈蜡黄色或白色黑角尖。鼻镜为肉色。四肢正直，骨骼细。由于皮下结缔组织发达，故皮肤柔软，厚而疏松。毛色以棕红色、红色为多，还有红白花的个体。被毛长而中等粗，在冬季呈卷曲毛。公牛颈部有卷曲的长毛为其特点之一。

2. 类型

短角牛有的分为三个类型（肉用、乳用、兼用型），有的分两个类型（乳用和肉用型）。

(1) 肉用短角　属纯肉用品种，体躯呈矩形，胸宽深，发育良好。全身肌肉丰满。颈短而多肉，颈和胸结合良好，垂皮发达，肋开张，背腰宽阔而平直。荐部长而宽，四肢短，肉用短角牛乳房发育不如乳用型，但在肉牛品种中属产乳量高的牛，全身以棕红色毛居多。

成年公牛活重 1 000 千克，母牛为 700 千克。产肉高，肉质好，肌纤维细，肥育后的去势公牛屠宰率在 65%以上。

(2) 乳用短角　同肉用短角相比，体格较大，体躯较长，不如肉用型宽深。头和颈较长，皮肤薄，乳房发育良好。成年公牛活重 900 千克，母牛 600 千克。犊牛初生重平均为 33 千克。

3. 产奶性能

英国北方 14 群乳用短角牛平均产奶量为 310 千克，乳脂率为 3.6%，英国有 1250 头乳用短角牛终生产奶量超过 45 000 千克，其中 56 头超过 67 500 千克。

中国察北牧场所饲养的乳肉兼用型短角牛 180 日龄公犊牛活重达 194.6 千克，母犊牛为 177.8 千克。1 岁公牛活重为 335.4 千克，母牛为280.9千克，1.5岁公牛活重为433.2千克，母牛为391.6千克。

4. 特点

短角牛性情温顺，耐粗饲，繁殖力高，母性强，早熟。对改良我国土种黄牛起到一定作用。

（四）海福特牛

海福特牛原产于英格兰西部的海福特郡，是英国古老的肉牛品种之一。海福特牛分布于世界许多国家。如美国、澳大利亚、新西兰等国都有大量饲养。

1. 外貌特征　海福特牛具有典型的肉牛体型外貌，分有角和无角两种。头短额宽，颈粗短而多肉，垂皮发达。胸深，肋开张，躯干呈圆筒状，背腰宽广平直，臀部肌肉发达。全身骨骼细，肌肉很丰满。四肢短粗、蹄质坚实。角向外弯，呈蜡黄色或白色。全身被毛红色或淡紫色。具有“六白”特征，即头部、颈垂、四肢下部、鬐甲和尾稍均为白色，遗传性相当稳定。成年公牛体高132~135厘米，体重900~1 006千克，母牛体高120~126厘米，体重600~750千克。

海福特牛生长发育快，饲料报酬率高，增重快，产肉性能好，肉质细嫩味美。屠宰率一般为60%~65%，最高可达70%。据测，海福特牛初生重：公犊平均为36千克，母犊33千克；200日龄公犊为223千克，母犊为187千克；400日龄公牛体重为434千克，母牛为297千克；500日龄公牛体重为520千克，母牛为345千克。

2. 繁殖性能　海福特牛6月龄时出现性行为，15~18月龄（活重达到400千克）可初次配种，妊娠期为260~290天。

3. 特点　生长发育快，早熟，耐粗饲，适应放牧饲养，对环境条件适应性强，在加拿大 –48℃的寒冷和38℃的酷暑条件下，以及在海拔 1 800 米的高原上，均能正常生活。性情温顺，容易管理。屯肥能力强，育肥性能好，饲料报酬率和屠宰率高。肉质细嫩多汁，胴体瘦肉多，呈大理石状花纹。缺点：易感染蹄病，发生跛行，在肉牛品种中体格偏小，泌乳能力差，甚至有单睾和夜盲症的个体出现。

（五）夏洛来牛

夏洛来牛原产法国中部的夏洛来地区和涅夫勒省。原为役用，经严格选育而成为欧洲大型晚熟肉用品种。深受国际市场欢迎，输出五大洲五十多个国家和地区。我国分别于 1964 年和 1974 年大批引入，1988 年又有小批量的进口。

1. 外貌特征　夏洛来牛体格大，体质结实，全身肌肉非常丰满，尤其后腿肌肉圆厚，并向后突出，尻部常出观隆起的肌束。面宽嘴方。角圆长，向两侧并向前伸展，呈蜡黄色或白色。颈粗、短，胸深，肋圆，背直，腹宽，多肉，体躯呈圆筒状。荐部窄长，四肢正直。公牛双署甲和凹背者多。被毛细长，呈白色或浅奶油色，蹄为蜡黄色。成年公牛体高 142 厘米，体重 1 100~1 200 千克，母牛体高 132 厘米，体重 700~800 千克。公犊初生重 45.5 千克，母犊 41.9 千克。

2. 产肉性能　夏洛来牛皮薄骨细，肉质细嫩，品质好，瘦肉多，屠宰率高，一般为 60%~70%。在良好的饲养条件管理下，6 月龄犊牛平均日增重：公犊为 1 296 克，母犊为 1 062 克，8 月龄公犊为 1 175 克，母犊为 940 克，12 月龄活重：公牛为 378.8 千克，母牛为 321.6 千克，阉牛为 313.6 千克，周岁体重达到 511 千克。

3. 产奶性能　夏洛来母牛初次发情在 396 日龄，初次配种年龄在 17~20 月龄。法国多采用小群自然交配，公母牛配种比例为 1：

(10~30)。夏洛来牛难产率高，平均为13.7%。

4. 特点　体大，质坚，生长发育快，耐寒耐粗饲，适应性强，产肉性能高，肉质佳、味美，胴体瘦肉多，适应放牧饲养。缺点：繁殖率低，难产率高。

（六）安格斯牛

安格斯牛为古老的小型肉牛品种。原产于英国苏格兰北部的阿伯丁和安格斯地区并因地得名。该品种分布在世界各地，以美国、加拿大、澳大利亚、新西兰及南美洲一些国家饲养的较多。

1. 外貌特征　安格斯牛以被毛黑和无角为其重要的外貌特征，亦称无角黑牛。在美国有经过选育育成了红色安格斯品种。该牛体格低矮，结实，头小而方，额宽，颈中等长且较厚，体躯宽而深，呈圆筒形，四肢短，且两前肢间、两后肢间距均相当宽；全身肌肉丰满、背腰宽厚，具有典型的肉用牛外貌特征。该牛皮肤松软，被毛光泽而均匀。部分牛只腹下、脐部和乳房部有白斑。

2. 生产性能　该牛体格虽小，但活重较大。犊牛初生重25~32千克，7~8月龄可长到200千克，12月龄可达到400千克。成年公牛平均体高130厘米，体重700~750千克，母牛平均体高122厘米，体重500千克。安格斯牛出肉率高，胴体品质好。屠宰率一般为60%~65%。肉质呈大理石状。乳房容积较大，形状良好，泌乳量639~717千克，乳脂率3.3%~3.9%。

3. 繁殖性能　通常在12月龄可达性成熟，18~20月龄可初次配种；连产性好；初生重小，难产极少。

4. 特点　对环境适应性强，耐粗、抗寒、抗病。因无角，便于管理。母牛泌乳性能较好，难产率较低，但母牛稍有神经质，冬季被毛较长而易感染外寄生虫。

第二章　牛类型及体貌选择

第一节　肉牛的选择

根据牛的品种类型，人们利用的目的不同，所选择牛的要求亦不同。乳用牛、肉用牛及育肥架子牛的选择标准各有差异。选牛是一种专门技术，并非一朝一夕能够掌握，只有在长期实践中摸索，才能够熟练的掌握选牛技能。我国牛行市场交易也不乏民间的选牛行家。现将奶牛、肉牛，育肥架子牛的选择要点概述如下，仅供养牛者参考。

牛肉在国外是高价畜产品，一般高于其他肉类价格，在我国牛肉的价格也在不断的上升。由于各国习惯口味不同，对牛肉的要求也不尽相同。日本要求大理石状程度极高的牛肉，西欧要求净瘦肉比例高的牛肉。因此，对牛种的选择不能一律对待。目前欧洲大陆型牛在世界各国传播很快，应用原有的英国早熟型肉牛作为母系配套，与大型牛杂交效果很好。

一、肉牛选择的标准

肉用牛的选择，其外貌特征主要为“五宽、五厚”。即额宽、颊厚，颈宽、垂厚，胸宽、肩厚，背宽、肋厚，尻宽、臀厚。体型为长方形，体躯呈圆筒状。肉用体型愈显著的品种，其产肉性能就愈高。

肉牛一般头大、短、宽，标志早熟品种，但也有例外，如安格斯牛的头比夏洛来牛的头要小，却早熟。颈脊宽厚是肉牛的特征，却与奶牛要求颈薄形成对照。肉牛肩峰平整并向后延伸直到腰与后躯都能保持宽厚，标志此牛产肉高，肉质佳。

在犊牛选择上，如果在后协、阴囊等处有沉积脂肪现象，这就表明它不可能长成大型的肉牛。体躯很丰满而肌肉展育不明显，这表明早熟品种，对出高瘦肉率不利。大骨架的牛比较有利于肌肉的着生，在选择上不能忽视。由于肌肉发达程度随牛的年龄的增长而加强，并相对地超过骨骼的生长。所以在选择肉牛时，如果青年阶段体格大而肌肉较薄，表明它是晚熟的大型牛，它将比体格小而肌肉厚的牛更有生长潜力，应该引起重视。所以同龄的大型牛早期肌肉生长并不好，只长架子肌肉薄，后期却能发展成肌肉发达的肉牛。

从牛的躯体构造来说，骨骼、肌肉和脂肪沉积的程度共同影响着牛的外表的厚度；深度和平滑度。选肉牛时，应在牛生长期看其肩胛，颈、前胸、后肋部以及尾根等，如果形态清晰，架大、宽而不丰满，较瘦（不是病态），今后会有很大的长势；相反，外貌丰满而骨架很小的牛，今后不会有很大的长势。

肉用牛的体型外貌要求与奶牛不相同，各部位的结构即使相同，却另有特殊名称。即使同是肉牛，不同的品种在体型外貌上也各有自己的特点，所以肉牛各部位好坏的评价，不同品种之间亦有差异，不能一概而论，而要强调综合性状评定。

牛的体型结构评分从肉用方面要求可以分成三种：体型评分、肌肉发育程度评分、膘情评分。如果这三种评分各得4分，其结果是4：4：4，这头肉牛就被认为是最好的选择对象。

二、体型评分

体型一般受骨骼和肌肉发育的状况而影响，周岁牛评分比幼龄牛评分准确。随着年龄的增长，体型的差异日趋明显。

1 分：骨骼粗短，腿短，体躯短，过早长肥，不宜着生丰厚的肌肉。

2 分：不如“1 分”牛那么短粗，但骨架仍很短。周岁时比“3~5 分”的牛看起来更像成年牛。

3 分：中等体格，周岁的牛表现出很旺的生长潜力。

4 分：比“3 分”牛显得更高、更长和更宽，它比低分的牛显得更为晚熟。

5 分：最高最长，周岁具有成年牛的体格，在许多情况下它比低分的牛更为晚熟。周岁牛的头和颈部呈小犊牛的长相。

三、肌肉发育程度评分

肌肉度的变化范围由极瘦到极发达，肌肉发达程度都由好到坏，这一特征比较容易评定。

1 分：肌肉很不发达。前肢和后膝很消瘦，腰背侧肌肉贫乏。体躯狭窄，后躯瘦骨嶙峋。

2 分：肌肉不发达。属下等肌肉度，快速生长的肉用种犊牛，肌肉束显得很细长，周岁牛显得瘦而纤细。

3 分：肌肉度中等。四肢肌肉丰满，前膝和后膝发育很好。前、后肢站立姿势宽窄自然，后膝部很厚实，腰部丰满、厚薄适中。

4 分：肌肉丰硕。犊牛肌肉发达，后躯肌肉很发达，肩和前肢肌肉突出，后躯内外侧丰满，肌肉下延到飞节。

5 分：双肌肉。尾根基部不清晰，前、后躯肌肉间沟明显，其他部位肌肉也极丰厚。

四、膘情评分

膘情评分与牛的膘度肥厚有关，在一定程度上可以做出非主观评价，它也可以按 1~5 分评定。膘情评分不是得分越高越好，主要依据年龄而定。

1 分：很瘦。缺乏自然膘情，周岁牛因过瘦而显得瘦骨嶙峋，全身过分单薄。

2 分：瘦。肌肉薄，但比“1 分”的强。犊牛肋骨显露，四肢贫乏，前，后肋及其内侧清瘦，腰角突出，背部干瘪无肉。

3 分：适中。在各种环境条件下都有足够的膘度，而不太肥。肌肉匀称。肋骨，腰角、坐骨端都覆盖良好。前胸，颈和肋方正整齐。

4 分：中上等。膘度更好。背和臀部呈方形，肩静脉沟，肘突、肋部内侧都较丰满。前胸，垂皮丰厚。

5 分：肥。腰背、肋内侧和前胸过度肥胖。尾根，臀部、腰部、颈部都因过肥而不协调，躯干厚深饱满。阴囊囤积脂肪。

五、评定的年龄

三种体型结构的评定可以在犊牛的断奶，8 月龄、周岁龄和 18 月龄时进行，但要同时评出三种得分。因这种评分可能受饲养管理的影响，因此，在大群进行时，尤其在放牧条件下，最好是在相同的牧草生长期进行。

第二节　架子牛的选择

育肥架子牛是增加养牛经验效益的一个重要环节。因此，选准选好架子牛是一个关键，主要从以下几方面着手。

一、品种类型的选择

不同品种的牛，其遗传基因各有差异，因此，产肉性能也就有很大差别。育肥肉牛应以肉用品种为最好，乳肉兼用品种次之，再者为乳用品种，役用品种较差。据内蒙试验证明，肉用海福特牛，奶用黑白花牛和役用蒙古牛在相同的饲养条件下，12 月龄的平均日增重为 0.92 千克，0.02 千克和 0.59 千克，屠宰率分别为 66%，56% 和 45%。当前，纯肉牛品种在中国和宁夏尚少，利用它们的后代育肥有一定困难，但经过改良的杂交后代甚多，利用这些杂交后代的架子牛进行育肥是很便利的，而且育肥效果也很好。据四川省黔江区报到，年龄 1 周岁的西门塔尔杂一代、夏洛来杂一代和本地牛，在相同饲养条件下，经 150 天的育肥，平均日增重分别为 751 克、715 克和 578 克。宁夏青铜峡市对西门塔尔一代和本地黄牛，年龄为 15 个月，在相同饲养条件下，经 90 天育肥，平均日增重分别为 709 克和 519 克。宁夏吴忠市对短角一代和本地黄牛，年龄为 10 个月，在相同条件下，采用半放牧半舍饲低精料育肥 240 天，平均日增重分别为 752 克和 354 克。这说明肉用牛及其杂交后代育肥效果比当地土种牛好。因为肉用牛及杂交后代牛比土种牛的酶活性和吸收性能高，体内营养物质的同化作用强，所以生长快，育肥周期短，饲料报酬高，而且肉质好。一般肉用牛与当地土种牛杂交，其后代的产肉性能比土种牛提高15%以上。

二、年龄的选择

从牛的生长发育来讲，犊牛及育成牛主要依靠肌肉、骨骼和各种器官的生长而增加体重，成年牛主要依靠体内贮积脂肪增加体重。牛的性成熟为8~18月龄，体成熟为3~5岁，培育品种比原始品种的性成熟早，母牛比公牛早，营养状况良好的牛比营养不良的牛早。为此，选择架子牛必须在5岁以下，一般选择1.5~2.5岁的架子牛育肥效果最佳。经2~6个月的强度育肥，即可达到最好的经济效益。

三、性别的选择

传统观念，去势后公牛（阉牛）育肥比公牛好。主要因为阉牛的性激素发生了变化，降低了神经系统的性兴奋，性情变得安静温顺，育肥期间容易饲养管理。同时，安静可减少维持营养的消耗，有利于能量堆积而提高产肉量。如进行强度育肥，可增加脂肪的积累，使肌肉中的脂肪含量提高，有利于大理石状五花肉形成。而相反，公牛性成熟后，随着年龄的增长，性腺中的雄性激素分泌较多，性机能旺盛，活泼好动，喜爬它牛，甚至角斗，消耗营养多。但近年来，根据试验研究，就因为不同性别牛，其性激素种类和分泌量不同，而对身体发育起到不同作用。雄性激素能促进雄性第二性征的表观和骨骼、肌肉的发育，有涉及整个机体的蛋白质储备、同化作用，有较多的瘦肉和较大的眼肌面积。雌激素能促使骨骺部骨化，抑制长骨生长，有较多的脂肪沉积。为此，在国外提倡育肥青年公牛，其育肥效果好。据美国测定：周岁公牛平均日增重 1.1 千克，阉牛 1.0 千克，母牛 0.9 千克；饲料转化率周岁公牛较阉牛每增重 1 千克所消耗的饲料平均少 12%。育肥场平均饲料与增重之比，公牛为 3.8∶1，阉牛为 4.2∶1，母牛为 4.4∶1。公牛屠宰率为 63.7%，每 100 千克胴体眼肌面积为 555 平方厘米，阉牛相应为 62.9%和 514 平方厘米。据西北农学院试验，秦川牛 8~23 月龄，公牛、阉牛、母牛平均日增重分别为 0.94 千克、0.71 千克和 0.54 千克；18 月龄的饲料报酬率分别是 26.4%、22.8%和 20.9%。18月和 22.5 月龄两期平均屠宰率分别为 60.81%、60.31%和 59.68%。因此，不同性别牛的优选顺序首先为公牛，其次为阉牛，再次为母牛。

四、体况的评定

体况的优劣关系到育肥期的长短，膘情越好，育肥期越短。至于体躯短小，浅胸窄背尖尻，表现严重饥饿体况，生长发育受阻的牛，不宜作架子牛。

（一）评定体况的主要方法

评定体况的主要方法是目测和触摸。

目测主要是观察牛体的大小，体躯的宽窄与深浅度，腹部的状态，肋骨的长度与走向，以及垂肉、肩、背、臀、腰角等部位的丰满程度。触摸就是用手探测各主要部位肉层的厚薄、脂肪蓄积的程度。具体鉴定部位与要求如下。

1. 颈部　鉴定者站在牛颈部左侧，以左手牵住牛的缓绳，使牛头向左转，随之以右手抓起颈部肌肉。膘情好的牛，肉层充实、肥满，膘情瘦的牛只有两层皮之感。

2. 下肋　这是评定肉牛肥度的最重要部位，应细心触摸，谨慎评味。以拇指插入下肋外壁，虎口紧贴下肋边缘，掐捏厚度及弹性，以确定体况及脂肪沉积的程度。

3. 垂肉及肩、背、臀部　顺序按压每个部位，并微微移动手掌。按压时应由轻到重，反复多次，最后确定肥满程度。

4. 腰部　用拇指和食指掐捏腰椎横突，并用手心触摸腰角。如肌肉丰满，检查时不易感触到骨骼，否则可明显地摸到皮下的骨棱。在一般膘情下，腰角部仍可触及骼骨外角，只有在体况非常好时，腰角处才覆有较多的皮下脂肪。

5. 肋部　用拇指和食指掐捏最后一根肋骨，检查肋间肌的发育程度。膘情良好的牛不易掐住肋骨。

6. 耳根和尾根　体况良好的牛以手握耳根有充实之感，掐捏尾根时，两侧的凹陷小，甚至接近水平，以手触摸坐骨结节有丰满之感。

7. 阴囊　膘牛的体况可通过摸捏阴囊来判定。膘情好的牛，阴囊充实而富有弹性；阴囊松弛，说明膘情一般。

（二）评定牛体况的等级

1. 一级　肋骨、脊梁骨、腰椎横突均不显露，腰角与臀端呈圆形。全身肌肉较多，肋骨较丰满，腿部肌肉较充实，署甲部、后膣有脂肪垫。

2. 二级　肋骨不甚明显，脊梁骨和腰椎横突可见，但不明。全身肌肉中等，尻部肌肉一般，腰角周围弹性较差。触摸前胸、署甲部、脐部和后膣沉积的脂肪感觉松软，不充实饱满。

3. 三级　肋骨和脊骨明显可见，尻部如屋脊状。但不塌陷。腿部肌肉发育欠差，腰角和臀端突出。触摸前胸、髻甲部，脐部和后膣没有沉积脂肪。皮肤松软，且弹性差。

第三章　肉牛繁育技术

第一节　肉牛的生殖器官及生理功能

一、母牛的生殖器官及生理功能

母牛生殖器官位于腹腔后部和骨盆腔内，上面为直肠，下面是膀胱。手臂伸入直肠，可以触摸到生殖器官。母牛的生殖器官包括卵巢、输卵管、子宫、阴道、尿生殖前庭、阴蒂和阴唇等；前四个称内生殖器，后三个称为外生殖器。

（一）卵巢

卵巢位于子宫角尖端两旁，骨盆腔前缘两侧，左右侧各一个。卵巢是卵泡发育和排卵的场所，它的主要功能是产生卵子和排卵；分泌雌性激素和孕酮。卵巢皮质部分分布着许多原始卵泡，经过各发育阶段，最终排出卵子。排卵后，在原卵泡处形成黄体，黄体能分泌孕酮（维持怀孕所必需的激素之一）。在卵泡发育过程中，包围在卵泡细胞外的两层卵巢皮质基质细胞形成卵泡膜，卵泡膜分为内膜和外膜。内膜分泌雌性激素，以促进其他生殖及乳腺的发育，也是导致母牛发情的直接原因。

（二）输卵管

它位于卵巢和子宫角之间，是一条细而弯曲的管道，被输卵管系膜包于其内。它的前端扩大成漏斗状，称输卵管伞，其前部附着在卵巢前端，是接受精子的地方。输卵管的前 1/3 处比较粗大，为输卵管壶腹部，是卵子受精的部位。输卵管的功能是承受并运送卵子，也是精子获能、受精以及卵裂的场所。输卵管上皮的分泌细胞在卵巢激素的影响下，在不同的生理阶段，分泌出不同的精子、卵子及早期胚胎的培养液。输卵管及其分泌物生理生化状况是精子及卵子正常运行、合子正常发育及运行的必要条件。

（三）子宫

子宫分为子宫角、子宫体和子宫颈三部分，子宫角为子宫的前端，前端通输卵管，后端会合而成子宫体。子宫角分左右两个，分别同两条输卵管相连，它的基部较粗，向前逐渐变细，从外表看两侧子宫角基部形成一条纵沟，称角间沟。子宫体是两子宫角汇合后的一段，与子宫颈相连，长约 4 厘米。子宫体向后延续为子宫颈，平时紧闭，不易开张，子宫颈后端开口于阴道，又称子宫颈外口。子宫的功能是胚胎发育成胎儿并供给其营养的地方。

（四）阴道

阴道位于骨盆腔内，直肠的下面，前接子宫，后端与尿生殖前庭相连，它是交配的器官和胎儿分娩的产道，也是交配后的精子储存库，精子在此处聚集和保存，并不断地向子宫供应精子。

二、公牛的生殖器官和生理功能

公牛的生殖器官包括睾丸、附睾、输精管、副性腺、尿生殖道、阴茎和包皮等。

（一）睾丸

位于阴囊内，分左右两个，呈椭圆型。它和附睾被白色致密结缔组织包围。种公牛的睾丸是公牛生殖器官的主要器官，要大小正常，有弹性，它的功能是产生精子，分泌雄性激素。

（二）附睾

附睾附着在睾丸的后缘稍偏外侧。可分为附睾头、附睾体和附睾尾三部分。在胚胎时期，睾丸和附睾均在腹腔内。出生前后，经腹股沟管下降至阴囊中，如有一侧或双侧未下降到阴囊中内，称单睾或隐睾，这种公牛没有生殖能力，不能做种用。在实际生产选留种公牛时要注意检查是否有单睾或隐睾现象。附睾是贮存精子和促进精子成熟的地方。

（三）输精管

管壁厚、硬而呈圆索状。它从副睾尾部开始由腹股沟进入腹腔，再向后进入骨盆腔到尿生殖道起始部背侧，开口于尿生殖道黏膜形成的精阜上。输精管是精子由附睾排出的通道。

（四）副性腺

它包括精囊腺、前列腺和尿道球腺三种腺体，在幼龄去势的公牛，其副性腺不能正常发育。

精囊腺分左右两个，位于膀胱背侧的生殖褶中，输精管壶腹外侧，其输出管和输精管共同开口于精阜上。它的分泌物为淡白色，是精液液体的主要部分，含有果糖、柠檬酸盐等成分，供精子营养和刺激精子运动。

前列腺成对，位于膀胱颈和尿生殖起始部的外侧，有较多的排出管，开口在精阜的两侧，它的分泌物呈碱性，能刺激精子，使其活动能力增强。

尿道球腺成对，位于尿生殖道骨盆部后端的背外侧。它的分泌物为透明黏性液体，在射精以前排出，可以清除尿道中残留的尿液。

（五）尿生殖道

它分为骨盆部和阴颈部。骨盆部由膀胱颈开始到坐骨弓处转为阴茎部，是尿液和精液经过的管道。输精管、精囊、前列腺及尿道球腺的开口都在尿道骨盆部。尿道阴颈部包在尿道海绵体内，在阴颈体腹面的尿道沟内，它的开口是尿道外口。

（六）阴茎和包皮

阴茎是公牛的交配器官，主要由海绵体构成。阴茎平时柔软，隐藏于包皮内，交配时勃起，伸长变得粗硬。包皮为一末端垂于腹壁的双层皮肤套，形成包皮腔，包藏阴茎头，具有容纳和保护阴茎头的作用。

第二节　肉牛的发情鉴定

一、公、母牛的性成熟、体成熟和初配时间

（一）性成熟

性成熟是指母牛卵巢能产生成熟的卵子，形成了有规律的发情周期，具备了繁殖能力，公牛生殖器官和生殖机能发育完善，睾丸能产生成熟的精子，并有完全的性行为的时期，此时叫性成熟期。肉牛第一次出现发情称为初情，此时的月龄称为初情期。

一般母牛性成熟期 8～12 月龄，公牛性成熟期较母牛晚，为 9～15 月龄。培育品种的性成熟比原始品种早，公牛一般为 9 月龄，母牛一般为 8～14 月龄。营养水平对牛的性成熟期的早晚影响很大，幼牛生长时期，如果营养水平过低而达不到生长发育的需要，那么它的性成熟就会推迟。放牧条件下的牛生长发育受草场牧草多

少的影响，同时还受气候、季节等自然环境的影响。气候温暖，牧草丰盛，牛只的性成熟期就早。

(二) 体成熟

公母牛基本上达到生长发育完全时期，各组织器官发育完善，已具有固有的外形和较强生理功能，此时称为体成熟。

(三) 初配时间

性成熟的母牛虽然已经具有了繁殖后代的能力，但母牛的机体发育还未成熟，还不能参加配种，繁殖后代。只有当母牛达到体成熟时才能参加配种。一般情况下公母牛初配年龄主要依据品种、个体发育情况和用途而确定。适宜的初配年龄为：早熟品种 16 ~ 18 月龄，中熟品种 18 ~ 22 月龄，晚熟品种 22 ~ 27 月龄；肉用品种适宜的配种年龄在 16 ~ 18 月龄。公牛的适配年龄一般在 2.0 ~ 2.5 岁。我国黄牛为晚熟品种，母牛的适配年龄为 2 岁，公牛的为 1.5 ~ 2.0岁。

二、母牛的发情周期和各阶段的特点

(一) 母牛的发情

母牛发情时，在行为和生理上会出现一系列的变化，主要表现在：行为上，表现为眼睛充血，兴奋不安、哞叫，食欲减退，排尿频繁，常追赶爬跨其他母牛，同时也接受其他母牛的爬跨；生理上表现为外阴部充血、肿胀，子宫颈松弛、充血、颈口开放、分泌物增多，为受精及受精卵的发育做好准备，卵巢上的卵泡迅速发育，卵泡体积增大，卵泡壁变薄，最后成熟卵排出。

(二) 发情周期和各阶段的特点

发情周期是指从这次发情开始到下一次发情开始的间隔时间。发情周期受光照、温度、饲养管理等因素影响而不同，平均为 21

天，大致范围 18～24 天。根据母牛的精神状态、卵巢的变化及生殖道的生理变化，可将发情周期分为四个时期，即发情前期、发情期、发情后期和休情期。

1. 发情前期

发情前期是母牛发情的准备阶段，这时母牛没有性欲表现。卵巢中黄体逐渐萎缩，新的卵泡开始生长，生殖器官开始充血，阴道分泌物增多，子宫颈口稍开放，持续时间 4～7 小时。

2. 发情期

根据此时母牛的外部症状及性欲表现，将发情又可分为发情初期、发情盛期、发情末期。

(1) 发情初期　母牛表现兴奋不安，哞叫，如放牧牛，则游走少食，尾随公牛，但不接受公牛爬跨。母牛外阴开始肿胀，阴道壁潮红，黏液分泌量少，稀薄，黏度小，直肠触摸子宫时，收缩性增强，一侧卵巢增大，子宫颈口开放。

(2) 发情盛期　母牛性欲强烈，接受爬跨，公牛交配时站立不动，举尾频频排尿，阴门明显肿胀，黏液增多，稀薄，透明，从阴门流出时如玻棒状，具有很强的牵缕性，很易粘于尾根。子宫颈口红润，宫口松弛，开张，一侧卵巢增大，有突出于卵巢表面的滤泡，直径约 1 厘米左右，触摸时波动性较差。

发情末期，母牛逐渐安静，不再接受爬跨，外阴肿胀开始消失，阴道黏液量逐渐减少，颜色黄稠，牵缕性差。卵巢变软，滤泡壁变薄，增大至 1 厘米以上，触之波动性强，有一触即破的感觉。

(3) 发情末期　母牛变得安静，已无发情表现，触摸卵巢，已排卵，卵巢质地变硬，并开始出现黄体，体内孕激素增加，发情结束。

3. 休情期

是母牛发情结束后期相对生理静止期。母牛的精神、食欲恢复正常，若卵子没有受精，黄体逐渐萎缩，同时卵泡开始发育，卵巢、子宫、阴道等生殖器官在生理上由上一个发情周期过渡到下一个发情周期。若卵子受精，则黄体持续存在，直到分娩。

（三）母牛的发情持续期

母牛从开始发情到终止的时间称为发情持续期。在一般情况下，成年母牛的发情持续期为 18 小时，范围在 6 ~ 36 小时，育成牛约为 15 小时，范围 10 ~ 21 小时。育成母牛发情持续期比老龄母牛长，饲养管理条件差的母牛要比好一点的时间短，黄牛要比水牛短。

（四）母牛的排卵时间

成熟的卵泡突出于卵巢表面破裂，卵母细胞和卵泡液、部分卵丘细胞一起排出，称为排卵。准确把握排卵时间是保证适时输精的前提，尤其在人工授精中对提高受胎率有非常重要的意义。一般情况下，排卵时间在发情结束后 10 ~ 12 小时。母牛的营养状况对排卵时间有很大影响，营养正常的母牛 76%的在发情开始后 21 ~ 35 小时或发情结束后 10 ~ 12 小时之间排卵，营养水平低的，约 69%的在发情结束后 21 ~ 35 小时排卵。

（五）产后发情的时间

母牛产后需要有一段生理恢复过程，让子宫恢复到受孕前的大小和位置。产后第一次发情的间隔时间为奶牛 30 ~ 72 天，肉牛 40 ~ 104 天，黄牛 58 ~ 83 天，水牛 42 ~ 147 天。母牛在产后哺乳，有相当数量的母牛会发情，营养水平对产后发情间隔时间有影响，营养水平低时，通常会出现隔年产犊现象。

三、母牛的发情鉴定

对母牛的发情做出正确的判断叫发情鉴定。发情鉴定的目的是对发情母牛确定最适宜的配种时间，提高受胎率。常用的鉴定方法有以下几种。

1. 外部观察法　主要是根据母牛的精神状态和外阴部的变化来判断是否发情，是鉴定母牛发情最主要的方法。一般在上次发情后的第 15 天以后，要注意观察母牛是否有发情表现。

发情母牛兴奋不安，大声鸣叫，食欲减少，弓腰举尾，频繁排尿，相互舔嗅后躯和外阴部，发情母牛接受其他母牛或公牛的爬跨，或爬跨其他牛。如被爬跨的牛站立不动并举尾，说明被爬跨的母牛发情，如拱背逃走，说明不是发情母牛；母牛爬跨其他牛时，阴门搐动并滴尿，具有公牛交配的动作，说明该母牛发情。

2. 试情法　对于放牧牛群，可选择性欲旺盛、年轻、健康的公牛作为试情公牛，通过观察母牛的性欲表现来判断其是否发情。

3. 直肠检查法　此方法是目前所实行的极为广泛而又比较准确的鉴定方法。通过将手伸入母牛的直肠内，隔着直肠而触摸卵泡发育情况，判断母牛是否发情。此种方法应由经验丰富的专业技术人员操作，并注意操作安全和卫生，具体操作方法是：将牛保定在六柱栏中，检查者将指甲剪短，磨光，手臂上涂润滑剂，或戴长臂形的塑料手套，用水或润滑剂涂抹手套，先用手抚摸肛门，然后将手指排拢成锥形，以缓慢的旋转动作伸入肛门，排出粪便，再将手伸入肛门，手掌展开，掌心向下，按压抚摸，在骨盆腔底部，可摸到一个长圆形质地较硬的棒状物，即为子宫颈，再向前摸，在正前方可摸到一个浅沟，即为角间沟。沟的两旁为向下弯曲的两侧子宫角，沿着子宫角大弯向下稍外侧，可摸到卵巢。处于发情期的母牛，可触摸到突出于卵巢表面的卵泡，排卵后可触摸到卵巢表面的凹陷，黄体形成后可触摸到卵巢表面质硬形状不整齐的凸块，同时可触摸子宫，发情母牛子宫颈稍大，较软，子宫收缩反应比较明显，子宫角坚实。不发情的母牛，子宫颈细而硬，子宫较松弛，触摸不那么明显，收缩反应差。在直肠内触摸时要用手指肚进行，不能用手指乱抓，以免损伤直肠黏膜，检查时，如果母牛努责或肠道收缩时，不能将手臂硬向里推，要待牛努责或收缩停止后继续检查。

母牛发情时，可以触摸到突出于卵巢表面并有波动感的卵泡。用直肠检查法鉴定母牛的发情情况，必须掌握牛卵泡发育的五个时期的不同特点。

第一期：卵泡出现期，卵泡直径 0.5～0.7 厘米，突出于卵巢表面，波动性不明显，这时母牛开始发情，时间 6～12 小时。

第二期：卵泡发育期，卵泡增大到 1～1.5 厘米，呈小球状，明显突出于卵巢表面，弹性增强，波动明显，这时母牛发情的外部表现不明显，时间 10～12 小时。

第三期：卵泡成熟期，卵泡保持第二期的大小，不再增大，但泡壁变薄，紧张度增强，有一触即破之感，时间 6～8 小时，此时外部发情表现完全消失，是人工授精的最佳时期。

第四期：排卵期，卵泡破裂排卵，泡壁变松软，形成一个小凹陷。

第五期：黄体形成期，排卵 6 小时后，原来卵泡破裂处，可触摸到一个柔软的肉样组织，即黄体。随后以不大的面团状突出于卵巢表面。

4. 阴道检查法　用阴道开膣器插入母牛的阴道内，观察阴道黏膜颜色、润滑度、子宫颈口的颜色、肿胀以及开张程度和黏液状况来判断是否发情。其方法是：先将母牛保定在配种架内，用绳子把尾巴拴向一侧,外阴部清洗消毒，开膣器清洗擦干后，用75%的酒精棉球涂擦消毒，涂上灭菌过的润滑剂。左手指将阴唇分开，右手持开膣器稍向上插入阴门，然后再按水平方向插入阴道，打开开膣器通过手电筒或反光镜的光线检查阴道内和子宫颈变化，判断母牛发情与否。如果母牛发情，阴道黏膜充血、色红、表面光亮湿润，有透明黏液流出。子宫颈口充血，松弛，开张，有黏液流出。黏液开始较稀，随着发情进展逐渐变稠，量由少到多，发情后期逐渐变少。不发情的母牛阴道黏膜苍白、干燥，子宫口紧闭。这种方法在生产中一般不常用，操作时消毒要严格，动作要轻，以防损伤阴道或阴唇。

5.其他方法 母牛发情与否还可用仿生法、孕酮含量测定法、离子选择电击法、光感排卵记载法等方法测定。

四、母牛常见的异常发情

母牛发情受许多因素影响，发情时如果没有外部特征或不能正常排卵，或长期发情等都属于异常发情，最常见的异常发情有以下几种。

1. 隐性发情（又叫暗发情） 这种发情无明显的外部发情特征，没有明显的性欲表现，但卵巢上的卵泡正常发育成熟排卵。大多产后母牛第一次发情，年老体弱的母牛及营养状况差的母牛易发生隐性发情，易被误认为无发情而漏配。在生产实践中，如发情母牛连续两次发情之间的间隔相当于正常发情间隔的2～3倍时，就可怀疑该母牛有隐性发情，对这些母牛要根据情况注意观察，防止漏配，影响生产效益。

2. 短促发情 这种母牛的发情持续期非常短，如不注意，容易漏配，这种现象多发生在炎热的夏季，也与卵泡发育停止或发育受阻有关，年老体弱的母牛和初次发情的青年牛易发生。

3. 持续发情 主要是卵泡发育不规律，生殖激素分泌紊乱而引起的，表现为发情频繁而没规律，发情时间超过正常发情周期或明显短于正常发情周期。常见于卵巢囊肿或卵泡交替发育的母牛。

4. 假发情 这种情况是母牛的外部发情症状明显，但卵巢上无卵泡发育，不排卵。有些妊娠母牛在妊娠几个月后，仍有发情表现，要注意检查，防止误配而造成流产。

五、配种

在肉牛群的配种中，常采用以下几种方式，即辅助配种、公母牛自然配种以及人工授精。

1. 辅助配种 指公母牛不混群，当发现母牛发情时，人为使其与公牛自然交配，配种后又与公牛分开放牧或饲养。这种方法适用于农村民桩配种点的配种，公母牛比例1∶(50~60)。

2. 公母牛混群自然配种 公母混群，母牛发情，公牛随时配种。这种方式在国外的肉牛种子群中广泛使用，在我国广大农牧区中，由于公母牛群经常自然放牧，也经常使用。通常是公母牛比例为1∶25~1∶30。这种交配方法是一种原始落后的方法，易出现早配滥配现象，造成牛群质量退化，且无法考查系谱，不能进行计划选配，不易管理，极易造成生殖疾病的蔓延，因此要尽快根除。

3. 人工授精技术 人工授精就是用人工方法采取公牛精液，经过检查和处理后，输入到发情母牛生殖道内，使其受胎，这种方法称为人工授精。由于其众多的优点，特别是减少了种公牛的饲养量，节约成本，而被广泛使用，在本章的另外一节中将详细介绍。

第三节　母牛的妊娠及分娩

一、母牛的妊娠期

母牛配种后，精子在自身尾部摆动及生殖道蠕动作用下向输卵管壶腹部运动，并在此与从卵巢排出的卵子相融合，形成一个合子(受精卵)，叫做受精。妊娠就是从受精开始到胎儿孕育成熟的过程，所经历的时间称为妊娠期。母牛妊娠期平均为285天（范围为260~290天)，不同品种、个体、年龄、季节、饲养管理条件下的妊娠期也不同。一般早熟品种比晚熟品种短，奶牛比肉牛短，黄牛比水牛短，饲养条件差的比好的妊娠期长。

二、母牛的妊娠诊断

为及时准确掌握受配母牛的妊娠情况，对提高母牛繁殖率有非常重要的意义。妊娠诊断通俗地讲就是对母牛是否妊娠做出判断，对已妊娠的母牛加强饲养管理，防止流产，而对未妊娠的母牛则应找出原因，采取相应的补配措施，及时进行下一情期的配种，从而提高母牛的繁殖率。妊娠诊断主要有外部观察法、阴道检查法、直肠检查法及其他检查方法。

1. 外部观察法　配种后过20~30天没有出现发情表现的,有可能妊娠。一般情况下母牛怀孕后不再发情，性情温顺安静，食欲增强，毛色变光，体重增加。初产牛能在乳房内摸到硬块，有的母牛会表现异嗜。怀孕5~6个月后，腹围增大，在腹壁可触到或看到胎动，特别是在清晨喂饮之前及运动之后。怀孕8个月时，母牛腹围更大，更易看到胎儿在母牛腹部及脐部撞动。这种诊断都用在妊娠中后期，不能用做早期妊娠诊断。

2. 直肠检查法 直肠检查指用手隔着直肠触摸子宫、卵巢、胎儿和胎膜的变化，并依此来判断母牛是否怀孕。这种方法主要是根据子宫角的形状、质地、胚泡的大小、部位、卵巢的变化位置及宫中动脉妊娠脉搏的出现等来判定母牛妊娠的孕前期、中期、孕后期。检查时可先从骨盆底部摸到子宫颈，然后是子宫角、卵巢、子宫中动脉。一般在配种后 50 天左右，有经验的技术人员，可在配种后20 ~ 30 天进行直肠检查。配种 40 ~ 60 天诊断，准确率高达 95%。

直肠检查法是诊断母牛是否妊娠的可靠的方法，用直肠检查法，还可以确定妊娠的大概日期，妊娠期内的发情、假妊娠、有些生殖器官的疾病及胎儿死活等。

母牛配种后 19 ~ 22 天，子宫变化不明显，检查时如果卵巢上有成熟的黄体存在则是妊娠的重要表现。

妊娠 30 天时，孕侧卵巢有较大的黄体突出于表面，卵巢体积增大，孕侧子宫角增粗，质地松软，稍有波动，用手握住孕角，轻轻滑动时可感到有胎囊，角间沟清楚。

妊娠 60 天时，孕角明显增粗，大小约为空角的 1 ~ 2 倍，触摸时波动明显，角间沟不清楚。

妊娠 90 天时，子宫开始垂入腹腔，孕角明显增粗，波动明显，可摸到胎儿，角间沟已摸不到。

3. 阴道检查法 通过检查阴道黏膜色泽、性状及子宫颈的形状、位置变化来判断母牛是否妊娠。一般配种一个月后，不出现发情症状，做阴道检查时，已妊娠母牛，用开张器插入阴道时有明显阻力，感到干涩，阴道黏膜苍白，无光泽，子宫颈口偏向一侧，呈闭锁状态，并有暗浓稠的黏液塞封闭。未妊娠母牛，阴道黏膜成为淡粉红色，子宫颈口无黏液塞。

4. 其他检查法　此外，妊娠诊断，还可采取实验室诊断法，如黏液比重测定法、激素反应法、孕酮水平测定法、碘酒测定法、硫酸酮测定法、免疫学诊断法等方法进行诊断。

三、母牛预产期的推算方法

肉牛的妊娠期一般为 280 天左右，误差 5 ~ 7 天。准确推算母牛的预产期，对做好分娩前的准备工作很重要。母牛预产期的推算方法如下。

如按 280 天算妊娠期，预产期的计算方法是在配种月份上减 3，日数上加 6，得出的日期即为预产日期。例如：母牛 8 月 20 日配种，预产期为 8–3=5（预产月），20 + 6 = 26（预产日），则该牛的预产期为下一年的 5 月 26 日。当配种月份小于 3 时，配种月份加 12 再减 3，当配种日期加 6 大于当月天数时，则减去 30，余数就是下个月的预产日期。如：2 月 26 日配种，则预产月份 =（2 + 12）– 3 = 11，预产日期 =（26 + 6）– 30 = 2，因配种日加 6 超过 1 个月，故该牛的预产日期是 12 月 2 日。

四、母牛的分娩与助产

妊娠期满后，怀孕母牛将子宫内的胎儿及其附属物排出体外，即分娩。母牛在分娩前会出现一系列的生理变化，表现出一系列的症状。

（一）分娩预兆

母牛产前半个月乳房开始膨大，腺体充实，产前几天可以从前面两个乳头挤出黏稠、淡黄的乳汁，产前 1 ~ 2 天可挤出乳白色的初乳。约在分娩前一周，阴唇肿胀、柔软，阴唇皮肤皱褶平展，在分娩前 1 ~ 2 天有透明的索状物从阴道流出，垂于阴门之外。在产前 1 ~ 2 天，骨盆韧带充分软化、松弛，尾根两侧肌肉明显塌陷，使骨盆腔在分娩时能增大。临产前子宫颈开始扩大，排尿频繁，时起时卧，前蹄刨地，回顾腹部，母牛找安静角落卧下，表明即将分娩。母牛在产前 7 天左右，体温升高，可达 39.5℃，但在产前 12 小时左右，体温却又下降，低于正常体温的 0.4℃ ~ 1.2℃。以上现象都是分娩前的预兆，管理人员可综合分析做出准确判断，做好分娩前的准备工作。

（二）分娩过程

分娩过程分为开口期、产出期、胎衣排出期三个阶段。

1. 开口期 从子宫开始间歇性阵缩起，到子宫颈口完全张开止，一般需 2 ~ 8 小时。特征是母牛精神不安，来回走动，腹部已有阵痛，但比较微弱，时间短，间歇时间长。随着分娩进程，阵痛加剧，腹部已有小微弱的努责，伴随有红褐色尿水流出（第一次破水）。

2. 产出期 从子宫完全张开起，到胎儿完全排除止，一般需 0.5 ~ 4 小时，初产母牛持续的时间相对较长。此时母牛烦躁，腹痛加剧，背弓用力努责；子宫颈完全张开，胎儿进入产道；经过多次努责，阴门露出羊膜；羊膜破裂后，部分羊水流出，继而胎儿的鼻端和前肢蹄部先出；后经强烈努责将胎儿排出。

3. 胎衣排出期 从胎儿排出起，到胎衣完全排出止。胎儿产出后，母体表现安静，但子宫还在收缩之中，伴有轻微努责，将胎衣排出。一般需 4 ~ 6 小时。如超过 10 小时胎衣仍未排出或未排尽，应按照胎衣不下处置。

五、接产

当母牛表现分娩症状后，要安排好人员做好接产的一切准备工作。产房应干燥，铺上干燥、清洁、柔软的垫草，另外应准备好碘酒、药棉、纱布、剪刀等接产用具和消毒药品。分娩前应将外阴部、肛门、尾根及后躯用温水、肥皂水洗净擦干，再用消毒液消毒外阴部，助产人员手臂也要消毒。当母牛卧下时，尽量让其左侧卧，以免胎儿被瘤胃压迫难以产出。当胎儿的前蹄顶破胎膜时，应用脸盆接些胎水，让母牛产后饮用，促进泌乳，并可防止胎衣不下。

在正常分娩过程中，若正生胎儿，只要方向、位置及姿势正常，就可让牛自然产出。但对初产母牛，倒生或分娩持续时间长的母牛，必须助产。倘有难产，先注入润滑剂或肥皂水，再将胎儿顺势推回子宫，进行整复校正胎位后，再顺劲拉出，严防粗暴硬拉。遇到倒生，当两后腿产出时，应及时拉出胎儿，免得胎儿腹部进入骨盆腔，脐带可能被压在骨盆腔，易造成胎儿窒息死亡。当胎儿骨盆部通过阴门后再拉，动作要缓慢，以免造成子宫内翻或脱出。

如母牛体弱、阵缩、努责微弱无力时，迅速助产。助产时用消毒过的绳索缚住胎儿两前肢系部，助产者将手伸入产道，用大拇指插入胎儿口角，用力捏住下腭，乘母牛努责的时机，稍向母牛臀部后上方用力拉。当胎儿头经过阴门时，一个人用双手按压阴门和会阴部，以防撑破。当胎儿腹部通过阴门时，用手轻按胎儿脐孔部，防止脐带断在脐孔内，尽量延长断脐时间，使胎儿获得更多的血液。当破水过早，产道干燥或狭窄或胎儿过大时，可向阴道内灌入肥皂水或植物油润滑产道，便于拉出。

六、产后护理

（一）新生牛犊的护理

1. 清洁犊牛 犊牛出生后，立即用毛巾或干抹布将鼻、口周围黏液擦净，有利于犊牛呼吸。犊牛身上的黏液，尽量让母牛舐干，增强母子亲和力，如母牛不舐，要尽快人工擦干犊牛全身，以免体湿受凉感冒。

2. 断脐带 胎儿产出后，如果脐带已断，要用5%的碘酊在断端消毒；如未断，先消毒脐带根部，用消毒剪剪断或用手撸断以防出血，在距离腹部2寸左右处的断端处涂上碘酊。如脐带有持续出血，则要结扎。

3. 假死急救 有的犊牛生长发育完好，但生下后不呼吸或呼吸缓慢，而心脏仍在跳动，这种现象称“假死”或“窒息”。遇到此种情况要及时抢救。农民把抢救“假死”犊牛的办法编成顺口溜：“两前肢，用手推，似拉锯，反复做。鼻腔里，喷口烟，刺激犊，呼吸欢”。常规抢救：先把犊牛两后肢拎起，倒出咽喉部羊水，紧接着擦净鼻孔，再将犊牛放在前低后高的地方，立即施行人工呼吸。进行人工呼吸时，将犊牛仰卧，握住前肢，牵动身躯，反复前后屈伸，用手拍打胸部两侧，促使犊牛迅速恢复呼吸，也可突然向口腔、鼻腔喷气，促进呼吸，使其复苏，或用草棍间断性地刺激鼻孔，促进呼吸。

（二）母牛的护理

母牛产后身体疲倦、口渴，要让母牛饮热水麸皮汤（麸皮3千克，食盐50克，温开水3～4千克），喂优质柔软、适口性好的青干草及精料，要多次少喂，使母牛消除疲劳，补充体液。要换上干净、柔软的垫草，保持产房清洁、温暖、干燥，以减少疾病的发生。胎衣排出后应及时取走，严防母牛采食，并检查是否完整，以防没有排完残留在母体内。产后 24 小时（夏天 12 小时）胎衣还未排出，要进行手术剥离。产后几天，要观察母牛恶露排出情况，从开始的血样色到最后的无色透明黏液，说明恶露已排尽，如果在产后 10 天时，恶露呈灰褐色，气味恶臭，或浓样不止，有可能出现子宫炎症，要尽早诊断治疗，避免影响母牛的繁殖性能。

第四节　人工授精技术

人工授精就是用人为的方法采集公畜的精液，经过检查和处理后，利用器械再输入到母畜的生殖道内，使精子与卵子相结合，达到使母畜受孕的目的。人工授精技术的推广应用，能提高优良种公畜的配种效率，扩大种公畜的配种头数。一头种公牛实行人工授精每年可配种母牛 1 万头左右，自然本交时，一年最多不过配种 100 头；能有效预防因本交而感染的生殖道疾病，减少饲养种公畜的成本，提高经济效益。

在生产上最主要的是要掌握人工输精技术，对于精液的采精及冷冻有专门的生产企业生产。下面主要介绍目前广泛应用的直肠把握式输精技术程序。

一、直肠把握式输精技术程序

1. 确定配种时间　对发情母牛适时配种，可以提高受胎率，因此要确定排卵时间和配种适宜时间。决定母牛配种时间的因素有排卵时间、卵子保持受精能力的时间及精子在母牛生殖道内保持受精能力的时间。母牛一般在发情结束后 5 ~ 15 小时排卵，在排卵后 6 ~ 12 小时保持受精能力，精子在母牛生殖道内保持受精能力的时间为 24 ~ 48 小时。确定配种时间比较准确的方法是直肠检查法，但是大多数情况下依靠询问畜主母牛发情时间、观察母牛外阴部变化来确定最适宜的输精时间。输精人员向畜主询问受配母牛年龄、胎次、发情等情况，仔细观察母牛表现：母牛神态转向安定，发情表现开始减弱，外阴部肿胀开始消失，子宫颈稍有收缩，黏膜由潮红变为粉红，直检时卵泡皮变薄，有弹力，卵泡液明显波动时，可输精。如果上午发现母牛发情，可在下午 4 ~ 5 时进行输精；下午发现母牛发情，可在第二天上午 8 时左右进行输精。

2. 解冻 将细管冻精从液氮罐中迅速取出,把封闭的一端置于 38~39 度的水杯中,水浴解冻 10 秒后取出，拭去水珠待用。

3. 镜检 先将显微镜置于操作台或桌面上,对载玻片消毒后放到显微镜上,调好光。将解冻好的细管封闭的一端剪去,剪口捏圆,挤一滴于载玻片上镜检精子活力。冷冻精子的活力不得低于 0.3。

4. 装枪 将解冻的细管冻精装入输精枪,套上塑料外套管。输精人员带上长臂手套。

5. 消毒 将接受输精的母牛固定在六柱栏内保定好，尾巴固定于一侧，用 0.1%的高锰酸钾溶液对外阴部彻底消毒,用卫生纸拭干外阴部。

6. 输精 一般有开膣器输精法和直肠把握式输精法两种,目前常用的是直肠把握式输精法。具体操作方法是：输精人员左手伸入直肠内，寻找并把子宫颈后端轻轻固定在手内，手臂向下按压，使阴门张开，右手持输精器，从阴门插入，先向上倾斜插入一段（5～10厘米），避开尿道口，再平插至子宫颈口，然后两手配合，将输精器前端穿过子宫颈管中的皱壁轮，导入子宫颈深部，推动输精枪活塞，把精液注入子宫颈管中，然后抽出输精器。输精时，有些牛会出现努责、弓腰现象，可由其他人员用手压迫腰椎，操作者在直肠内的手握住子宫颈稍往前推，使阴道弛缓，或者等停止努责后再插入，防止造成阴道破损；如果母牛摆动剧烈时，要把输精管放松，手随母牛的摆动而摆动，以免输精管断裂和损伤阴道；如果遇到子宫下垂，可用手握住子宫颈，慢慢向上拉，输精管就容易插入。这种方法的优点是精液可以注入子宫颈深部，受胎率可提高10～20%；对牛的刺激小，无痛感，特别适于处女牛使用；用具简单，操作安全方便。输精时要轻插、适深、缓注、慢出，防止精液逆流。输精结束后，要对输精器械消毒,进行有关登记，以便掌握怀孕天数和预计分娩日期。

二、液氮罐、液氮、冻精的使用和管理

1. 液氮罐的使用和管理 液氮罐是指装冷冻精液的容器，一般有大、中、小几种型号，且有专门运输和保存液态氮的液氮罐和专门贮存冷冻精液的液氮罐，前者体积较大，后者体积较小。贮存冻精的液氮罐在使用前一天要以少量的液氮预冷6小时，并检查合格后方可使用。当液氮贮量少于1/3时，原则上要补充液氮。每隔3～5天，要了解液氮消耗量，若液氮消耗过快，说明液氮罐性能失常，须立即更换，如果液氮罐颈部周围“出汗水”或发现挂“白霜”也是异常现象。添加液氮时要缓慢加入，切不可过猛，提筒拿出和放入要稳。所贮存的冻精必须全部浸入液氮以内，提取或放入

冷冻精液时动作要迅速准确，在罐外停留时间不得超过 2 ~ 4 秒。液氮罐在使用过程中，内部慢慢贮积水分，并繁殖杂菌，同时由于操作不当，有精液落于其中，或氧化冷凝，冰和污物积累，甚至有腐蚀现象，为了防止事故，保持长期有效使用，每年必须清净、干燥液氮罐 1 ~ 2 次。

2. 液氮的使用和管理　液氮是一种惰性气体，但在液态时由于它的温度（-195.8℃）与常温差距太大而可能带来一系列的危害，因此在使用和处理时要慎重。在贮存、处理、运输和使用中要避免阳光直射，减少蒸发，罐口不能过于密闭，防止爆破，使用时要尽量防止液氮外溢，如果不小心将液氮洒落于人皮肤上，要立即用水冲洗；液氮室要有良好的通风设备。

3. 冻精的使用和管理　冻精的使用和管理上要避免温度的波动和精液的混乱不清。在贮藏条件下，温度轻微波动会引起精子的膨胀和收缩，影响受精活力。

三、提高母牛受胎率的措施

1. 加强饲养管理，实行科学养牛。母牛不孕很大程度上与营养有关，农村养牛受饲草料资源的限制，饲料单一，有啥喂啥，粗饲料质量差，精饲料补饲少，营养不平衡，维生素、矿物质的缺乏往往造成母牛不发情或发情不明显。在饲养上，必须供给能满足母牛营养需求的日粮，特别是蛋白质、维生素、矿物质的需要量，但也要避免营养水平过高，养得过肥，导致母牛卵巢脂肪变性，影响滤泡成熟和排卵，还应适当增加母牛运动。

2. 重视母牛产科疾病的检查、预防和治疗工作。对屡配不孕的母牛，认真查找原因，有针对性地选用子宫内灌药液，激素治疗，矿物质、微量元素和维生素治疗、中医治疗等措施。

3. 严格按照人工授精技术操作规程输精，输精器械与配母牛都要严格消毒，避免造成母牛生殖道疾病。

4. 提高输精技术人员水平，这是人工授精中提高受胎率的关键，因此要求输精技术人员做到：准确掌握输精时间，输精技术熟练，操作过程中做到慢插，适度深，注净，缓出，避免精液残留、逆流、漏精和解冻后的温度反复。

第五节　肉牛的杂交改良

长期以来，我国的黄牛主要以役用为主，随着农业机械化水平的不断提高，以及人民生活水平的不断改善，人们的消费结构发生了巨大变化，对肉、蛋、奶的消费量日益增加，体格小、体重低的黄牛已不能适应社会经济的发展和人民消费水平的需求。因此，要通过改良和育种，逐渐提高黄牛的产肉性能，并在此基础上培育出多种经济类型的新品种，改进和提高现有黄牛的经济性状和生产能力。世界上许多肉用和兼用型牛品种都是在杂交的基础上培育成功的。

肉牛的杂交一般指不同品种或不同牛种公母牛之间的交配方式，它可改良肉牛的基因型，把不同亲本的优良特性结合起来而产生杂种优势。利用杂种优势，提高肉牛生活力，增强适应性，提高生产性能，加快生长发育，用于商品生产。

杂交是现代肉牛育种的一种较快的方法，通过杂交可以综合1~2个品种的优点，创造出新品种。但在杂交改良和育种过程中，引用外国品种与当地黄牛杂交，既要保留我国黄牛原有的优良特征特性，又要吸收外来良种肉牛体躯高大、生长发育快、增重高、饲料利用率高、产肉性能好的优点。到一定程度，通过近交育种，固定所期望的性状，培育出新的肉用或兼用型新品种。在杂交过程中，要改善饲养管理条件，注意所产生的新变异，使其向有利的方向转化并保持和发展下去。

一、杂交类型

按杂交的目的，可把杂交分成育种杂交和经济杂交两种类型。

（一）育种杂交

育种杂交又分为级进杂交、导入杂交、育成杂交三种。

1. 级进杂交 级进杂交又叫“吸收杂交”或“改造杂交”，是用高产牛改良低产牛最常用的一种迅速而有效的杂交方式。即用生产性能低的母牛与高产的良种公牛进行杂交，所产的杂一代母牛再与该品种不同的种公牛回交，若杂交后代中表现的性状符合理想时，可选择其中的理想公母牛进行横杂固定，来培育新品种。级进杂交的第一代可获得最大的改良优势，随着级进代数的增加，杂交优势逐代减弱，以后优势水平趋于回归。级进杂交代数不易过高，根据国外经验，级进三代加以固定可以育成新品种。但是在改良育种过程中，随着杂种肉牛生产性能的提高，饲养管理条件必须相应改善，才能使改良肉牛的优良性状和生产潜力充分体现出来。如果盲目引种杂交，片面追求级进代数，不注意饲养管理条件的改善，就会出现改而不良的后果，改良牛的生产性能得不到提高，反而丢掉当地黄牛固有的优良特性特征。

2. 导入杂交 导入杂交又称引入杂交。如一个较为优秀的当地黄牛品种大部分特征特性较为理想，但个别性状还存在缺点，这时可选择一个理想品种的公牛与需要改良这一缺点的一群母牛交配，使该品种趋于理想。这种改良方式不改变原来品种的优点，一般只导入一次。因此，正确选择优良品种很重要，必须选择一个生产方向与被改良品种相同，但又能矫正其缺点的优良品种杂交一次，所得杂交一代含导入品种血液为1/2，再将其与原品种回交一次，所得杂二代含导入品种血液1/4，达到改良效果后便可自交固定，或者用杂二代再与原品种回交一次，使其含导入品种血液达1/8时再进行自交固定。我国的秦川牛就是引用丹麦红牛进行导入杂交试验而形成的。

3. 育成杂交　育成杂交又称创造杂交，是指用2~3个以上品种牛进行杂交，使双亲的优良特性结合起来并表现在后代身上，同时产生出原有品种所没有的新特征特性。如果用两个品种杂交，称为简单育成杂交；如果用两个以上品种进行杂交，称为复杂的育成杂交。开展育成杂交，首先要以当地黄牛为母本，组织小型杂交组合试验，筛选出最佳杂交组合方案，为大规模育成杂交提供科学依据和技术指导；之后，要根据确定的最佳杂交组合方案，在一定范围内开展群众性的黄牛杂交改良，为育成新品种奠定基础；再根据育种方案，杂种牛出现一定数量的理想型个体时，就横交固定，自群繁育，以缩短世代间隔，加速育成进程。我国用育成杂交培育出的品种有红牛（短角牛×蒙古牛）等优良品种。

（二）经济杂交

经济杂交是一种简单杂交，指以生产性能低的母牛与优良的品种公牛进行杂交，或用两个生产性能都较高的品种牛进行杂交，目的是为了利用杂交一代的杂种优势，获得具有较高经济利用价值的杂交后代，所生杂交后代全部用于育肥，是我国广泛采用的杂交方式。经济杂交有以下几种类型。

1. 两品种杂交 常见的两品种杂交有肉用或兼用型品种与当地黄牛的杂交、肉用品种与乳用品种的杂交等几种类型。

肉用或兼用型品种与当地黄牛杂交。如用西门塔尔或夏洛来牛与当地黄牛杂交，所生的杂一代生长快，成熟早，体重大，育肥性能好，对饲养管理的条件要求低，全部用于育肥，是生产中最常用的经济杂交方法。

肉用品种与乳用品种杂交。用低产奶牛与肉用公牛杂交，所生杂交后代在断奶后育肥，利用其杂交优势，提高生长速度和牛肉品质。

2. 轮回杂交 指选择两个或两个以上优良品种的种公牛，其中一个品种的种公牛先与当地母牛交配，其杂一代的母牛再与另一个品种的种公牛交配，以后继续交替使用与杂种母牛无亲缘关系的两个品种的种公牛交配，使其逐代都能保持一定的杂种优势。轮回杂交的优点是可以大量使用轮回杂种母牛，只需引进少量纯种父本。据研究，两品种轮回杂交可使犊牛平均体重增加 15%，三品种轮回杂交可使犊牛平均体重增加 19%。

3. "终端"公牛杂交体系 这种方式涉及三个品种，即用 A 品种的公牛与 B 品种的纯种母牛交配，交杂一代母牛再与 C 品种的公牛进行交配，所生的杂二代犊牛不管公母全部育肥出售，不再进行杂交。这种杂交方式在国外肉牛生产中广泛应用。

二、杂交肉牛的优势

1. 体型大 我国部分地区的黄牛体型偏小，后躯发育差，不利于长肉。经过杂交改良的后代牛，体躯增长，胸部宽深，后躯较丰满，其体型比当地黄牛增大 30%左右。

2. 生长快 经过杂交改良的后代牛，育肥时 20 月龄的体重可达350~400千克，比当地黄牛可提高40%左右。

3. 出肉率好　经过杂交改良的育肥牛，其屠宰率可达55%以上，比当地黄牛能多产肉10%~15%。

4. 经济效益好　杂种牛生长快，饲料报酬高，其成年牛体重大，肉质好，能满足外贸出口的标准，比当地黄牛的售价高出许多。

三、肉牛繁殖新技术

1. 诱发发情　在母牛乏情期，利用注射外激素引起母牛发情，比自然发情提前配种，缩短母牛的繁殖周期，增加胎次，以提高繁殖率。另外，对于某些因病而造成的母牛卵巢机能减退，长期不发情而利用外激素使之发情的也称为诱发发情。应用诱发发情，要根据母牛的生理状态选择不同的药物，对产后长期不发情的母牛，可用孕激素处理1~2周就可发情；对持久黄体而长期不发情的母牛可注射前列腺素或其类似药物，使黄体溶解，即可发情。用药物处理母牛后，第一次发情不配种，第二次发情时开始配种。一般使用的外激素药物有孕马血清、三合激素、前列腺素等。孕马血清中所含的促性腺激素具有促黄体素和促卵泡素活性，可促进卵泡的发育、成熟、发情和排卵，每头牛可一次注射1 000~1 500国际单位。

2. 同期发情　同期发情又称同步发情，是利用一些激素及其制剂处理母牛，人为控制并调整母牛发情周期的进程，使之在预定时间内集中发情。这种新技术被广泛应用于集中配种、分娩和调整产犊季节以及胚胎移植，有利于进行人工授精，便于组织生产，可以提高母牛的繁殖率。同步发情的方法有孕激素埋藏法、阴道栓法等多种，生产中最常用同步发情方法有。

（1）氯前列烯醇2次注射法　在任意一天对母牛群第一次肌内

注射氯前列烯醇，国产制剂使用的剂量为2~3支/头，进口制剂为2毫升/头。在第一次注射后的第10~13天（一般在11天），肌内注射第二次氯前列烯醇，剂量同第一次，在注射后的第48~72小时，母牛群发情集中。在牛群营养状况较好的前提下，两次注射后的同步发情率可达75%~85%。

（2）CIDR-氯前列烯醇法　在任意一天将CDIR放入母牛阴道子宫颈周围，在放入CDIR后的第7~9天的任何一天上午均可注射氯前列烯醇，剂量同上。注射氯前列烯醇后的72小时将CDIR抽出。母牛群发情集中在CDIR抽出后的36~48小时，在牛群营养状况较好的前提下，牛群同步发情率可达90%~95%。

3.胚胎移植　胚胎移植技术又称受精卵移植技术，它是将一头良种公牛和母牛交配（或体外受精）后的早期胚胎取出，移植到另外一头生理形态相同的母牛子宫体内，使之在这个母牛体内继续发育直到分娩，所以人们将之通常也称为借腹怀胎。把提供胚胎的个体称为供体，接受胚胎的个体称为受体。

胚胎移植可以充分发挥优良母牛的繁殖潜力，提高繁殖效率，在肉牛育种工作中，应用胚胎移植技术，可以加大选择强度，提高选择的准确性，缩短世代间隔，加快遗传进展。通过胚胎移植，还可以代替种畜的引进。

胚胎移植的主要技术程序：供体牛的选择及饲养管理，受体牛的选择及饲养管理，受体牛的同步发情，供体牛的超数排卵，人工授精，胚胎的采集，胚胎的质量鉴定，胚胎移植等几个技术环节。这种技术的实施难度较大，一般应用于科研中，在此不做详细介绍。

4.性控技术　随着养牛业的发展，为提高养牛经济效益，各地加大了品种改良的力度，但是由于冷冻精液配种技术的广泛应用，出现了牛产母犊的比例下降的现象。据资料统计，应用冷冻精液配种的牛产母犊率为 32%～47%，严重制约了养牛业的发展，也影响了养牛户的经济效益。对于性别控制技术的实验、研究与应用在近些年发展较快，如胚胎性别鉴定技术和精子分离技术，它们是以胚胎移植和人工授精技术为基础衍生出的生物技术，强化了胚胎移植和人工授精的目的。

胚胎移植性别鉴定技术是将受精后 6～7 天的早期胚胎进行取样，通过分析样品的 DNA 判断胚胎的性别，根据需要移植雌性或雄性胚胎，性别准确率高，但是成本较高。精子分离性别控制技术是将精液中的 X 精子和 Y 精子通过技术处理进行分离后，根据需要用主要为 X 精子的精液或 Y 精子的精液输精，获得 90%性别一致的后代，该技术使用方便，但就目前的研究和生产水平来讲，它有一些致命的弱点，如每一射精量的精液最多只能使用 1/3，分离时间长，对精子的损伤大，受精率低下；同时分离后的精子活力存在显著的个体差异，有相当大比例的种公牛精液不适宜分离。

为了研究出一种简单易行、经济实用的性别控制技术，新疆农业大学动物科学研究院经过多年的探索，研制出了奶牛性控针剂“母犊素”，在南疆部分地区进行试验应用，取得了较好的效果。母犊素的作用机理是：X 精子的个体比 Y 精子的个体大，在精液冷冻时易被伤害，通过激活含 X 染色体的精子，抑制 Y 染色体的精子的活力，促进 X 精子的运动，使 X 精子的活动能力增加，提高与卵子受孕的机会，从而达到调控性别的作用，实现提高母犊比例的目的。该技术还没有进行大范围的推广应用，研制单位在新疆地区选择中国荷斯坦牛、西门塔尔牛、当地土种牛及各种类型杂种牛进行试验。其具体方法是：对发情的母牛，在配种前的 0.5 小时用输精器将 1 毫升（1 支）母犊素准确地输入到子宫颈 3 厘米处，然后缓慢的抽出输精器，半小时后进行输精，输精方法为常规的直肠把握式输精法。经试验统计，应用母犊素进行性别控制，产母犊率达到 72% ~ 81%，对母牛的繁殖机能没有影响。

第四章　肉牛繁殖疾病及治疗

第一节　不孕症

母牛不孕是指达到繁殖年龄的母牛经过一定次数的配种后，仍不能怀孕的现象。

导致母牛不孕的原因很多，主要有先天性不孕、饲养性不孕、管理性不孕、繁殖技术性不孕、疾病性不孕。

一、先天性不孕

主要是由于生殖器官发育异常而引起的不孕，这种母牛一般不留作种用，应当淘汰。

二、饲养性不孕

主要是由于饲养不当（饲料单一，质量较差，营养不平衡等）使母牛生殖机能衰退或紊乱引起的，只要平时加强母牛的饲养管理，保证青绿多汁饲料和精料的均衡供应，饲喂的日粮基本符合母牛的生长、生产的营养需求就可以得到解决。

三、管理性不孕

主要是由于饲养环境寒冷、潮湿、无光线、通风不良，过度劳役而没有合理休息，或泌乳过多使母牛生殖机能障碍而引起的不孕，只要改善管理条件，合理使役就可以得到恢复。

四、疾病性不孕

母牛不孕症大多是由于卵巢疾病和子宫疾病所造成的，主要表现为：到了配种时期但母牛不发情或没有发情特征，或者好像是发情但发情特征不明显；有的发情周期不定，或长或短；有的发情时比正常的发情时间长，尽管输精但不排卵；有的表现出慕雄狂，体型像公牛，经常发情，常追爬其他牛，发出如公牛一般的叫声。常见的疾病性不孕症有以下几种。

1. 卵巢静止 卵巢静止是由于卵巢机能暂时受到扰乱，处于静止状态，母牛长期不发情，卵巢的形状、大小、质地正常，但无卵泡和黄体，不出现周期性活动。这种情况常见于牛和羊。

(1) 病因 主要由于饲养管理不当，营养缺乏，造成肌体虚弱；过肥或过瘦，环境差、气候不适等引起卵巢机能减退或萎缩，另外，子宫、卵巢疾病及本身患有其他严重疾病的母牛继发此病。

(2) 临床症状 主要表现为性周期紊乱，发情周期延长或长期不发情，或发情的外部特征不明显，或有发情症状但不排卵。直肠检查时卵巢上摸不到发育和成熟卵泡。

(3) 预防的方法 加强饲养管理，合理配制日粮，供给的日粮中的蛋白质、维生素、常量元素和微量元素要符合维持、生产的需要。合理使役，防止过度劳役，但也要避免不运动。对由于疾病和其他生殖器官疾病引起的卵巢机能障碍，要对症治疗。

(4) 药物治疗的方法 药物治疗主要应用激素促进卵巢的活动。①应用促卵泡素（FSH），治疗卵巢禁止、卵泡发育停滞、卵泡交替发育和萎缩等。用法和用量：牛 100 ~ 200IU，肌肉注射，每日或隔日一次；卵巢静止时，剂量应加大至 200 ~ 300IU，隔日一次，一般连续 2 ~ 3 次，至出现发情为止。②应用绒毛膜促性腺激素（HCG），治疗卵巢禁止和卵泡萎缩，用法和用量：牛静脉注射 2 500 ~ 5 000IU 或肌注 10 000 ~ 20 000IU，必要时，间隔 1 ~ 2 天后重复注射，有个别个体在重复注射时有过敏反应，应当注意。③应用促性腺激素释放激素（GRH）类似物，治疗卵巢禁止和排卵延迟，用法和用量：肌肉注射 200~400 微克，每天 1 次，可连续 2 ~ 3 天。④应用孕马血清或全血（作用类似促卵泡素），一般为怀孕 40 天的母马血清或全血，牛第一次为 20 ~ 30 毫升，第二次为 30 ~ 40 毫升。一般在用后 2 ~ 11 天发情排卵。重复应用时有些个体会出现过敏反应。⑤应用雌性激素促使母牛发情，使母牛生殖器官的血管增生，机能增强，打破卵巢的静止状态，恢复正常的性周期。常用的有苯甲酸雌二醇、己烯雌酚及已烷雌酚。用法及用量：苯甲酸雌二醇 20 ~ 25 毫克，己烯雌酚 25 ~ 30 毫克，已烷雌酚 40 ~ 50 毫克，内服或肌肉注射。一般在用药后 2 ~ 4 天出现发情，但无卵泡发育和排卵，因此在前 1 ~ 2 个发情期不必配种或人工授精。注意不能过量或反复多次使用。

2. 持久黄体　在发情周期或分娩之后，发情周期黄体或妊娠黄体超过正常时间（25 ~ 30 天）仍不消失，黄体持续分泌孕酮，抑制卵泡发育和成熟，使发情周期停止，引起不孕，称为持久黄体。

（1）病因　其主要是由于饲料不足、成分单一、维生素和无机盐的供给不足，在舍饲养殖中缺少运动等引起的。因母牛患有子宫内膜炎、子宫积水或积脓、子宫内有死胎或肿瘤等疾病也可引起持久黄体。

（2）临床症状　性周期停止，长时间不发情，直肠检查，子宫增大，一侧或两侧卵巢增大，卵巢表面有大小不同的突出于表面的黄体，质地比卵巢实质硬，间隔一段时间再检查，检查结果和前一次一样，即可诊断为持久黄体。

(3) 预防的方法　平时加强饲养管理、改善饲养环境、合理配制日粮可使黄体消退，发情周期恢复正常，但时间比较长，主要的是要及时治疗生殖器官疾病。

(4) 药物治疗方法　①用前列腺素 5～10 毫克肌肉注射，每天注射一次，连续 2 天，待黄体消失后，再注射小剂量的绒毛膜促性腺激素，以促进卵泡成熟和排卵。②用孕马血清进行肌肉注射，每天一次，共注射 2 天。第 1 天注射 30 毫升左右，第 2 天注射 40 毫升左右。③用绒毛膜促性腺激素 1 500～3 500IU，用 25 毫升生理盐水混合后进行肌肉注射。④用胎盘组织液进行皮下注射，每次 20 毫升，隔 1～2 天注射一次，一般注射 3 次即可发情。也可采用中医疗法：用松节油 20 毫升、鱼石脂 20 毫升，混进牛奶中一次灌服，每天服一次，连服 6 天。

3. 卵巢囊肿　指卵泡细胞增大变性，形成囊肿，包括卵泡囊肿和黄体囊肿两种。

(1) 病因　主要是由于饲料中缺乏维生素 A 或日粮中含有过多的类固醇物质，或长期滥用雌激素，或者母牛本身患有卵巢炎、子宫内膜炎等生殖器官疾病。

(2) 临床症状　母牛发情不正常，发情周期短，发情期延长，有时表现出持续而强烈的发情现象，甚至成为慕雄狂，频频排尿，大声哞叫，食欲减退甚至拒食。直肠检查时常发现卵巢增大，能摸到有波动的囊肿。注意与正常的卵泡区别。一般可间隔一定时间重复检查一次，如果超过一个周期检查结果没有变化，母牛又不发情，可确诊为卵泡囊肿。

(3) 预防的方法　加强饲养管理，给以富含维生素A、矿物质和蛋白质的全价日粮，防止精料酸度过高，舍饲的牛要适当运动，合理使役，对其他生殖器官疾病，应及早合理地治疗。

(4) 治疗的方法　多采用激素疗法。绒毛膜促性腺激素（HCG）具有促黄体素的效能，对本病有较好的疗效，用法及用量：静脉注射2500～5 000单位或肌肉注射10 000～20 000单位。一般在用药后15～30天，外表症状逐渐消失，囊肿逐渐消失，正常发情和排卵。经绒毛膜促性腺激素治疗三天无效，可选用黄体酮50～100毫克，肌肉注射，每天一次，连用5～7天，总量为250～700毫克；或肾上腺皮质激素地塞米松或氟美松：10～20毫克，肌肉或静脉注射，隔日一次，连用3次；或促性腺激素释放激素（GnRH）0.25～1.5毫克，肌肉注射，效果显著。应用促黄体素（LH），肌肉注射200~400国际单位，15~30天可恢复正常发情，如果用药一周未见好转，可第二次用药，剂量比第一次稍微增大。应用促黄体素释放激素，1次静脉注射1.2毫克，或肌肉注射1.5～2毫克。

4. 子宫内膜炎　子宫内膜炎是子宫黏膜的慢性炎症，是母畜不育的主要原因之一。

(1) 病因　主要是在配种、阴道检查和助产时消毒不严，造成细菌侵入。另外，弧菌病、毛滴虫病、牛传染性鼻肺炎等传染病也是引起子宫内膜炎的原因。根据炎症性质和临床表现的不同，可分为隐性子宫内膜炎、慢性卡他性子宫内膜炎、慢性脓性子宫内膜炎、子宫积水和子宫蓄脓。

(2) 临床症状　食欲不振，弓背努责，常从阴道排出浆液性、黏液性、脓性或污红色的有腥臭味的分泌物。直肠检查时，发现子宫角变大，收缩反应弱。有子宫积水的病牛长期不发情，从阴道不定期排出棕黄色、红褐色或稀或稠的无臭液体，子宫颈完全闭锁，直肠检查时不易找到子宫颈，子宫角可增大如怀孕2个月左右的子宫或更大，但两角分叉处明显可感到。几次检查两个子宫角的大小可出现明显交替，但摸不到胎儿和小叶，卵巢上有时有黄体。当子宫内有大量脓性渗出物不能排出时，为子宫积脓。病牛除发情周期停止外，没有明显的全身症变化，如偶尔发情，可排出脓性分泌物，直检子宫显著增大，往往与怀孕2~4个月的子宫相似，个别的更大，子宫壁厚薄不一致，子宫感觉紧张，触压似稀面团状，卵巢上有持久黄体，有的还有囊肿。

(3) 预防的方法　在配种、人工授精和阴道检查时，要对器械、术者手臂和外阴部进行严格消毒；在临产和产后对阴门及其周围、产房进行消毒，保持舍内卫生清洁。

(4) 治疗的方法

①冲洗子宫　这是目前治疗子宫内膜炎的有效方法之一。在母牛发情子宫颈开张时直接从阴道插入导管冲洗，如果子宫颈封闭，可先用雌激素使子宫颈开张后，再进行冲洗；如果病牛患子宫积水或子宫积脓时，要先将子宫内存留的液体排出后再进行冲洗。对脓性子宫内膜炎，可用0.02%~0.05%的高锰酸钾、0.05%的呋喃西林、0.01%~0.05%新洁尔灭等冲洗；对隐性子宫内膜炎，可用1 000~5 000毫升的温生理盐水或1%的小苏打水冲洗子宫。每次冲洗子宫后，要向子宫内注入400万单位的青霉素50毫升稀释液。

②药物治疗　子宫内膜炎关键在于早期治疗，炎症波及子宫壁即成为子宫实质性炎症，子宫内贮留100~200毫升以上脓汁的为子宫蓄脓，治疗时除了向子宫内注入药物外，还需静脉或肌肉注射抗

菌素，也可用注射促卵泡素和垂体后叶素使子宫收缩，促进子宫排出恶脓。

③中药治疗

处方1：生地黄、熟地黄、当归、焦白术、醋香附、延胡索、五灵脂、吴芋、炙甘草、棕炭各25克，川芎15克，炒白芍、炒小茴香各30克，茯苓、赤芍各21克，共沫冲调，候温灌服。

处方2：白术、白芍、白芷、白扁豆、白糖各12克，共沫冲调，候温灌服。

第二节　流产

母畜怀孕期间因受某些因素影响使胎儿或母体的生理过程发生扰乱，或它们之间的正常关系受到破坏，而使妊娠中断，称为流产。

一、病因

1. 因细菌和病毒感染引起的传染病（布氏杆菌病、弧菌病、毛滴虫病、传染性鼻肺炎）等引起流产。

2. 大剂量的使用泻剂、利尿剂、麻醉剂或其他可引起子宫收缩的药品引起的流产。

3. 因误用激素引起的流产。在妊娠初期大量注射雌激素，或妊娠5个月后注射肾上腺皮质激素可导致数月内流产。

4. 维生素A不足时易发生流产，应在饲料中补加含维生素A、维生素D的饲料。

5. 妊娠中发生胃肠臌胀、急性痢疾、子宫捻转等疾病时往往继发流产。

6. 因管理不善使怀孕牛摔倒或被其他牛抵撞及挤压、跳跃、惊吓、鞭打等都能造成流产。

7. 误认为没有怀孕，再次进行人工授精或冲洗子宫时也会导致流产。

二、类型

根据流产发生的时期、母体的表现不同，临床上把流产分为隐性流产（即胚胎早期死亡）、早产（即排出不足月的活胎儿，一般早产一个月以上很难成活）、死产（即提前排出未经变化的死亡胎儿）和延期流产。

三、临床症状

较明显的临床症状主要是由阴道流出透明或半透明的胶冻样黏液，偶尔混有血液。少数牛有不安表现，呼吸粗，脉搏增快。

四、预防的方法

平时加强母牛的饲养管理，日粮营养全面，防止挤压、碰撞、跌倒，有病时及早治疗，用药时要谨慎。发生流产时，要查明原因，采取有效的预防措施。

五、治疗方法

对临床上出现先兆性流产的母牛，可肌肉注射黄体酮孕酮 50~100 毫克，每日一次或隔日一次，连用 2 ~ 3 天。中医上选用补气、养血、固肾、清热、安胎的药物进行治疗。可选用的方剂为白术安胎散：炒白术 30 克、当归 30 克、砂仁 18 克、川芎 18 克、熟地 18 克、阿胶 25 克、党参 18 克、陈皮 25 克、苏叶 25 克、黄芩 25 克、甘草 10 克、生姜 15 克；泰山磐石散：党参 60 克、黄芪 30 克、白术 30 克、当归 20 克、白芍 18 克、熟地 25 克、续断 30 克、桑寄生 25 克、阿胶 30 克、杜仲 25 克、菟丝子 30 克、补骨脂 30 克、黄芩 30 克、乌贼骨 30 克。如果胎儿已死但尚未排出的，要采取措施及时排出死胎。

第三节　胎衣不下

胎衣不下是指母牛分娩后，8～12 小时胎衣仍不能排出的疾病。

一、病因

主要是在妊娠期间营养和运动不足，孕牛消瘦、过肥等使子宫弛缓；或者由于难产等使母体及子宫过度疲劳，引起胎衣不下；或者由于炎症使胎衣和子宫黏连等原因，使母子胎盘发生黏连，导致胎衣不下。

二、类型

胎衣不下有全部胎衣不下和部分胎衣不下两种情况。全部胎衣不下是整个胎衣未排出，只有一些胎膜垂挂在阴门外。部分胎衣不下是指大部分胎衣已经排出，只有一小部分残留在子宫内，从外部不易被发现，如果恶露排出的时间延长，且有胎衣碎片，恶臭，从阴门可看到下垂的呈带状的胎膜，说明胎衣没有全部排出。

胎衣残留于子宫内的时间一般在 1～2 天，对母体影响不大，但在子宫内残留的时间过长，就会腐败融解，融解的产物在子宫被吸收后可引起中毒。

三、临床症状

表现为食欲减退、发热，并导致子宫恢复不良和子宫内膜炎。一般产后 12 小时仍胎衣不下的，要进行药物治疗，如药物治疗无效，就要进行手术剥离。

四、药物治疗的方法

肌肉注射催产素 50~100U，2 小时后重复注射一次。因早产或流产引起胎衣不下的，可肌肉注射已烯雌酚 50~200 毫克；如果因难产造成子宫弛缓引起胎衣不下的，可肌肉注射麦角新碱注射液 5~15毫克；体质良好的母牛可在子宫内注入 10%的盐水 1 000 ~ 1 500 毫升；也可用中药治疗。

五、手术剥离

药物治疗无效，就应进行手术。手术必须在分娩后 24 小时进行，一般在 36 ~ 48 小时以后容易剥离。进行手术时，先要将病畜站立保定，用温水灌肠，排尽直肠内的粪便，把尾巴拉向一侧，用 0.1%的高锰酸钾溶液清洗阴门、后躯及外露的胎衣，术者手臂消毒，涂上润滑物，用左手把露出的胎衣拧成绳索状并拉紧，右手顺着胎衣伸进子宫，注意不要伤害子宫阜，要像剥子宫皮一样仔细地从子宫口部一直剥离到子宫角，剥离后要将胎衣完整牵出，用手掌将污液弄出来，或从直肠按摩子宫体将污物排出来。之后向子宫内注入青霉素 400 万单位 100 毫升稀释液，防止感染。胎衣除去 1 周内流出大量恶露，20 天后再用生理盐水冲洗子宫，这样可保证健康再次受孕。

第四节　阴道和子宫脱出

在怀孕后期或产后，出现阴道壁的一部分或全部突出于阴门外的现象，称为阴道脱出。在分娩后，出现子宫一部分翻转形成套叠或子宫全部翻转脱出于阴门外的现象，称为子宫脱出。

一、病因

阴道和子宫脱出主要是因胎儿过大、胎水过多引起支持子宫的韧带弛缓、腹压增大致使子宫脱出。另外过于强烈的阵痛、难产、助产时产道干燥而迅速拽拉胎儿、胎衣不下时强拉胎衣都可引起阴道脱出或子宫脱出。

二、临床症状

一般阴道脱出时病牛多表现出不安、拱背和作排尿排粪的姿势，在病牛卧下时可见阴门外有形如拳头大小的红色或暗红色的半球状阴道壁。阴道全部脱出时可见阴门外突出一排不能自行缩回的囊状物，脱出的阴道初成粉红色，慢慢因淤血而呈紫红色，如不及时治疗，会发生水肿、损伤、炎症甚至坏死。母牛在产后不久，个别会发生子宫翻转从阴门脱出。此时母牛表现出不安、努责、举尾等症状，脱出的子宫下垂到跗关节上方，成椭圆形的袋状物，其末端有时分两支，有两个大小不同的凹陷；脱出的子宫黏膜呈暗红色，表面可见宫阜，脱出初时是鲜红色或紫红色，随着时间延长，淤血增大，表面干燥破裂，造成损伤甚至糜烂。

三、预防的方法

平时加强饲养管理，日粮营养全面足量，加强运动，尤其是在北方，大范围推广暖棚舍饲养牛，母牛运动量小，很易发生难产，出现阴道或子宫脱出现象。

四、治疗方法

阴道部分脱出的牛，要拴在前低后高的牛舍内，尽量少卧，内服强壮剂和钙剂。强壮剂如姜酊，每次内服80毫升，每天3次，连用3天；钙剂如乳酸钙，每天分3次，每次80克混拌于饲料中饲喂，即可自行收回。如不能收回的，要进行轻度的麻醉，用0.1%的高锰酸钾、0.05%~0.1%的新洁尔灭或呋喃西林等冲洗脱出的阴道；如有坏死的组织要除去，对较大的伤口要缝合，涂以龙胆紫、青霉素等；出现水肿的，可用毛巾浸以2%明矾水冷敷并适当压迫20分钟左右，必要时用针刺水肿部位，挤压排液，涂以过氧化氢。整复时先用消过毒的纱布将脱出的阴道托起，在母牛不努责时用手将脱出的阴道向阴门内推送，全部推入阴门后，用拳头将阴道壁推回原位，然后向阴道内注入消炎药物或在阴门两旁注入抗生素。整复后要防止再脱。

子宫脱出后，可用干净的消毒的纱布将脱出的子宫包住，用绳子向上抬起。让牛站在前低后高的地方，把子宫托起高于阴门，再从阴门周围顺序将子宫推入阴门内，最后用拳头顶住尖端，一下送入阴门。手在子宫内停留10分钟左右，待子宫渐渐变温暖且有收缩性再将手慢慢收回。整复后病牛要使牛床前低后高，避免再次脱出。整复时如觉得有可能再次脱出时，可在子宫内放入一个瓶子，瓶颈外露向前用绳子固定，根据情况1~2天后取出，也可在阴门周围进行缝合术。

第五章 肉牛的饲料及营养需要

第一节 肉牛的饲料

肉牛为了维持正常的生理活动，满足生长、繁殖、生产等需要，必须不断地从外界获取营养物质。饲料是肉牛营养物质的来源，肉牛一般生理活动和生长发育、繁殖、育肥、泌乳所需的养分都来自于饲料。按照饲料的营养特性，可将肉牛饲料分为七类，即粗饲料、青绿饲料、青贮饲料、能量饲料、蛋白质饲料、矿物质饲料、饲料添加剂。

一、粗饲料

饲料干物质中粗纤维含量在18%以上的饲料称为粗饲料。这类饲料体积大，粗纤维含量高，可利用养分少，多以风干物的形式饲喂。在我国，规模化养牛发展水平较低，养牛仍以千家万户的分散饲养形式为主，以小麦、玉米等农作物秸秆为主要粗饲料仍然是养牛的主要饲料来源。粗饲料的种类较多，主要有作物秸秆和秕壳、干草及其他农业副产品。

（一）作物秸秆

秸秆主要指农作物籽实收获后的茎秆和残存的枯叶部分，主要分为禾本科和豆科两大类。禾本科主要包括稻草、麦草、玉米秸、高粱和谷草等，豆科类主要包括蚕豆秸、豌豆秸等。这类饲料的营养特点是：①粗纤维含量极高，占干物质的31%～45%，其中的木质素与硝酸盐含量高，因此适口性差，消化率低。②粗蛋白的含量一般也很低，豆科秸秆较禾本科的含量稍高一点。③矿物质含量较高，但其中大部分是硅酸盐，对动物有营养作用的钙、磷的含量却很低。④维生素的含量很少，只含有很少量的维生素D_2。⑤粗脂肪的含量亦很少，一般在1%～2%。⑥家畜对饲料中有机物的消化率低，牛的消化率在50%左右，每千克的消化能在1.8～2.5兆卡之间。

秸秆饲料的营养价值虽然较低，但对养牛来说仍然是很重要的粗饲料，因为这类饲料中所含的热能还可以起到维持饲养作用，同时有较大的容积，正好与牛的消化器官相适应，如果牛的饲料中没有大容积的饲料配合在日粮中，反而易生疾病。秸秆类饲料经过适当加工调制，可改变原来的体积和理化性质，便于家畜采食，提高适口性，改善消化性，提高营养价值。

（二）秕壳类

秕壳是指农作物在收获脱粒时，除分出秸秆外还分离出很多包被籽实的颖壳、荚皮、碎叶等。一般秕壳的营养价值略高于同一作物的秸秆，但它常常沾有很多尘土异物，会妨碍动物的消化引起便秘。秕壳类饲料经过适当处理（如碱化、氨化、高压蒸煮或膨胀软化）可按日粮干物质的10%比例饲喂牛。

（三）干草

干草指青草或其他青绿饲料作物在未结籽实以前刈割下来，经过晒干或其他方法干制而成的饲料。调制干草的目的，主要是为了保存青绿饲料的营养成分，便于随时取用，以代替青绿饲料，同时青绿饲料生产季节集中，产量大，在生产季节产大于需，将剩余部分调制成干草，能有效解决家畜冬季饲草短缺的问题。青饲料在晒制成干草的过程中，多数养分比青贮有较多的损失。青干草的粗纤维含量一般较高，为25%~35%，能量为玉米的30%~50%，粗蛋白含量禾本科为7%~10%、豆科为12%~20%。

二、青绿饲料

天然水分含量在60%以上的新鲜饲料以及以放牧形式采食的人工种植牧草、草原牧草等，主要包括天然牧草、人工栽培牧草、蔬菜类、青绿作物茎叶、根茎类及水生植物类，其来源广，产量高，消化率高，多汁柔软，适口性好，是肉牛的重要饲料资源。青绿饲料的营养特性为含水量多，为60%~80%；蛋白质含量较高，一般禾本科牧草与蔬菜类饲料的粗蛋白质含量在1.5%~3.0%之间，豆科青饲料的在3.2%~3.4%之间。如果按干物质计算，前者粗蛋白质含量可达13%~15%，后者可达18%~24%；维生素含量高，能为肉牛提供丰富的维生素B族和维生素C、K、E，特别是胡萝卜素在青饲料中的含量每千克可达50~80毫克，但缺乏维生素B_6和维生素D；含有矿物质，钙、磷丰富，比例适宜，特别是豆科牧草钙的含量较高。因此，一般情况下，以青绿饲料为主食的牛不易表现缺钙。

青绿饲料的营养价值受土壤、地肥、植物生长阶段、气候、生长条件等的影响较大，幼嫩的青绿饲料粗纤维含量少，蛋白质含量高，因此青绿饲料要做到适时刈割。一般人工栽培的牧草要在抽穗期和初花期收割。青绿饲料的利用方式主要有放牧和刈割饲用两种。刈割饲用时要新鲜利用，避免堆贮。因为堆贮的青饲料中由于植物细胞的呼吸及微生物的分解作用造成其中含有的硝酸盐还原成亚硝酸盐，易引起肉牛中毒。幼嫩的高粱、玉米、苏丹草等禾本科青绿饲料作物，在胃内被分解放出具有强烈毒性的氰氢酸，进入血液后能使神经中枢麻痹，使家畜中毒死亡。一般在饲喂前要先经晒干或青贮，以防中毒。甜菜叶含有较多的草酸盐，大量饲用时能引起结石，使尿道堵塞、血钙降低，消化机能紊乱等。

三、青贮饲料

青贮饲料指以封埋的方法把新鲜的青绿饲料保存起来而制成的一种饲料，它包括新鲜饲料的一般青贮，也包括外加营养物质或防腐剂等特殊青贮及使饲料水分降低的半干青贮。青贮是保存青绿饲料的一种很好的方法，它不仅能很好的保存青绿饲料的营养特性，减少养分损失，达到长期贮存青绿饲料的目的，而且是保证全年饲料均衡供应的重要途径。经青贮加工的青绿饲料具有特殊气味，营养丰富，耐贮藏。

四、能量饲料

能量饲料是指干物质中粗纤维含量低于 18%，粗蛋白质含量小于 20%的饲料，主要包括谷实类、糠麸类、块根块茎类、粉渣类等。

（一）谷实类饲料

谷实类饲料主要有玉米、高粱、大麦、燕麦、小麦、稻谷等。这类饲料富含无氮浸出物，占干物质的 71%～80%；粗蛋白质含量较低，占干物质的 8.9%～13.5%，缺乏赖氨酸、蛋氨酸、色氨酸；含有一定数量的粗脂肪，维生素含量不稳定；含钙低，含磷高，一般谷类饲料含钙低于 0.1%，含磷 0.31%～0.45%；消化能值高，每千克能产生消化能12.5兆焦以上，是牛补充热能的主要来源。

（二）糠麸类饲料

糠麸类饲料是谷物加工作副产品，主要有稻糠、麦麸。这类饲料同原粮相比，除无氮浸出物含量较少以外，其他各种养分含量都很高，含钙少，含磷多，富含维生素B族，其质地疏松，有轻泻性，有利于胃肠蠕动。

（三）块根块茎类饲料

块根块茎类饲料主要有胡萝卜、饲用甜菜、马铃薯、南瓜等。这类饲料含水分很高，在70%~90%；粗纤维含量较低，一般在2.6%~12%；无氮浸出物含量高，在80%以上；粗蛋白质含量较低，在3.3%~4.5%之间。含水量高，不易贮存。

（四）粉渣类饲料

粉渣类饲料主要是用甘薯、马铃薯、谷类等原料制作淀粉后的副产物，其养分主要是残留的淀粉和粗纤维。这类饲料含水量高，不易保存，一般新鲜时利用；一般谷类的粉渣干物质中粗蛋白质含量14%~20%，薯类的粗蛋白质含量低；钙和维生素缺乏；适口性好，如果与蛋白质饲料配合饲喂，再添加维生素、矿物质就是喂牛的好饲料。

五、蛋白质饲料

蛋白质饲料是指干物质中粗纤维含量在18%以下，粗蛋白含量在20%以上的饲料，主要包括植物性蛋白质饲料、动物性蛋白质饲料、单细胞蛋白质饲料和非蛋白氮饲料。

（一）植物性蛋白质饲料

植物性蛋白质饲料主要有豆科籽实及有些谷实的加工副产品、

各种油料籽实及它们的加工副产品。豆科籽实主要包括大豆、蚕豆、豌豆等；谷实的加工副产品主要包括玉米面筋、各种酒糟；油料类的加工副产品主要有胡麻饼、豆饼、菜籽饼、棉籽饼等。

籽实类蛋白饲料中粗蛋白质含量丰富，20%～40%，无氮浸出物较谷实类低，为28%～62%；其所含矿物质和维生素与谷实类大致相似，钙磷比例平衡，其中的豆类饲料在生的状态下有一些不良的物质，影响其适口性、消化性及动物的一些生理过程，但这些不良的物质一般经过热处理后便失去作用，所以在生产中常熟喂。

饼、粕类饲料是喂牛不可少的蛋白质饲料，其营养价值因其种类、含壳量和加工工艺不同而变化很大。大豆饼的营养价值很高，消化率也高，主要作为猪、鸡的饲料使用，在养牛生产中为降低饲料成本而用量少。棉籽饼中含有棉酚，其毒性很强，在日粮中的用量不超过7%，一般常用硫酸亚铁脱毒后喂牛。菜籽饼味辛辣，适口性差，其含有一种芥酸物质，在体内受芥子水解酶的作用，形成异硫氰酸盐等有毒素物质，能引起肉牛中毒，一般在脱毒后饲喂。花生粕有甜香味，适口性好，但是它会使肉牛机体脂肪变软，影响牛肉品质，一般不多用。胡麻饼可以作为蛋白质补充料，但是其也可以使牛的脂肪变软，影响产品品质，一般将胡麻饼和其他蛋白质饲料混合饲喂，以补充部分赖氨酸等养分的不足。

酒糟是谷实、薯类经发酵酿酒后的剩余物，含有丰富的粗蛋白质、粗脂肪、维生素，适口性好，是肉牛的好饲料。豆腐渣是用大豆生产豆制品时的副产品，易酸败，一般鲜喂，不易多，以免拉稀。

（二）动物性蛋白质饲料

动物性蛋白质饲料包括水产副产品和畜禽副产品等。水副产品中水产加工副产品，尤其是鱼类加工副产品，主要是鱼粉，粗蛋白质含量为55%～75%，并含有全部的氨基酸，是家畜最好的蛋白质饲料；畜禽副产品主要是畜禽屠宰副产品、待屠死畜、卫生检验不合格但可以加工饲用的动物躯体及不适宜作为人类商品的动物性食品，主要有肉骨粉、血粉、羽毛粉。其共同的特点是蛋白质含量高(55%～84%，乳品和骨肉粉的较低)，品质也好，所含氨基酸齐全，比例较合适；其碳水化合物含量极少，粗纤维含量几乎是零，粗脂肪含量高，钙磷的含量也很高，维生素B族，特别是B_{12}和核黄素的含量特别高。使用动物性蛋白质饲料时应注意：一是其脂肪含量高，易氧化腐败；二是易被细菌污染；三是成本较高，在配制日粮时要注意用量。

(三) 单细胞蛋白质饲料

单细胞蛋白质饲料主要指一些微生物或单细胞藻类，如酵母、海藻和真菌等。

(四) 非蛋白氮

尿素、氯化糖蜜、氨化甜菜渣、氨化棉籽饼等都是非蛋白氮的来源，在配合饲料时所使用的非蛋白氮一般是尿素。

尿素[$CO(NH_2)_3$]是人工合成的有机化合物，含氮46%左右，一般为白色颗粒状，易溶于水。牛可利用尿素等非蛋白氮作为蛋白质的来源。非蛋白氮在牛的消化道内可转变成菌体蛋白，在消化酶的作用下被消化利用。实践证明，1千克含氮量46%的尿素等于6.8千克含粗蛋白质42.2%的豆饼。饲喂时，日粮中尿素的含量不能超过其干物质的1%，不得超过所需可消化蛋白质的15%～20%，每头的总量不得超过100克。尿素饲喂牛的常用方法：①直接拌入饲料中饲喂，可把尿素均匀拌入精料或粗饲料中饲喂；②添加到青贮料中，即在制作青贮饲料时，按青贮原料湿重的0.5%添加，如每吨青贮原料干物质为35%时，每吨添加2.5千克尿素；③制作尿素舔砖，供牛舔食。

在用添加尿素的日粮饲喂肉牛时要防止尿素中毒。如果尿素混拌不均匀，配比失误，饮水不当（喂后半小时再饮水，饮水量不能过少），饲喂的粗饲料质量太差，都可能引起尿素中毒。如果尿素饲喂过量，会在牛瘤胃内形成大量的游离氨，由于瘤胃液的pH值增大，致使氨通过瘤胃壁进入血液，当所吸收的氨的数量超过肝脏把氨转化为尿的能力，则氨在血液中的含量提高，当血氨水平达到中毒浓度（1毫克/100毫升）便出现中毒症状，出现呼吸急促，肌肉震颤，出汗不止，动作失调，严重时口吐白沫。这些症状一般在饲喂后15~40分钟内出现，如不及时治疗，0.5~2.5小时死亡。出现肉牛尿素中毒最常用的治疗方法：①灌服20~40升水，使瘤胃内的温度下降，抑制尿素的溶解，使氨的浓度下降；②可灌服4升稀释的醋酸，中和瘤胃液；③如果是成年牛，可灌服4~5升酸奶或0.5~2.0升的0.5%的食醋，或者同一浓度的醋酸；④喂1~1.5升含20%~30%糖浆的溶液；⑤喂1~1.5升的10%的醋酸钠和葡萄糖混合液。

六、矿物质饲料

指可供饲用的天然矿物质或化工合成的无机盐类，包括常量矿物质饲料和微量矿物质饲料。

（一）常量矿物质饲料

1. 食盐　食盐在动物体内能保持生理上的平衡，促进唾液分泌和消化酶的活动，帮助消化，还可提高饲料的适口性，增强食欲，还具有调味的作用。肉牛日粮中如果缺乏食盐，会造成饲料利用率降低，肉牛被毛粗乱，生长缓慢，啃泥舔砖。一般植物性饲料中含钾丰富，氯和钠的含量极少，需要补饲食盐，满足营养需要。补饲食盐的方法很多，主要是在日粮中按 0.25%～0.5%的比例（指干饲料）碾碎拌匀或制成盐砖由肉牛舔食。但在补喂时一定要保证肉牛充足的饮水，以便及时调解体内盐的浓度。

2. 钙补充料　指含有大量钙的一些物质，用于饲料称为钙的补充料。它们大部分以碳酸钙为主要成分。一般青饲料、粗饲料所含矿物质比较平衡，钙的含量较多，基本能满足肉牛的营养需要，而精饲料的含钙量较少，需要补充。钙补充料主要是骨粉、石粉、贝壳粉及其沉淀产物。石粉主要是指石灰石粉，它是天然的碳酸钙，含纯钙 35%以上，是补充钙最便宜、最方便的矿物质原料。贝壳粉是蚌壳、牡蛎壳、蛤蜊壳等。

3. 磷补充料饲料　多指磷酸盐类，主要有磷酸二氢钠、磷酸氢二钠、磷酸氢钙、过磷酸钙等。

钙、磷平衡的矿物质饲料在畜禽日粮中常常出现钙、磷同时不足的情况，需要补充钙与磷平衡的饲料。这类饲料主要有煮骨粉、蒸骨粉、骨制沉淀磷酸钙等。

（二）微量矿物质饲料

微量矿物质饲料主要指含钴、铜、碘、铁、锰、硒、锌等微量元素的饲料。常用的含钴饲料主要有醋酸钴、碳酸钴、硫酸钴等，普遍应用的是一水硫酸钴；含铜饲料主要有碳酸铜、氧化铜、硫酸铜等，应用普遍的是硫酸铜，因为它不仅生物学价值高，而且还具有类似抗菌素的作用，饲用效果好；含碘饲料主要有碘化钾、碘化钠、碘酸钠、碘酸钙等；含铁饲料主要有硫酸亚铁、碳酸铁、氯化铁、柠檬酸铁等；含锰饲料主要有碳酸锰、氧化锰、硫酸锰等；含硒饲料主要以硒酸钠或亚硒酸钠的形式添加，但亚硒酸钠是一种危险毒品，必须有专业人员配合处理，在配合饲料中一定要均匀；含锌的饲料主要有氧化锌、碳酸锌、硫酸锌等。

七、饲料添加剂

为保证或改善饲料品质，防止饲料质量下降，促进动物生长繁殖，保障动物健康而在饲料中加入的少量或微量物质，被称为饲料添加剂。这些物质一般有两类，一类是营养性物质，如氨基酸、矿物质和维生素；一类是非营养性物质，如抗生素、激素、化学药物等，但合成氨基酸、维生素不包括在内。

饲料添加剂在日粮中的份量微乎其微，一般以毫克/千克为单位进行计量，但使用效果显著。按照用途，可将饲料添加剂分为营养添加剂、生长促进添加剂、饲料保护添加剂、食欲增进添加剂。正确、合理的使用饲料添加剂，可以大幅度地提高产品质量。

（一）营养添加剂

营养添加剂主要是用来平衡畜禽日粮的营养，添加的品种和数量取决于基础日粮的状况和畜禽的营养状况。主要有氨基酸添加剂、矿物质添加剂、维生素添加剂。

（二）生长促进添加剂

属于非营养性添加剂，主要作用是刺激动物生长，提高饲料利用率。主要有抗菌素、激素、有机砷制剂、铜制剂等。

（三）饲料保护添加剂

是为饲料在贮存期间质量不受影响而添加的一种保护物质，主要有抗氧化剂和防霉剂。常用的抗氧化剂有丁羟甲苯、丁羟甲氧基苯和乙氧基喹啉；常用的防霉剂主要有丙酸、丙酸钙和丙酸胺等。

（四）食欲增进添加剂

指在饲料中添加的带有甜味的能刺激畜禽的味觉感受器、增进食欲、增加采食量的物质，主要有柠檬油酪酸、乳酸丁酯等香料及槟榔子、芥子、茴香油等开胃剂。

第二节 肉牛的营养需要

肉牛的营养需要是指维持肉牛生长、繁殖和产肉等所需的营养物质数量，一般指每头每天需要的能量、蛋白质、矿物质、维生素等营养指标的数量。

一、能量需要

肉牛的能量来源于碳水化合物、脂肪和蛋白质三大类营养物质，可分为维持和生产两部分的需要。

（一）维持能量需要

维持能量需要是指在保证牛体重不发生变化，且维持牛正常生命活动所需的能量。肉牛的维持需要受体重、运动量及气候条件的影响。按照我国肉牛饲养标准，推荐的维持净能需要量为 NEm（兆焦）＝0.322W0.75。这个标准是中立温度、舍饲养殖和无应激环境条件下的适用标准。不同的环境条件下所需的维持需要不同：如果温度低于12℃，每下降1℃需增加维持能量1%。另外，因性能、品种、年龄不同，肉牛的维持需要也有差异，差异范围可达3%～14%(NRC,1984)。

（二）生产能量需要

肉牛的生产能量需要主要指增重的能量需要，一般用增重净能表示。肉牛增重净能因不同生长阶段沉积能量的多少而不同，按我国 1992 年肉牛饲养标准，生长肥育牛的增重净能的计算公式为：

增重净能（MJ）= 日增重 ×（2092+25.1 × 体重）/（1 ~ 0.3 × 日增重）

对生长母牛，在上式计算基础上增加 10%。

（三）综合净能的需要

我国肉牛的能量体系，是将维持净能和增重净能统一为综合净能，用肉牛能量单位表示（以 1 千克中等玉米所含的综合净能值 8.08 兆焦为一个肉牛能量单位，缩写成 RND）。肉牛综合净能的需要是维持净能需要和增重净能需要的总和。例如：一头体重 300 千克的肉牛的综合净能为 33.34 兆焦，即 33.34 / 8.08 = 4.13RND。

二、蛋白质需要

蛋白质主要是由碳、氢、氧、氮 4 种元素组成的，是生命的重要物质基础。它是三大营养物质中唯一能提供氮素的物质，可分为维持和增重两方面的需要。

（一）维持蛋白需要

维持蛋白需要是指维持生命活动所需的蛋白质，主要包括内源尿氮和代谢粪氮及体表损失。推荐的维持粗蛋白质需要计算方法：

维持的粗蛋白质需要（克）=5.5W0.75（千克）

（二）增重的蛋白质需要

增重的蛋白质需要量是根据增重中的蛋白质沉积量而确定，犊牛和生长牛的增重蛋白质需要不同。

犊牛增重的蛋白质需要（克）= △W ×（170.22–0.173W +0.000178W2）×（1.12–0.1259△W）

生长牛增重的蛋白质需要（克）$=\Delta W \times (168.07-0.16869W+0.0001633W^2) \times (1.12-0.1223\Delta W)$

ΔW 为日增重（千克/日），W 为体重。

三、矿物质需要

肉牛生长所必需的矿物质有 20 多种，分为常量元素和微量元素两类。常量元素有钙、磷、钠、氯、钾、镁、硫，这类元素在动物体内含量大于 0.01%；微量元素有铁、铜、钴、锌、锰、硒、钼、氟等，这类元素在动物体内的含量小于 0.01%。矿物质元素是牛维持生长、繁殖、泌乳、育肥不可缺少的营养物质。

(一) 钙和磷

钙和磷主要存在于牛体内的骨骼中，是牛体内含量最多的无机元素。日粮中钙与磷的比例不当会影响肉牛的生产性能及钙磷的吸收，理想的钙磷存在比例是 2∶1。

钙是细胞和组织液的重要组成部分，有维持肌肉及神经正常生理、在血液中促进血液凝固的作用。磷是磷脂、核酸、磷蛋白的组成成分，参与糖代谢和生物氧化过程，形成含高能磷酸的化合物，维持体内的酸碱平衡。如果日粮中长期缺乏钙，会造成幼牛生长停滞，发生佝偻病；成年牛会骨骼柔软、麻痹跛行、关节僵硬，易发生骨折；导致母牛难产，胎衣不下和子宫脱出。如果日粮中长期缺乏磷，会造成牛食欲下降，增重缓慢，饲料利用率低，以吃草为主的牛缺乏磷会出现异食癖，临床表现为啃骨头、木头、砖块和毛皮等东西；会导致母牛发情无规律性、乏情、卵巢萎缩、卵巢囊肿，受胎率低，有的发生流产，生产的牛犊生活力弱。典型的钙磷缺乏症是佝偻病、骨疏松症和产后瘫痪。

因供给的饲料的种类不同，需补给的钙磷数量也不同。谷实类及糠麸类的饲料中含钙量低，而含磷量丰富，在育肥后期如喂给大量的谷实及糠麸类饲料作为育肥牛的饲料，就会引起钙的不足。冬季在农村，因豆科牧草的缺乏，养殖户多以玉米秸秆、小麦秸秆作为肉牛粗饲料的来源，很容易造成钙缺乏，必须补充钙。以青贮、稻草为主要饲料的则容易引起磷的不足。但是如果日粮中钙磷比例过高，也会引起不良后果，高钙日粮会因元素间的拮抗而影响锌、锰、铜等元素的吸收，影响瘤胃微生物的活动而降低日粮中有机物的消化率；高磷日粮会引起母牛卵巢肿大，配种期延长，受胎率下降。肉牛对钙、磷的最大耐受力分别是 2.0%、1.0%。

肉牛的钙需要量（克/d）=［0.0154×W（千克）+0.071×日增重的蛋白质（克）+1.23×日产奶量（千克）+0.0137×日胎儿生长（克）］/0.5

肉牛的磷需要量（克/d）=［0.0280×W（千克）+0.039×日增重的蛋白质（克）+0.95×日产奶量（千克）+0.0076×日胎儿生长（克）］/0.85

（二）钠和氯

钠和氯主要存在于肉牛体液内，对维持体内酸碱平衡、细胞及血液间渗透压、保证体内水分的正常代谢、调节肌肉和神经的活动有重大作用。一般以饲喂食盐来满足钠和氯的需要。如果缺乏钠和氯，肉牛会出现食欲下降、生长缓慢、皮毛粗糙、系列机能降低的病症，有的会出现异食癖。每头牛每天需要 2～3 克钠和氯，日粮中食盐的添加量占干物质的 0.3%即可满足肉牛需要。

（三）镁

镁是碳水化合物和脂肪代谢中一系列酶的激活剂，很多酶系统需要镁才能活化，它在神经肌肉的兴奋传导中起重要作用，影响神经、肌肉的兴奋性。日粮中缺乏时肉牛会出现食欲丧失、贫血、体弱、消瘦、兴奋和运动失调等症状，如不及时治疗，会造成肉牛死亡。肉牛对镁的需要量占日粮干物质的 0.16%，如日粮中镁的含量超过 0.4%时就会出现镁中毒。

（四）硫

硫是肉牛瘤胃正常功能所必需的矿物质元素，它在瘤胃微生物的促进下，参与胱氨酸、半胱氨酸和蛋氨酸的合成。肉牛对硫的需要量约占日粮的 0.16%，肉牛缺硫时表现出消瘦，角、蹄、爪、毛生长缓慢，对粗纤维的消化率下降，因此用尿素或氨化饲料喂牛，日粮中要经常补硫，每 100 克尿素补硫 3 克，一般不需要补硫。

（五）钾

钾具有维持细胞内渗透压、调节体内酸碱平衡的作用，对神经、肌肉的兴奋性有重要作用，在红细胞中含量最多。日粮中缺钾时肉牛会出现食欲减退、饲料利用率下降、生长发育缓慢等病症；钾过量时，会降低镁的吸收率，饲用大量施钾肥的牧草会引起肉牛低镁性“痉挛”。日粮中钾的适宜含量为 0.65%，最高耐受量为日粮干物质的 3%。一般肉牛日粮中不需要补充钾，也不会出现钾中毒，但在饲喂高精料日粮时有可能缺钾。

（六）铁

铁是血红蛋白和许多酶的重要组成成分，参与体内氧的运输和细胞呼吸。日粮中缺铁时，最典型的症状是贫血，表现为食欲减退，生长慢，可视黏膜变白，抗病力弱，舌乳头萎缩，犊牛对缺铁比成年牛敏感，缺铁时食欲减退，毛色粗糙，轻度腹泻。一般饲料中的铁能满足肉牛的营养需要，但对只喂奶的犊牛要补铁，避免发生缺铁性贫血，补铁的方法和剂量为：在1～2月龄时在日粮中每天补充铁30毫克，或在初生或2月龄时肌注500毫克铁。肉牛日粮中适宜的含铁量为每公斤饲料中含铁80毫克以上，最大的耐受量为每公斤饲料中含1000毫克。

（七）钴

钴的主要作用是作为维生素B_{12}的成分，是一种抗贫血因子。肉牛瘤胃中的微生物可利用饲料中的钴合成维生素B_{12}，因此可以说，肉牛对钴的需要实际上是瘤胃微生物对钴的需要。肉牛缺钴时表现为食欲差、贫血，生长慢，逐渐消瘦，异食癖等症状，严重的造成死亡。钴对肉牛的繁殖机能也有影响，缺钴时受胎率明显降低。肉牛对钴的需要量为每公斤饲料干物质中含钴0.07～0.1毫克，过量会引起中毒。如果缺钴，可直接给肉牛注射维生素B_{12}，也可在日粮中补充钴。

（八）铜

铜是金属酶的组成部分，直接参与动物体内代谢；在血红素和红细胞的形成过程中具有催化作用，缺铜会发生贫血症；参与骨骼的形成。肉牛缺铜主要表现为脱毛，出现贫血，骨骼畸形，腹泻，母牛繁殖性能下降。肉牛对铜的最大耐受量为每千克日粮干物质100毫克。为防止缺铜，可按日粮干物质4毫克/千克添加，已出现缺铜症时，可每天喂0.3克硫酸铜进行治疗10天左右。

（九）硒

硒的作用是参与谷胱甘肽酶的组成，有保证肠道脂肪酶活性，促进脂类及其脂溶性物质消化吸收的作用。缺硒对母牛的繁殖性能影响较大，主要表现在胎衣不下，犊牛死亡率高。硒是剧毒元素，肉牛的适宜量为每公斤日粮0.1毫克，每公斤日粮干物质中含硒超过5毫克就可引起中毒。

（十）锰

锰是碳水化合物、脂类、蛋白质和胆固醇代谢中的酶活化因子或组成部分。肉牛缺锰时采食量下降，生长缓慢，骨骼发育异常，犊牛的关节变大，腿弯曲。缺锰对肉牛的繁殖性能也有较大的影响，公牛缺锰时精子异常，母牛缺锰时排卵不规律，受胎率低。肉牛对锰的最大耐受量是1 000毫克/千克，适宜量为母牛和公牛40毫克/千克日粮，育肥牛为2 040毫克/千克日粮。肉牛缺锰时可在日粮中添加氧化锰、硫酸锰、碳酸锰来补充。

（十一）碘

碘的主要作用是参与甲状腺的组成和机体代谢，维持体内热平衡，调控肉牛繁殖、生长、发育和红细胞的生成、血液循环等。肉牛缺碘会造成甲状腺肿大，生长受阻，繁殖性能受影响。母牛表现为发情无规律，甚至不育；公牛精液品质降低。肉牛对碘的最大耐受量是50毫克/千克，适宜量为0.2 ~ 2.0毫克/千克，缺乏时可在日粮中添加碘化食盐来补充。

（十二）锌

锌的主要作用是参与体内酶的组成，维持上皮细胞和皮毛的正常形态、生长和健康及激素的正常作用。肉牛缺锌时出现食欲低，生长受阻，生产性能下降，皮肤溃破，被毛脱落，母牛的繁殖性能降低，公畜的生殖器官发育不良等症状。育肥牛缺锌时表现为生长缓慢，没有其他特殊症状。肉牛对锌的最大耐受量为500毫克/千克，适宜量为30毫克/千克。

四、维生素的需要

肉牛瘤胃的微生物能够合成机体所需的部分维生素。肉牛缺乏维生素时一般没有明显的临床症状，但是会影响肉牛的生长速度。肉牛对维生素的需要主要有以下几种。

（一）维生素A

维生素A是肉牛日粮中最易缺乏的维生素，尤其在育肥时给牛喂高精日粮时容易出现维生素A缺乏症，主要表现症状为采食量下降，生长速度减慢，皮肤粗糙，严重缺乏时会出现夜盲症。肉牛对维生素A的需要量为犊牛3万~5万国际单位，育肥牛4万~7万国际单位。

（二）维生素D

维生素D是骨正常钙化所必需的，它能调节肉牛对钙、磷的吸收，促进骨的钙化。给肉牛饲喂青贮饲料和高精日粮时容易出现维生素D缺乏症，主要表现为：犊牛出现佝偻病，成年牛出现软骨症。如果肉牛每天能晒一定时间的太阳，就不会出现缺乏维生素D。肉牛对维生素D的需要量为犊牛3000~5000国际单位，育肥牛4000~7000国际单位。

（三）维生素E

维生素E能促进维生素A的利用，其代谢与硒有关系。犊牛缺维生素E时会出现白肌病。肉牛对维生素E的需要量为犊牛40~70毫克，育肥牛60~100毫克。

（四）维生素C

肉牛瘤胃中的微生物能合成足够的维生素C，因此一般肉牛日粮不考虑其需要量。

（五）维生素B族

犊牛的瘤胃发育不完全，在日粮中需要补充硫胺素、生物素、尼克酸、泛酸、核黄素和维生素 B_{12} 等 B 族维生素，成年牛日粮中一般不考虑 B 族维生素的需要量。

第三节　肉牛的饲养标准和饲料配制

一、肉牛的饲养标准

肉牛的饲养标准是根据肉牛不同体重阶段及日增重情况，通过试验和实践经验总结，科学的规定一头肉牛每天应该给予的主要营养物质的数量，它是配制肉牛日粮的依据。我国的《肉牛饲养标准》（1990）是国内肉牛饲养标准协作组经过研究、验证编制的，包括生长肥育牛、妊娠母牛、哺乳母牛的营养标准。

（一）干物质的需要量

干物质的需要量是指肉牛每天摄入的日粮中，去除水分后的纯干物质数量。干物质的实际需要量受体重、增重水平、饲料能量浓度、饲养方式、饲料加工等因素的影响而有差异。干物质的计算方法：

生长育肥牛干物质进食量（千克）=0.062W0.75（千克）+(1.5296+0.00371×体重千克）×日增重（千克）

妊娠母牛干物质进食量（千克）=0.062W0.75（千克）+(0.790+0.005587×妊娠天数)

二、肉牛的日粮配制

（一）肉牛的配合饲料

肉牛的日粮指一头牛一昼夜所采食的各种饲料的总量。肉牛日粮的配制指根据推荐的肉牛饲养标准和饲料的营养价值表，选取几种饲料原料，按一定比例相互搭配而成的能满足一定体重、一定增重标准营养需要的配合饲料。按照其营养构成，可将肉牛的配合饲料分为全价配合饲料、精料混合料、浓缩饲料、预混合饲料。

1. 全价配合饲料　肉牛的全价配合饲料由粗饲料（秸秆、青干草等）、精饲料（能量、蛋白质饲料）、矿物质饲料及饲料添加剂组成。配制肉牛全价配合饲料时，要将粗饲料粉碎。肉牛全价配合饲料具有营养全面，饲喂效果好的优点。

2. 精料混合料　精料混合料又叫精料补充料，它是反刍家畜所特有的饲料，是肉牛全价配合饲料中除去粗饲料后剩余的能量饲料、蛋白质饲料、矿物质饲料和添加剂预混料。精料混合料在生产实践因其方便使用而被普遍应用，一般农户可利用家中的农副产品，外加一定量的精料混合料就可配制符合营养标准的日粮。

3. 浓缩饲料　浓缩饲料是指蛋白质饲料、矿物质饲料和添加剂预混料按一定比例配制而成的混合物，其蛋白质、矿物质、维生素的含量都高于饲养标准，在使用时必须与一定比例的能量饲料相混合才能喂牛，不可直接喂牛。

4. 添加剂预混料　由添加剂和一定比例的载体或稀释剂配制而成的均匀混合物，主要功能是为肉牛提供微量营养成分（微量元素、维生素及其他添加剂）。

（二）肉牛日粮的配制原则

配制肉牛日粮时要做到科学性、经济性和实用性，应遵循以下原则。

1. 依据一定的饲养标准　根据肉牛的不同生长阶段、不同用途，选择适宜的饲养标准，并且在配制日粮时要充分考虑饲养方式、环境温度等因素，适当的调整饲养标准配制日粮不可生搬硬套。

2. 要考虑当地的饲料资源　在配制肉牛日粮时要充分考虑当地的饲料资源，因地制宜，就地取材，以降低饲养成本。

3. 精、粗比例适宜　以青、粗饲料为主，精料搭配。根据肉牛的消化特点，如果粗料比例过大，精料少，日粮的体积大，牛采食饱腹感的量后营养仍得不到满足；如果粗料比例过小，养分的浓度大，虽然营养满足，但牛没有饱腹感。

4. 饲料原料稳定　饲料原料相对比较稳定，且多样化。日粮组成的多变，会引起肉牛消化道疾病。

5. 配制日粮要考虑适口性　配制日粮时，在考虑经济的同时，还要考虑到日粮的适口性，尽量做到成本低，适口性好。

（三）日粮的配制方法

目前，配制肉牛日粮有手工计算法和计算机配制法。对一般养牛户来讲，可根据当地的饲料资源，用手工计算法配制日粮较方便、实用。对于规模养牛场面，要么用全价配合饲料，要么选用计算计配方软件进行配制。下面介绍手工配制日粮中最常用的对角线法。

为体重 300 千克的生长育肥牛配制日粮，预期日增重 1.2 千克，日粮精粗比为 7∶3，步骤如下。

1. 从肉牛饲养标准中查出 300 千克体重的肉牛增重 1.2 千克时所需要的各种营养成分的量：需干物质 7.28 千克，粗蛋白质 11.4%，维持净能 7.24 兆焦 / 千克，增重净能 4.64 兆焦 / 千克。

2. 从畜禽常用饲料及营养成分表中查出配制日粮所用原料（玉米、小麦秸、棉仁饼）的营养成分（主要是能量、蛋白质）含量。

3. 计算出小麦秸秆提供的蛋白质含量

30%×3.6%=1.08%

4. 计算日粮中玉米和棉仁饼的比例

全部日粮需要的蛋白质量为 11.40%，精料应提供的蛋白质为（11.40–1.08）× 10.32%，精料部分应含有的蛋白质为10.32/0.7 × 100% = 14.74%。仅用玉米时蛋白质的量不够，要用棉仁饼来补充，用对角线法计算如下：

玉米 9.7　　　　　　　　玉米 21.56　　　占 81.05%

棉仁饼 36.3　14.74　　　棉仁饼 5.04　　　占 18.95%

计算玉米和棉仁饼的比例：

玉米（千克）：21.56/(21.56+5.04）× 100% = 81.05%

棉仁饼（千克）：5.04/(21.56+5.04）× 100% = 18.95%

由于日粮中精料只占 70%，所以玉米在日粮中的比例应为 70% × 81.05% = 56.74%；棉仁饼的比例应为 70% × 18.95% = 13.26%。

第六章　肉牛的饲养管理

要提高肉牛生产水平，必须进行科学的饲养管理，才能使肉牛发挥最大的生产性能，获得最好的经济效益，保证肉牛产业高效、安全、无公害生产。

第一节　犊牛的饲养管理

肉牛的哺乳期一般为6个月左右，习惯上把6个月前的牛称为犊牛。犊牛在初生的头20天，瘤胃、网胃和瓣胃发育不完全，没有任何消化功能。犊牛吃上初乳后，皱胃受到刺激开始分泌胃液，但对植物性饲料不能消化，这时对犊牛的饲养管理就像猪等单胃动物一样，以乳制品为主。在初生20天后，犊牛开始采食草料，瘤胃微生物滋生，具备初步的消化功能，出现反刍。在初生后的前3个月，母牛的泌乳量可满足犊牛生长的营养需要，3个月后，母牛的泌乳量下降，而犊牛的营养需要却增加，因此要加强母牛的营养水平，注意对犊牛进行补饲，补饲精料的量按生长发育情况和泌乳量而定，在补饲的第一个月内，采食量约为每天0.45千克，同时要喂给优质的青干草或青绿饲料，8月龄前不要喂青贮料，可以喂少量胡萝卜等块根、块茎类饲料。

犊牛只有得到良好的饲养管理，才能发挥其应有的生产性能。

犊牛的饲养管理要点为。

一、饲喂初乳

初乳指母牛分娩后4~7天内所产的奶。其色深黄，黏稠，含有丰富的蛋白质、维生素、矿物质，其中含有的蛋白质中有大量的免疫球蛋白，能有效的增强犊牛的抗病力。初乳中的酸度高，在犊牛消化道内可抑制胃内有害微生物的活动；初乳中含有较多的镁盐，有助于犊牛排出胎便。此外，初乳中各种维生素含量较高，对犊牛的健康与发育有着重要的作用。因此，犊牛及早吃上初乳有非常重要的意义。犊牛应在出生后1~1.5小时内吃到初乳，第一次不能给予过多的初乳，以防消化紊乱；第二次饲喂应在出生后6~9小时，持续5~7天。犊牛哺乳时，如果用头部频繁的顶撞母牛乳房，而吞咽次数少，说明母牛产奶量低，犊牛不够吃，应加大对母牛营养水平，提高泌乳量，或者对犊牛进行补饲；如果犊牛在吸吮一段时间后，口角出现白色泡沫，说明犊牛已经吃饱，要适当控制吃乳量，避免造成犊牛消化不良。犊牛喂7天初乳后，第8天喂代乳料，一个月后喂混合精料及优质干草。代乳料配比是豆饼27%、玉米面50%、麦麸子10%、鱼粉10%、维生素和矿物质添加剂3%。

二、适时补饲

犊牛出生后20天就开始反刍，应另设小饲槽，开始补饲优质干草或青草及精料，任其自由采食。初喂精饲料时，可在犊牛喂完奶后，将犊牛料涂在犊牛嘴唇上诱其舔食，经2~3日后，可在犊牛栏内放置饲料盘，放置犊牛料任其自由舔食。因初期采食量较少，料不应放多，每天必须更换，以保持饲料及料盘的新鲜和清洁。最初每头日喂干粉料 10～20 克，数日后可增至 80～100 克，等适应一段时间后再喂以混合湿料，即将干粉料用温水拌湿，经糖化后给予。湿料给量可随日龄的增加而逐渐加大。

犊牛补饲的精料要营养丰富，易消化，无腐败、变质、霉烂，补饲时要做到由少到多、逐渐增加。可选用以下精料配方：玉米粉 42%，麸皮 25%，豆饼 15%，干甜菜渣 15%，磷酸钙 0.3%，食盐 0.2%，鱼粉 2.5%。从出生后 2～6 月龄断奶，每头犊牛可用这种混合精料 150 千克，同时饲喂优质苜蓿草，每头每天 3 千克左右，这样犊牛的日增重可达到 700 克 / 日，保证 6 月龄断奶时的体重达到正常体重。

为预防犊牛拉稀，可补饲抗生素饲料。每头补饲 1 万国际单位的金霉素，30 日龄以后停喂。

三、早期断奶

肉牛在哺乳 5～6 个月时，要及时断奶。断奶后的犊牛要公母分群管理，防止早配。对育肥用的公犊，冬春季节采取舍饲，为继续保持较高的日增重，每天补饲混合精料 1.5 千克左右，并饲喂青贮料或优质干草；断奶后的母犊，冬春季节可采用半放牧半舍饲的方式，每天早晚饲喂两次，白天就近放牧 4～5 小时。目前，北方部分地区实行封山禁牧，养牛全部实行舍饲养殖，这种情况下更应注意补饲微量元素、维生素，保证日粮的营养平衡。对规模养牛场而言，断奶后的犊牛要按月龄、体格大小、健康状况分群饲养管理。

一般的养牛农户，没有专门的犊牛舍和犊牛栏，在规模大的牛场或散放式牛舍，才另设犊牛舍及犊牛栏。犊牛栏分单栏和群栏两类，犊牛出生后即在靠近产房的单栏中饲养，每犊一栏，隔离管理，一般1月龄后才过渡到群栏。同一群栏犊牛的月龄应一致或相近，因不同月龄的犊牛除在饲料条件的要求上不同以外，对于环境温度的要求也不相同，若混养在一起，对饲养管理和健康都不利。

四、其他

1. 免疫接种 根据本地牛的疫病流行情况，按免疫程序进行口蹄疫、魏氏梭菌、气肿疽、传染性牛鼻气管炎、炭疽等疫病的免疫接种。

2. 阉割 对用于专门生产小白牛肉的公犊，在没有表现出性特征之前就可以达到市场收购体重，一般不需要阉割；如果使用育成牛育肥，应当在小公牛3~4月龄时阉割。虽然阉割牛的生长速度比没阉割的慢15%~20%，但脂肪的沉积相对增加，牛肉质量得到改善，适于生产高档牛肉。去势的方法有手术法、去势钳法、锤砸法及药物注射法。

3. 去角 去角有利于饲养管理，避免牛互相顶架造成损失。一般在犊牛出生后5~7天内去角，这样牛的痛苦少，效果好。夏季在去角后要注意观察有没有化脓，如果化脓，在初期可用3%的双氧水冲洗后，涂以碘酊。去角的方法有电烙铁去角法、固体苛性钠去角法。电烙法是将电烙铁加热到一定温度后，牢牢地压在角基部直到其下部组织烧灼成白色为止（不宜太久太深，以防烧伤下层组织），再涂以青霉素软膏或硼酸粉。固体苛性钠去角法应在晴天且哺乳后进行，先剪去角基部的毛，再用凡士林涂一圈，以防以后药液流出，伤及头部或眼部，然后用棒状苛性钠稍湿水涂擦角基部，至表皮有微量血渗出为止。在伤口未变干前不宜让犊牛吃奶，以免腐蚀母牛乳房的皮肤。

4. 保温 冬季要注意牛舍保温在10℃左右。在犊牛栏内要铺柔软干净的垫草，舍内光照充足，空气新鲜，无穿堂风。在犊牛出生后5~6天，每日必须刷拭牛体一次，并要注意适当运动。

5. 饮水　牛奶中的含水量不能满足犊牛正常代谢的需要，必须训练犊牛尽早饮水。最初需饮36℃~37℃的温开水；10~15日龄后可改饮常温水；一月龄后可在运动场内备足清水，任其自由饮用。

6. 放牧及运动　犊牛从出生后8~10日龄起，即可开始在犊牛舍外的运动场做短时间的运动，以后可逐渐延长运动时间。如果犊牛出生在温暖的季节，开始运动的日龄还可适当提前，但需根据气温的变化，掌握每日运动时间。

在有条件的地方，可以从出生后第二个月开始放牧，但在40日龄以前，犊牛对青草的采食量极少，在此时期与其说放牧不如说是运动。运动对促进犊牛的采食量和健康发育都很重要。在管理上应安排适当的运动场或放牧场，场内要常备清洁的饮水，在夏季必须有遮阴条件。

第二节　育成母牛的饲养管理

育成母牛是指从断奶到第一次配种这一段时期的母牛。这一阶段是母牛生长发育较快的时期，是性成熟、体成熟时期，必须按不同年龄生长特点和所需的营养物质精心的饲养管理，才能获得较快的增重速度，并可使幼牛得到良好的发育。

一、育成母牛的饲养

育成母牛的饲养分6~12月龄、12~18月龄、18~24月龄三个阶段。

1. 6～12 月龄 这一阶段是母牛的性成熟期，性器官及第二性征发育很快，体躯向高度和长度两个方向急剧生长、急剧增长，前胃相应发达，在饲养上要求供给足够的营养物质，同时日粮要有一定的容积以刺激前胃的继续发育。此时的母牛除给予优质的牧草、青干草和多汁饲料外，还必须给予一定的精料，精料比例占饲料干物质总量的 30%～40%。按 100 千克活重计算，青贮 5～6 千克，干草 2 千克，秸秆 1～2 千克，精料 1.5 千克。精料的配方是：玉米 40%，麸皮 20%，豆饼 20%，棉籽饼 10%，尿素 2%，食盐 2%，骨粉 2%，碳酸钙 3%，微量元素添加剂 1%。

2. 12～18 月龄 这一阶段，母牛的消化器官更加扩大。为了刺激其进一步增长，日粮应以粗饲料和多汁饲料为主，按干物质计算，精粗比为 25∶75，要在运动场放置干草和秸秆。日粮中混合精料为 2.5～3 千克，青贮玉米 15 千克，优质青干草 3～5 千克，精料配方同 6～12 月龄的配方一样。

3. 18～24 月龄 这个时期母牛配种受胎，生长缓慢，体躯显著向宽、深发展。这一阶段的日粮既不能过于丰富，也不能过于贫乏，若饲养过丰富，在体内容易蓄积过多脂肪，导致牛体过肥，造成不孕；但若饲养过于贫乏，又会导致牛体生长发育受阻，成为体躯狭浅、四肢细高、产奶量不高的母牛。日粮应以品质优良的干草、青草、青贮料和根茎类为主，精料可以少喂或不喂。但到妊娠后期，由于体内胎儿生长迅速，则须补充混合精料，每日 2～3 千克。

如有放牧条件，育成牛应以放牧为主。在优良的草地上放牧，精料可减少 30%~50%；放牧回舍，若未吃饱，则应补喂一些干草和适量精料。

二、育成母牛的管理

1. 分群饲养　按年龄及体格的大小，将相近的母牛编成一组，最好是月龄差异不超过 1 ~ 2 个月，活重差异不超过 25 ~ 30 千克，系留饲养或围栏圈养。

2. 乳房按摩　为了刺激乳腺的发育和促进产后泌乳量提高，对 12 ~ 18 月龄育成母牛每天按摩 1 次乳房，18 月龄怀孕母牛，每天按摩 2 次，每次按摩时用热毛巾敷擦乳房，产前 1 个月停止按摩。

3. 刷拭　为了保持牛体清洁，促进皮肤代谢，养成母牛温顺的性格，每天刷拭 1 ~ 2 次，每次 5 分钟。

第三节　育成公牛的饲养管理

育成公牛是指断奶后至第一次配种时期的公牛。公、母犊牛在饲养管理上几乎相同，但进入育成期后，二者在饲养管理上则有所不同，必须按不同年龄和发育特点予以区别对待。

一、育成公牛的饲养

育成公牛的生长比育成母牛快，因而需要的营养物质较多，特别需要以补饲精料的形式提供营养，以促进其生长发育和性欲的发展。对育成公牛的饲养，应在满足一定量精料供应的基础上，令其自由采食优质的精、粗饲料，避免种公牛腹部膨大下垂，变成草腹，影响采精、配种。6 ~ 12 月龄，粗饲料以青草为主时，精、粗饲料占饲料干物质的比例为 55∶45；以干草为主时，其比例为 60∶40。在饲喂豆科或禾本科优质牧草的情况下，对于周岁以上育成公牛，混合精料中粗蛋白质的含量以12%左右为宜。要保证种公牛有充足而清洁的饮水，但在配种或采精前后、运动前后的30分钟以内不要饮水。

二、育成公牛的管理

一是要增进体质健康。种公牛的体质健康主要表现在它的精力是否充沛，膘度是否适于种用要求。好的种用膘度，是中上等体况，其腰角明显而不突。肋骨微露而不显，肌肉显露而不丰。如果饲养过丰，种公牛过胖而精神不振；如果营养不足，种公牛的性欲和精液质量会降低。二要使种公牛的射精量、精子的活力、密度及生存指数都能达到要求标准，适于冷冻精液制作的要求。三是要延长利用年限。种公牛一般在7月龄时就有性表现，在10~14月龄时才达到性成熟，这时的种公牛还没有达到最大的繁殖能力，不能过度使用。应加强饲养管理，注意合理利用确保种公牛长寿和终身正常生产。

育成公牛应与大母牛隔离，且与育成母牛分群饲养。留种公牛6月龄开始带笼头，8~10月龄时进行穿鼻带环，拴系饲养。为便于管理，用皮带拴系好，沿公牛额部固定在角基部，鼻环以不锈钢的为最好。牵引时，应坚持左右侧双绳牵导。对烈性公牛，需用勾棒牵引，由一个人牵住缰绳的同时，另一人两手握住勾棒，勾搭在鼻环上以控制其行动。对种用公牛的管理，必须坚持运动，上、下午各进行一次，每次1.5~2.0小时，运动方式有旋转架、套爬犁或拉车等。实践证明，运动不足或长期拴系，会使公牛性情变坏，精液质量下降，易患肢蹄病和消化道疾病等。但运动过度或使役过劳，牛的健康和精液质量同样有不良影响。每天刷拭两次，每次刷拭10分钟，经常刷拭不但有利于牛体卫生，还有利于人牛亲和，能达到调教驯服的目的。此外，春秋两季要削蹄一次。对放牧的种公牛，在配种季节，要调整公母牛比例，一般 1～2 岁的种公牛，负担 10～20 头母牛，2～3 岁的种公牛，负担 20～30 头母牛，3 岁以上的公牛，负担 30～40 头母牛。进行人工授精时，按 72 小时的时间间隔采精（每周 2 次），每次射精 2 次，间隔 5～7 分钟。只有坚持严格的采精制度，种公牛才能保持正常的射精量和精子活力。

第四节　妊娠母牛的饲养管理

人们饲养肉用种母牛，期望母牛的受胎率、泌乳性能高，哺育犊牛的能力强，产犊后返情早；产生的犊牛质量好，即初生重、断奶重大，断奶成活率高。

一、妊娠母牛的饲养

妊娠母牛的营养需要和胎儿生长有直接关系。胎儿增重主要在妊娠的最后 3 个月，增重占犊牛初生重的 70%～80%，需要从母体吸收大量营养。若胚胎期胎儿生长发育不良，出生后就难以补偿，增重速度减慢，饲养成本增加。要加强妊娠母牛的饲养管理，使其能够正常的产犊和哺乳。

母牛在妊娠前 6 个月，由于胎儿生长发育较慢，其营养需求较少，一般按空怀母牛进行饲养，不再另行考虑增加营养。到妊娠的最后 2～3 个月，母牛营养直接影响着胎儿生长和本身营养蓄积，这期间加强营养显得特别重要，如果此期营养缺乏，容易造成犊牛初生重低，母牛体弱和奶量不足。严重缺乏营养，会造成母牛流产。

舍饲妊娠母牛，要依妊娠月份的增加调整日粮配方，增加营养物质给量，一般以青粗饲料为主，适当搭配精饲料，粗饲料如果以玉米秸、小麦秸为主，由于其蛋白质含量低，要搭配1/3～1/2的优质豆科牧草，再补饲1千克左右的混合精料，禁喂棉籽饼、菜籽饼、酒漕及冰冻、发霉等饲料，饮用的水温不能太低（10℃）。对于放牧饲养的妊娠母牛，多采取选择优质草场，延长放牧时间，牧后补饲料等方法加强母牛营养，以满足其营养需求。在生产实践中，多对妊娠后期母牛每天补喂1～2千克精饲料。同时，又要注意防止妊娠母牛过肥，尤其是头胎青年母牛，更应防止过度饲养，以免发生难产。在正常的饲养条件下，使妊娠母牛保持中等膘情即可。

二、妊娠母牛的管理

在母牛妊娠期间，应注意防止流产、早产，尤其要做好妊娠后期的保胎工作，实践中应注意以下几个方面。

1. 分群饲养，单独放牧在附近的草场。

2. 要防止挤撞，猛跑。

3. 不要在有露水的草场上放牧，也不要让牛采食大量易产气的幼嫩豆科牧草，不采食霉变饲料，不饮带冰碴水。

4. 舍饲时，要加强运动，避免过肥，防止难产。

5. 临近产期，要供给营养丰富、品质优良、易于消化的饲料。要注意对临产母牛的观察，及时做好分娩助产的准备工作。

第五节　哺乳母牛的饲养管理

哺乳母牛就是产犊后用其乳汁哺育犊牛的母牛。中国黄牛传统上多以役用为主，乳、肉性能较差。近年来，随着黄牛选育改良工作的不断深入和发展，中国黄牛逐渐朝肉、乳方向发展，产生了明显的社会效益和经济效益。

一、哺乳母牛的饲养

哺乳母牛的主要任务是多产奶，以供犊牛需要。母牛在哺乳期所消耗的营养比妊娠后期还要多。母牛产犊 10 天内，尚处于体质恢复阶段，要限制精饲料及根茎类饲料的喂量，此期若饲养过于丰富，特别是精饲料给量过多，母牛食欲不好、消化失调，易加重乳房水肿或发炎，有时因钙、磷代谢失调而发生乳热症等，这种情况在高产母牛身上极易出现。对体弱母牛，产后 3 天内只喂优质干草，4 天后可喂给适量的精饲料和多汁饲料，并根据乳房及消化系统的恢复状况，逐渐增加给料量，但每天增加精料量不得超过 1 千克，当乳房水肿完全消失时，饲料可增至正常。若母牛产后乳房没有水肿，体质健康、粪便正常，在产犊后的第一天就可饲喂多汁料和精料，到 6 ~ 7 天即可增至正常喂量。在产犊后的 10 ~ 15 天，喂给优质干草、多汁饲料，补饲精饲料，最好是小麦麸，每天 0.5 ~ 1 千克；到产犊后的 15 ~ 90 天，牛的产奶量达到最高，可采用粗饲料型和精饲料型交替使用的饲养方法，通过周期性刺激提高牛的食欲和饲料转化率，增加泌乳量，降低饲养成本，交替饲养的周期为 2 ~ 7 天；泌乳三个月后，母牛的产奶量下降，这时继续供给全价的配合饲料，保证充足的饮水和运动，精细管理，以延缓泌乳量的下降，同时要减少精料的饲喂量，多给青绿多汁饲料，避免精料过量造成母牛过肥，影响产奶和繁殖。哺乳母牛精料的建议配方：玉米 50%，麸皮 30%，豆饼 10%，食盐 1%，骨粉 9%，用量每天 1.5 ~ 2 千克，并喂优质干草 7 千克，或鲜草 30 千克，或青贮牧草 22 千克。

头胎母牛产后饲养不当易出现酮病导致血糖降低、血和尿中酮体增加。表现食欲不佳、产奶量下降和出现神经症状。其原因是饲料中富含碳水化合物的精料喂量不足，而蛋白质给量过高所致，在饲养中应给予高度的重视。

二、哺乳母牛的管理

对于放牧饲养的哺乳母牛，放牧期间要保证充足的运动和阳光浴及营养丰富的牧草，以促进牛体的新陈代谢，改善繁殖机能，提高泌乳量，增强母牛和犊牛的健康。在放牧季节到来之前，要检修房舍、棚圈及篱笆；确定水源和饮水后临时休息点。对放牧的母牛修蹄，去角，驱除体内外寄虫，根据体况组群。从舍饲到放牧一般需 7 ~ 8 天的过渡期，当母牛被赶到草地放牧前，要用粗饲料、半干贮及青贮饲料预饲，日粮中要有足量的纤维素以维持正常的瘤胃消化。若冬季日粮中多汁饲料很少，过渡期应 10 ~ 14 天。时间上由开始时的每天放牧 2 ~ 3 小时，逐渐过渡到每天 12 小时。放牧时，开始一周不宜吃得过多，放牧时间不宜过长，每天至少补充 2 千克干草；并应注意不宜在牧场施用过多钾肥和氨肥，由于牧草中含钾多钠少，因此要特别注意食盐的补给，以维持牛体内的钠钾平衡。

补盐方法：可配合在母牛的精料中喂给，也可在母牛饮水的地方设置盐槽，供其自由舔食。

第七章　肉牛肥育技术

肉牛的肥育是指肉牛在出售或屠宰前的一定时期（3~5个月），用符合增重需要的配合饲料催肥，以达到提高牛肉产量，改善牛肉的品质，称之为肉牛的肥育。其目的是应用科学饲养管理技术，以较少的饲料消耗获得较高的日增重，取得最大的经济效益。幼龄牛和成年牛、老残牛都可以育肥，幼龄牛主要是增长肌肉，后者主要是沉积脂肪。一般肉牛育肥都要求有一定的出栏体重，架子牛育肥要求出栏体重达450千克以上，高档牛肉则要求出栏肉牛体重达500千克以上。

第一节　肉牛肥育方式

肉牛肥育方式按饲养方式一般可分为一贯育肥法、吊架子育肥法；按饲料供给可分为以精饲料为主的育肥方式、前粗后精的育肥方式、以青饲料为主的育肥方式；按育肥牛的年龄划分，可分为育成牛育肥、成年牛育肥、犊牛育肥、老龄淘汰牛育肥。

一、按饲养方式划分

（一）一贯育肥法

也称持续育肥法，指犊牛断奶后就转入育肥阶段进行育肥。这一阶段一直保持比较高的日增重和饲料利用率，但是其饲养期短，日粮中精料利用量大，成本较高，但效益也高，生产的牛肉鲜嫩。在有放牧条件的地区，采取放牧加补饲的持续育肥方法，每日每头补饲精料1千克左右，日增重保持在0.9千克以上。在规模化养殖场，采取舍饲持续育肥法，育肥牛的饲养根据培育的强度和屠宰的月龄决定，强度培育和12~15月龄屠宰时，需要提供较高的饲养水平，以使育肥牛的平均日增重在1千克以上。体重150~200千克时日喂精料3.2千克，推荐精料配方：玉米55千克，棉籽饼26千克，麸皮16千克，骨粉1.5千克，食盐1千克。体重250~300千克时，日喂精料4.2千克；体重300~350千克时，日喂精料4.7千克；体重350~400千克时，日喂精料5.1千克。推荐精料配方：玉米61千克，棉籽饼18千克，麸皮18千克，骨粉1.5千克，食盐1千克，小苏打0.5千克。

（二）后期集中育肥法

犊牛断奶后，由于饲养条件较差，不能保持较高的增重速度，从而拉长了饲养周期，因此必须在屠宰前集中进行强度育肥，加大体重，增加畜体脂肪的沉积，改善肉质。这种育肥方法，对日粮品质的要求较低，且精料的消耗低，还可以充分利用农副产品，使饲养费用减少，是一种国内外普遍应用的、较经济的育肥方式。后期集中育肥主要有以下几种方法。

1. 高精料型育肥　这种育肥方法在育肥期采用高营养水平饲养，使日增重保持在1千克以上，在较短的时期内完成育肥，活重达到400千克以上。日喂精料量：体重180~210千克时，日喂精料3.5千克；体重达到300千克时，日喂量4千克，青饲料自由采食，不限量。

2. 低精料育肥法　这种方法是在育肥期尽量利用青干草、玉米青贮、氨化秸秆、糟渣类饲料，少用精料，以达到育肥的目的。

3. 青贮饲料育肥法　青贮玉米是育肥牛的优质饲料，在低精料的水平条件下，青贮饲料能达到较高的增重。饲喂时由少到多，日喂量可达 15～25 千克，育肥后期逐渐减少，增加精料的量。建议日粮组成：青贮玉米 46%，酒糟 10%，精料 34%。

4. 糟渣类加精料育肥法　指利用酒糟、淀粉渣、豆腐渣、甜菜渣等糟渣类饲料加精料育肥牛。这些糟渣类饲料总的特点是体积大，含水分多，不易运输和贮存，易发酵和腐败，新鲜时适口性强，易消化并有一定的轻泻作用。可就地取材，价格低廉，是育肥肉牛的重要饲料来源，但不宜单独喂肉牛。用糟渣类饲料育肥肉牛每天每头的喂量为：鲜酒糟 40～50 千克，大型成年牛可喂 80～100 千克；淀粉渣 30 千克，干粉渣可喂到 3.5 千克；甜菜渣初喂时 40～50 千克，以后逐渐增加至 70～80 千克，育肥期末降为 50～55 千克，干甜菜渣不能直接喂牛，在饲喂前 6～10 小时应用 5 倍的水将其浸泡湿润，然后再喂，最好与苜蓿干草一块喂，效果理想。

二、按饲料供给划分

（一）以精饲料为主的育肥方式

这种育肥方式就是在育肥过程中给肉牛最大限度地喂给精饲料，保证肉牛快速生长发育。其特点是增重速度快，育肥期短，肉牛肉质好，是规模化养殖常采用的方式；缺点是耗精料多。

以精料为主进行育肥，在育肥过程中必须保证给予一定量的粗饲料，育肥前 5 个月粗饲料的量稍大，一般在 35%～40%，以防止脂肪的沉积，育肥后期粗饲料的比例相应降低，一般在 20%～30%，以加快肌肉和脂肪的沉积。精料的配比要高能低蛋白，粗料以优质青干草为主，在喂给精料时要同时拌喂一定量的粗饲料，避免引起肉牛消化疾病。以精料为主的育肥方式，其育肥应达到的经济指标为：体重250千克左右，年龄1岁左右的幼牛，育肥12个月，出栏体重达到500～550千克，平均日增重0.85千克。

（二）前粗后精的育肥方式

指在育肥过程中，前期以粗饲料为主，在低营养水平下维持体格生长；后期以精料为主，在高营养水平下沉积脂肪和肌肉。其优点是育肥期精料消耗量相对少，育肥后期的增重速度快，肉质好，其缺点是育肥期长，增重速度慢。

前粗后精的育肥方式，在育肥前期粗饲料在日粮中的比例占50%以上，但是要保证日增重在0.4千克以上，育肥后期，逐渐增加精料比例，粗饲料的比例降到20%～35%。育肥经济指标为：体重250千克左右，年龄1岁左右的幼牛，育肥16～18个月，出栏体重达到600～650千克，平均日增重0.7～0.8千克以上。

（三）以青饲料为主的育肥方式

指在育肥过程中，以饲喂青粗饲料为主，补给一定量的精饲料，使肉牛正常生长发育并达到育肥程度。这种方式适用于有放牧条件的地区，可采取放牧加补饲的方式。其优点中可充分利用青粗饲料，饲养成本低，缺点是增重速度慢，育肥期长。

以青饲料为主的育肥方式，育肥期间主要以喂给青粗饲料为主，育肥的前12个月精料量达体重的1%～1.3%，到体重达到400千克以上时，精料量达体重的1.4%。育肥经济指标：断奶犊牛育肥22～24个月，体重达到600千克，平均日增生0.65千克。

三、按育肥牛的年龄划分

1. 育成牛育肥　一般指公牛1～2岁，母牛2～3岁，体重在

400 ~ 500 千克时育肥的牛。这个时期肉牛的肌肉和脂肪生长发育快，可选择以精料为主的育肥方式，育肥期 10 ~ 12 个月。

2. 犊牛育肥 指断奶后的牛犊，体重 200 ~ 250 千克时育肥的牛。犊牛育肥的周期长，可根据情况选择以精料为主或前粗后精的育肥方式，育肥期 1 年左右。

3. 老残牛育肥 这是一种较为传统的育肥方式，育肥场从农牧民家中收购成牛黄牛或淘汰的残老牛，短期集中 60 ~ 90 天强度催肥后出栏。

第二节 肉牛肥育技术

一、育肥方式

（一）低精料型育肥

依据本地区的饲料状况，投入少量的精料，多配给甜菜渣，酒糟、豆腐渣，粉渣及青贮饲料，结合使用尿素、苏打和添加剂等进行育肥。根据个体肥育情况及时出栏。

（二）短期快速育肥

短期快速育肥主要对象为架子牛的后期育肥，出口创汇牛和老龄牛采用。育肥时间 2~4 个月，采取高精料法强化育肥。粗饲料为优质干草，青贮草和氨化麦草，实行单槽拴系饲喂，先草后料再饮水。少运动多晒太阳，但夏季防暑，冬季防寒。育肥时间短，饲料报酬高，日增重可达 100 克以上。

（三）易地育肥

一般山区、半牧区、草原区，有一定草场可供放牧。在牛多圈少饲料不足的情况下，育肥前期利用山区草场实行放牧饲养，省工省料。后期把需要出栏的牛转移到农区饲料充足的地方，采取强度肥育后出售或屠宰出栏。

二、育肥技术

（一）肥育前的准备

1. 牛群健康检查 将有严重消化系统疾病或其他疾病及老残牛而无育肥价值的个体剔除，以免浪费饲料。

2. 分组编号 按年龄，性别，品种，体重及营养状况分别编组编号，以便掌握育肥进度。

3. 驱虫 对育肥牛群进行一次驱虫工作，主要清除消化道的寄生虫，减少饲料消耗。

4. 去势 对成年公牛在育肥前15~20天去势。初龄公犊一般春产的可在45~75日龄去势，秋产的可在3~5月龄去势，对公犊也可不去势育肥。

5. 圈舍准备 冬季育肥时，事先准备好保温牛舍，可采取塑料温棚，舍温保持5℃~10℃为适宜。夏季育肥时，牛舍通风良好，温度18℃~20℃，舍外设有凉棚，以防中暑。

6. 牛体称重 牛在育肥前和每一育肥期完，都要进行称重，以便计算出个体在育肥期间的增重情况和饲料消耗情况。

三、犊牛育肥

分强度育肥和一般育肥两种方法。

（一）强度育肥

第一种，专门生产小牛肉的犊牛强化饲养。肉用品种中如利木赞牛最为理想，此牛具有生产早熟小牛肉的特性，8 月龄小牛就具有成年牛大理石纹状的肌肉，肉质细嫩，沉积脂肪少，瘦肉多（占 80%~85%）。犊牛生后一周训练吃草，生后 2 周训练吃料，满月后就饲喂全价混合精料和优质干草，此时减少奶的喂养，精料由少到多，逐渐增加，平均日喂精料 1 千克（0.5~2.0 千克），在 4 月龄断奶，体重达到 140~160 千克。而后继续强化育肥 4 个月，平均日喂精料 2.5 千克（2~3 千克），并给优质干草，苜蓿粉或豆科牧草，日增重可达 1 千克以上。8 月龄体重达到 240~300 千克，此时可屠宰出栏。精料配方组成：玉米粉 42%、豆饼 15%、麸皮 25%、鱼粉 2.5%、干甜菜渣 15%、碳酸钙 0.3%、食盐 0.2%。

第二种，强化饲养小犊牛，生产“白牛肉”。“白牛肉”是指专用的乳幼犊生产的高档牛肉，其肉质细嫩，蛋白质含量高，营养丰富，因其肉色发白，故称“白牛肉”。如无专用肉用品种犊牛，亦可用肉用杂种犊牛生产小牛肉，可饲养到 10~12 个月屠宰出栏。

在强度育肥时，由于长期系留管理，常常造成临床上的维生素 A 和 D 缺乏病。在日粮中补充合成的油状或干的维生素制剂，可使幼牛营养的全价性提高，从而改善牛肉的质量。经试验，补加维生素 A（肌注油状浓缩剂每日 1 万国际单位）的幼牛的屠宰前活重比不补加的提高 5.5%~13.0%；补加维生素 D（肌注油状浓缩剂每日 4 千国际单位）比不补加提高 3.4%~13.1%；而分别补加两种维生素牛胴体重相应比不补加的提高 4.6%~11%和 3.3%~8.3%。如全奶，要求日增重最低达到 0.7 千克，3 月龄前体重达到 100 千克，14~16 周龄体重达到 95~125 千克。

为了降低成本，节约全奶，近年各国改用强化的代乳或人工乳，蛋白质含量要求在 15%以上。代乳原料以乳业副产品（脱脂奶）为主的粉末状商品料，含乳蛋白 20%，如加入大豆蛋白时，蛋白质含量可达 22%以上，粗纤维含量低于 0.5%。如“晶石牌”代乳料的组成：脱脂奶粉为 78.37%，动物性脂肪为 19.98%，植物性脂肪为 0.02%，大豆磷脂为 1%，谷类产品为 0.23%，维生素和矿物质为 0.4%。

犊牛喂 1 周初乳后，开始喂代乳料或人工乳，每公斤代乳料加 7 千克温水溶解成乳状物，温度 35℃~38℃，最初与全乳混合饲喂，习惯后可单独饲喂。90 天内共消耗全奶 28 千克，脱脂奶粉 12 千克，代乳料 181 千克，犊牛平均日增重为 0.92 千克。

（二）一般育肥

犊牛在断奶前按犊牛的一般饲养管理，6 月龄断奶后转入育肥期，喂给秸秆饲料、干草，青草和农副产品，补充少量精料，到 18 月龄时，纯种肉牛体重可达 422 千克时屠宰，一般杂种牛体重可达 350 千克左右。这时如果以青草为主，育肥前期 3 个月补喂精料 1 千克 / 日头，中期 4~7 个月补喂精料 1~1.5 千克 / 日头，后期 2 个月补喂精料 2 千克 / 日头，全期用精料 380 千克。如果以干草为主，则每日补喂精料比以青草为主时要多用 0.5 千克，全期用 480~500 千克精料。如果以玉米青贮为主要饲料，应搭配苜蓿，增加蛋白质的比例，补喂精料应与喂干草时相同，每头每日喂食盐 20~30 克。

四、青年牛育肥

肉牛或杂种肉牛断奶后按一般饲养条件喂养到 12~18 个月龄，体重约 250~350 千克，然后再进行育肥 4~6 个月出栏。这样每头牛的绝对产肉量较高，肉质也好，饲料报酬也高。在青草期，以放牧或喂青草为主，日补料 1.5~2 千克，后期 2 个月可日补精料 3 千克。在枯草期，以干草和秸秆为基本饲草，天然野干草、麦草、稻草、糜草、玉米秸等切短碾压后，配成“花草”饲喂，也可以制作青贮草、氮化草饲喂，适当补喂少量精料达到育肥效果。精料补给量比青草期补量每天要多 0.5 千克。即日喂量 2~3 千克，后期可增到 3.5 千克。精料种类为玉米、豆类籽实、油饼类、大麦、麸皮或糟渣类等。各地根据精料品种灵活掌握，合理配合，要求多样化。同时，每天补喂食盐 50 克，骨粉 50 克。

五、成年牛育肥

成年牛育肥主要指 2.5 岁以上的肉用牛、杂种肉牛、地方黄牛、淘汰成年奶牛及各类老龄牛。其出肉量大，但肉中脂肪量太高，优质肉块比重减少，肉质、饲料报酬、经济周转都不如青年架子牛育肥有利。

成年牛育肥以增加脂肪为主，肌肉增加少量，所以饲料中碳水化合物含量要求要高，蛋白质不必太多，保持适量，如过低会使饲料消化率降低，影响食欲。矿物质的需要略高于维持需要即可。因此，在饲料配合上要注意各类成分。成年牛育肥方式一般采取舍饲短期强度催肥。育肥期为 60~90 天，最长不超过 120 天。根据牛体增重和体内组织变化情况，可分前期、中期、后期三个阶段进行，其中日粮中精粗料比例：前期为 3∶7，中期为 7∶3，后期为 9∶1，混合料中能量和蛋白质的比例为 75∶25，或 80∶20。各地根据具体饲料品种来源，常用以下几种方法育肥。

1. 青贮料育肥法　青贮料，这里主要指玉米青贮料。它是育肥牛良好而又经济的饲料。适合成年牛催肥，也适合青年牛的育肥用。用大量的玉米青贮料喂牛，可减少精料的使用量，降低育肥成本。饲喂玉米青贮料时，开始牛采食不习惯，需要 10~15 天的训练时间，由少到多逐日增加，开始喂10千克左右，以后增加成日喂量20~25千克，最大喂量为30千克，并补精料1~2千克，优质干草4~5千克，食盐60~80克。育肥后期，如精料增加，青贮料可适当减少。

2. 甜菜渣育肥法 在糖厂附近可充分利用甜菜渣育肥牛，既经济又可节约精料，降低成本。育肥牛预饲期为10~15天，以后逐渐增大喂量。初期每日可喂30~40千克，中期为45~50千克，末期为35~45千克。如喂干甜菜渣，可泡软后再喂，同时每日补以适量精料0.5~2千克，食盐50~60克，粗饲料4~5千克，以弥补营养物质的不足。

3. 酒糟育肥法 以酒糟为主要饲料育肥牛是我国农村，城镇郊区肥育菜牛的一种传统方法，已有数百年历史。使用酒糟肥育牛可以节省精料，但要求新鲜，防止腐败变质引起肠胃疾病。冬季饲喂时，最好加热到20℃~30℃再喂。开始，牛不乐意吃，必须以干草和粗饲料为主，给以少量酒糟，可以拌入草内饲喂，也可以抹在牛的牙齿上以诱食，同时给予食盐，训练采食能力。经过15~20天，逐渐增加酒糟的喂量，相应减少粗饲料的喂量。到育肥中期，酒糟的喂量可以大幅度的增加，每日最大喂量可达35~40千克，体格小的牛可喂25~30千克。同时搭配适量的精料，每日供给1~1.5千克，和适口性强的其他饲料，以保持旺盛的食欲。每日补给食盐50~60克，白垩粉50克。日增重可达1千克左右，而仅用酒糟加粗饲料，日增重可达0.6~0.7千克。

在肥育过程中，如发现牛体出现湿疹，膝部及球节红肿与腹部膨胀等症状，应停喂酒糟，改喂其他饲料，以调整消化机能。

第三节　架子牛快速肥育技术

也称后期集中肥育，是指犊牛断奶后，在较粗放的饲养条件饲养到2~3周岁，体重达到300千克以上时，采用强度肥育方式，集中肥育3~4个月，充分利用牛的补偿生长能力，达到理想体重和膘情后屠宰。这种肥育方式成本低，精料用量少，经济效益较高，应用较广。

一、购牛前的准备

购牛前1周，应将牛舍粪便清除，用水清洗后，用2%的火碱溶液对牛舍地面、墙壁进行喷洒消毒，用0.1%的高锰酸钾溶液对器具进行消毒，最后再用清水清洗一次。如果是敞圈牛舍，冬季应扣塑膜暖棚，夏季应搭棚遮荫，通风良好，使其温度不低于5℃。

二、架子牛的选择

架子牛的优劣直接决定着肥育效果与效益。在我国目前最好选择夏洛来牛、西门塔尔牛、利木赞牛等肉用或肉乳兼用型公牛与当地母牛杂交的后代，年龄在1.5~3岁，体型大、皮松软，膘情较好，体重在300千克以上，健康无病。

三、驱虫

架子牛入栏后应立即进行驱虫。常用的驱虫药物有阿弗米丁、丙硫苯咪唑、敌百虫、左旋咪唑等。应在空腹时进行，以利于药物吸收。驱虫后，架子应隔离饲养2周，其粪便消毒后，进行无害化处理。

四、健胃

驱虫3日后，为增加食欲，改善消化机能，应进行一次健胃。常用于健胃的药物是人工盐，其口服剂量为每头每次60~100克。

五、饲养管理

肥育架子牛应采用短缰拴系，限制活动。缰绳长0.4~0.5米为宜，使牛不便趴卧，俗称“养牛站”。饲喂要定时定量，先粗后精，少给勤添。刚入舍的牛因对新的饲料不适应，头一周应以干草为主，适当搭配青贮饲料，少给或不给精料。肥育前期，每日饲喂2次，饮水3次；后期日饲喂3~4次，饮水4次。每天上、下午各刷拭一次。经常观察粪便，如粪便无光泽，说明精料少，如便稀或有料粒，则精料太多或消化不良。

六、日粮配方

在我国架子牛肥育的日粮以青粗饲料或酒糟、甜菜渣等加工副产物为主，适当补饲精料。精粗饲料比例按干物质计算为1∶1.2~1.5，日采食干物质量为体重的2.5%~3%。

第四节　高档牛肉生产技术

高档牛肉是指能加工高档食品如牛排、烤牛肉、肥牛肉的优质牛肉。我国对高档牛肉还没有统一的标准，但要求肌肉间沉积适量脂肪，大理石纹明显。高档牛的市场价格较高，饲养加工一头高档肉牛，比饲养加工本地牛要多增加收入 2 000 元，经济效益高。

一、高档牛肉标准

1. 年龄与体重要求　牛年龄在 30 月龄以内，屠宰活重为 500 千克以上，达满膘，体形呈长方形，腹部下垂，背平宽，皮较厚，皮下有较厚的脂肪。

2. 胴体及肉质要求　胴体表面脂肪的覆盖率达 80%以上，背部脂肪厚度为 8～10 毫米，第十二、十三肋骨脂肪厚为 10～13 毫米，脂肪洁白、坚挺；胴体外型无缺损；肉质柔嫩多汁，剪切值在 3.62 千克以下的出现次数应在 65%以上；大理石纹明显；每条牛柳 2 千克以上，每条西冷 5 千克以上；符合西餐要求，用户满意。

二、高档牛肉生产体系

高档牛肉生产应实行产加销一体化经营方式，在具体工作中重点从优质肉牛生产技术、高档牛肉冷却配套技术、分割技术、冷却保鲜技术等四个环节把握。

（一）优质肉牛生产

生产高档牛肉，必须建立优质肉牛生产基地，以保证架子牛牛源供应。最好能建立育肥牛场，当架子牛饲养到 12～20 月龄，体重达 300 千克左右时，集中到育肥场育肥。生产优质肉牛要注意以下几个环节。

1. 品种　高档牛肉对肉牛品种要求并不十分严格，据实验测定，我国现有的地方良种或它们与引进的国外肉用、兼用品种牛的杂交牛，如夏洛来牛、利木赞牛、西门塔尔牛等肉用或肉乳兼用牛与本地黄牛母牛杂交的后代，经良好饲养，均可达到进口高档牛肉水平，都可以作为高档牛肉的牛源，也可用当地优良品种，如秦川牛、鲁西黄牛等作为高档牛肉的牛源。但从复州牛、科尔沁牛屠宰成绩上看，未去势牛屠宰成绩低于阉牛，为此育肥前应对牛去势。

2. 年龄 生产高档牛肉，对育肥牛的年龄要求比较严格，良种黄牛 2~2.5 岁开始育肥，公牛 1~1.5 岁开始育肥，阉牛、母牛 2~2.5 岁开始育肥。

3. 育肥技术 生产高档牛肉，育肥时要采取高能量平衡日粮、强度肥育技术及科学的管理。肉牛在犊牛及吊架子牛阶段可以放牧饲养，也可以舍饲，但最后必须经过 100~150 天的强度育肥，日粮以精料为主。所用饲草料必须严格管理，确保质量。宰前的活体重必须达到 550~600 千克，否则，胴体质量就达不到应有的级别要求。

4. 饲养管理 据我国生产力水平，现阶段架子牛饲养应以专业乡、专业村、专业户为主，但要实行规范化管理。育肥前驱虫，免疫；注意牛舍内通风良好，卫生清洁；冬季要注意保暖，夏季要注意防暑。

（二）建立现代化肉牛屠宰场

高档牛肉生产有别于一般牛肉生产，屠宰企业无论是屠宰设备、胴体处理设备、胴体分割设备、冷藏设备、运输设备应均需达到较高的现代化水平，屠宰加工必须符合高档牛肉的屠宰工艺要求。一般高档牛肉屠宰要注意以下几点。

1. 肉牛的屠宰年龄必须在 30 月龄以内，30 月龄以上的肉牛一般是不能生产出高档牛肉的。

2. 屠宰体重在 500 千克以上，因牛肉块重与体重呈正相关，体重越大，肉块的绝对重量也越大。其中，牛柳重量占屠宰活重的

0.84%～0.97%，西冷重量占1.92%～2.12%，去骨眼肉重量占5.3%～5.4%，这三块肉产值可达一头牛总产值的50%左右；臀肉、大米龙、小米龙、膝圆、腰肉的重量占屠宰活重的8.0%～10.9%，这五块肉的产值约占一头牛产值的15%～17%。

3. 屠宰胴体要进行成熟处理。普通牛肉生产实行热胴体剔骨，而高档牛肉生产则不能，胴体要求在温度0℃～4℃条件下吊挂7～9天后才能剔骨。这一过程也称胴体排酸，对提高牛肉嫩度极为有效。

4. 胴体分割要按照用户要求进行。一般情况下，牛肉分割为高档牛肉、优质牛肉和普通牛肉三部分。高档牛肉包括牛柳、西冷和眼肉3块；优质牛肉包括臀肉、大米龙、小米龙、膝圆、腰肉、腱子肉等；普通牛肉包括前躯肉、脖领肉、牛腩等。

第三部分
肉牛常用饲草栽培及加工技术

DISAN BUFEN

ROU NIU CHANG YONG SI CAO ZAI PEI JI JIA GONG JI SHU

第一章　常用多年生牧草栽培技术

牧草饲料是养牛业发展的基础，没有充足的牧草饲料，就不会有优质、高效的肉牛产业。肉牛的饲料，绝大部分是植物性饲料，而其中适口性好、营养成分高、产量高的当数牧草。目前，由于天然草场的退化，草原生态失衡，产草量下降，可饲用牧草的种类少，不能适应现代养牛业发展的需求，人类越来越多地依靠人工草地发展养牛。下面重点介绍肉牛常用的饲草栽培及加工利用技术。

第一节　苜　蓿

一、植物学特征及生物学特性

苜蓿为豆科苜蓿属多年生草本植物，因产量高，品质优良，适应性广，经济效益好而在国内外有“牧草之王”的美称。苜蓿喜温暖半干燥气候，耐寒，最适宜的生长温度25℃，但成年植株能耐受－30℃的低温。略耐盐碱，不耐酸，土壤pH值以6~8为宜。苜蓿对土壤的要求不严，但在重黏土、低湿土，强酸，强碱土壤中难生存。其突出的优点表现在饲用上。

（一）产量高

紫花苜蓿的产草量因生长年限和自然条件不同而变化范围很大，播后2~5年的每亩鲜草产量一般在2 000~4 000千克，干草产量500～800千克。在水热条件较好的地区每亩可年产干草733～800千克；干旱低温的地区，每亩产干草400～730千克。

（二）利用年限长

紫花苜蓿寿命可达30年之久，田间栽培利用年限多在7～10年左右。但其产草量在进入高产期后，随年龄的增加而下降。

（三）再生性强，耐刈割

紫花苜蓿再生性很强，刈割后能很快恢复生机，一般一年可刈割2～4次，多者可刈割5～6次。

（四）草质好、适口性强

紫花苜蓿茎叶柔嫩鲜美，不论青饲、青贮、调制青干草、加工草粉、用于配合饲料或混合饲料，各类畜禽都最喜食，也是养猪及养禽业首选青饲料。

（五）营养丰富

紫花苜蓿茎叶中含有丰富的蛋白质、矿物质、多种维生素及胡萝卜素，特别是叶片中含量更高。紫花苜蓿鲜嫩状态时，叶片重量占全株的50%左右，叶片中粗蛋白质含量比茎秆高1～1.5倍，粗纤维含量比茎秆少一半以上。在同等面积的土地上，紫花苜蓿的可消化总养料是禾本科牧草的2倍，可消化蛋白质是2.5倍，矿物质是6倍。

（六）肥田增产

紫花苜蓿发达的根系能为土壤提供大量的有机物质，并能从土壤深层吸取钙素，分解磷酸盐，遗留在耕作层中，经腐解形成有机胶体，可使土壤形成稳定的团粒，改善土壤理化性状；根瘤能固定大气中的氮素，提高土壤肥力。2～4龄的苜蓿草地，每亩根量鲜重可达1 335～2 670千克，每亩根茬中约含氮15千克，全磷2.3千克，全钾6千克。每亩每年可从空气中固定氮素18千克，相当于

55千克硝酸铵。苜蓿茬地可使后作三年不施肥而稳产高产。增产幅度通常为30%～50%，高者可达1倍以上。农谚说："一亩苜蓿三亩田，连种三年劲不散"。

二、利用技术

1. 青刈利用以在株高30～40厘米时开始为宜，早春掐芽和细嫩期刈割减产明显。调制干草的适宜刈割期，是初花期左右，二者利用期均不得延至盛花期后。

2. 收种适宜期是植株上1/2～2/3的荚果由绿色变成黄褐色时进行。收草田不能连续收取种子。种子田也应每隔1～2年收草一次。

3. 紫花苜蓿在利用中应根据需要和播种面积，有计划地生产种子和草产品，提供商品经营。

4. 收草和收种的利用年限，应视种子和产草量最高年限而定。

5. 紫花苜蓿用于放牧利用时，以猪、鸡、马属家畜最适宜。放牧反刍畜易得臌胀病，结荚以后就较少发生。用于放牧的草地要划区轮牧，以保持苜蓿的旺盛生机，一般放牧利用4～5天，间隔35～40天的恢复生长时间。如放牧反刍畜时，混播草地禾本科牧草要占50%以上的比例；应避免家畜在饥饿状态时采食苜蓿，放牧前要先喂以燕麦、苏丹草等禾本科干草，还能防止家畜腹泻。为了防止膨胀，可在放牧前口服普鲁卡因青霉素钾盐，成畜每次量50～75毫克。

6. 紫花苜蓿用于调制干草时，要选择晴朗天气一次割晒，防止雨淋，以免丢失养分降低质量，平晒结合扎捆散立风干再堆垛存放。有条件的待晒至半干时移至避光通风处阴干。干草必须保持绿色状态。存放过程中应勤检查，以防霉变造成损失。用裹挟碾压法（也叫染青法）调制，效果很好。即在麦收季节或苜蓿青刈割晒干期，将刈割的鲜嫩苜蓿青草，均匀铺摊在上下两层干麦草或其他用于饲料的柔软干燥禾谷类秸秆夹层内，用石磙反复碾压至茎秆破裂。可使鲜嫩苜蓿迅速干燥。避免养分丢失。苜蓿压出汁液吸入秸秆，混合贮存，混合铡碎或粉碎饲喂。不但提高了秸秆适口性，也提高了营养价值。

三、栽培要点

（一）土壤耕作与施肥

紫花苜蓿种子细小，幼芽细弱，顶土力差，整地必须精细，要求地面平整，土块细碎，无杂草，墒情好。紫花苜蓿根系发达，入土深，对播种地要深翻，才能使根部充分发育。紫花苜蓿生长年限长，年刈割利用次数多，从土壤中吸收的养分亦多。播种前，要进行浅耕或耙耘整地，结合深翻或播种前浅耕，每亩施有机肥1500～2500千克，磷肥20～30千克为底肥。

（二）种子

播种前要晒种2～3天，以打破休眠，提高发芽率和幼苗整齐度。

（三）播种量

用草地每亩1.5千克，干旱地、山坡地或高寒地，播种量提高到1.8～2.0千克。

（四）播种期

可分为三种情况。春播，春季土地解冻后，与春播作物同时播种，春播苜蓿当年发育好产量高，种子田宜春播。夏播，干旱地春季少雨，土壤墒情差时，可在夏季雨后抢墒播种。秋播，秋播不能迟于 8 月中旬，否则会降低幼苗越冬率。

（五）播种深度

视土壤墒情和质地而定，土干宜深，土湿则浅，较壤土宜深，重黏土则浅，一般 1～2.5 厘米。

（六）播种方法

采用条播、单播。条播行距 25～30 厘米。播后耙耱。进行保护播种，不仅当年苜蓿产量不高，甚至影响到第二年的收获量，最好实行单播。

（七）田间管理

播种后，出苗前，如遇雨土壤板结，要及时除板结层，以利出苗。苜蓿的苗期生长十分缓慢，易受杂草危害，要中耕除草 1～2 次。播种当年，在生长季结束前，刈割利用一次，植株高度达不到利用程度时，要留苗过冬，冬季严禁放牧。二龄以上的苜蓿地，每年春季萌生前，清理田间留茬，并进行耕地保摘，秋季最后一次刈割和收种后，要松土追肥。每次刈割后也要耙地追肥，灌溉结合灌水追肥，入冬时要灌足冬水。苜蓿刈割留茬高度 3～5 厘米，但干旱和寒冷地区秋季最后一次刈割留茬高度应为 7～8 厘米，以保持根部养分和利于冬季积雪，对越冬和春季萌生有良好的作用。秋季最后一次刈割应在生长季结束前 20～30 天结束，过迟不利于植株根部和根茎部营养物质积累。紫花苜蓿病虫害较多，常见病虫害有霜霉病、锈病、褐斑病等，可用霜霉疫净，粉锈宁，百里通等防治。虫害有蚜虫，蓟马，盲蝽，金龟子等。蚜虫可用 25%的吡虫啉可湿粉剂 1500 倍进行喷施。一经发现病虫害露头，如果接近刈割期，提前刈割为宜。

第二节　红豆草

一、植物学特征及生物学特性

红豆草为豆科红豆草属多年生草本植物，寿命2~7年，株高60~80厘米，喜温暖干燥气候，适宜栽培在年均温12℃~13℃、无霜期140天左右、年降水400毫米左右的地区。种子成熟需≥0℃的积温1 550℃。种子在1~2℃下即开始发芽或春季气温回升至3℃~4℃开始返青。一般4月上旬播种，6月中旬开花，8月中旬种子成熟。其抗旱能力超过苜蓿，抗寒能力不及苜蓿。红豆草对环境要求不严，最适宜生长在富含石灰质、疏松的碳酸盐土和肥沃的农田土中，不宜栽培在酸性土、柱状碱土和地下水位高的地区。

二、饲用价值

红豆草作饲用，可青饲，青贮、放牧、晒制青干草，加工草粉、配合饲料和多种草产品。青草和干草的适口性均好，各类畜禽都喜食，尤为兔所贪食。与其他豆科不同的是，它在各个生育阶段均含很高的浓缩单宁，可沉淀，能在瘤胃中形成大量持久性泡沫的可溶性蛋白质，使反刍家畜在青饲、放牧利用时不发生膨胀病。红豆草的产量因地区和生长年限不同而不同。在水肥条件差的干旱地区，2~3龄平均亩产干草250~500千克；在水热条件较好的地区，每亩产鲜草1 400千克，在沟坡地每亩产鲜草950千克；在水肥热条件都好的灌区，播种当年亩产鲜草即达1 500千克，二龄亩产2 500千克，2~4龄最高可达3 500千克；在海拔2 600多米，热量不足的地区，播种当年可生长到开花期，平均亩产干草143千克，二龄亩产248千克，四龄产量最高达到663千克，从五龄开始产量下降，每亩为433千克。从1～4龄多年间产量构成看，播种当年占9.2%、第二年占16%、第三年占32.2%、第四年占42.6%，逐年递增，以第三年增幅最大。红豆草的一般利用年限为5～7年，从第五年开始，产量逐年下降，渐趋衰退，在条件较好时，可利用8～10年，生活15～20年。种子产量一般为40～100千克。红豆草与紫花苜蓿比，春季萌生早，秋季再生草枯黄晚，青草利用时期长。饲用中，用途广泛，营养丰富全面，蛋白质、矿物质、维生素含量高，收籽后的秸秆，鲜绿柔软，仍是家畜良好的饲草。调制青干草时，容易晒干、叶片不易脱落。1千克草粉，含饲料单位0.75个，含可消化蛋白质160～180克，胡萝卜素180毫克。

三、栽培要点

（一）土壤与耕作

红豆草对土壤要求不严，大多数土壤上生长发育良好，比紫花苜蓿的适应范围广。旱地通常在前作物收获后，即进行伏耕灭茬灭草熟化土壤，秋季深翻耙耱蓄水保墒，翌年种植。水热条件较好的地在麦收后及时浅耕灭茬，施肥整地后即行种植。

（二）施肥

结合秋耕深翻每亩施用有机肥料2 500～3 500千克，过磷酸钙20～30千克作底肥，土壤瘠薄的土地，播种时要加施速效氮肥，硝酸铵每亩10～15千克。

（三）播种

红豆草种子是带荚播种。每亩用量3～4千克。该草虽然籽粒大，但它是子叶出土植物，播种时覆土要浅，适宜播种深度为 2～4 厘米。干旱、半干旱区适宜播期，在春季土壤解冻后及时抢墒播种，如土壤墒情过差时，也可在初夏雨后播种，播种后一定要镇压接墒，以利出苗。在湿润、半湿润区，春、夏、秋三季都可播种，秋播的不应迟于 8 月中旬，否则幼苗越冬不好。播种方法有单播、条播，播种行距，种子田 30 厘米，收草地 20 厘米。

（四）田间管理

出苗前要防止土壤板结，苗期要及时锄草、中耕松土。播种当年的草地要严加管护，防止人畜进入损害幼苗。冬季要镇压，防止土壤水分蒸发，预防根茎受旱、受冻，提高越冬率。冬季严禁放牧，防止牲畜刨食根茎，造成越冬死亡。越冬后的草地，要在早春萌生前进行耙地保墒。生长期间，草层达不到利用高度时，严禁提前刈割或放牧，以免损伤生机，影响以后产量。每次刈割后，要结合行间松土进行追肥，每亩施磷酸二铵 7.5～10 千克，增产效果显著。春季萌生前耙集残茬焚烧，消灭病虫害，是提高产量的重要农业技术措施。

（五）收获利用

收草地不论青饲或调制青干草，均应在开花期进行。需要提出的是，红豆草的耐刈割性较紫花苜蓿为弱，播种当年只能利用一次。若第二年刈割 4 次以上或每隔一月利用一次时，虽然当年可收获较高产量，对越冬也无明显影响，但到翌年生长季，植株大为稀疏；若将第一次刈割期推迟到盛花期，以后每隔 30～40 天刈割一次，一般一年刈割 2～3 次，则对寿命和越冬均无影响；开花前刈割和秋季重牧对越冬有不良影响。生长季结束前 30 天停止刈割或放牧利用。红豆草不宜连作。如果连作，则易发生病虫害，生长不良，产量不高；更新时，须隔5～6年方能再种。茬地肥效高，增产效果明显，在草田轮作中有重要作用，是燕麦、大麦、玉米、高粱、小麦等禾谷类饲料及农作物良好的前作。红豆草不论收草还是收种，利用4～5年后即可翻耕。茬地翻耕比紫花苜蓿容易，土壤较疏松，根腐烂快。翻耕宜在夏季高温季节进行，秋季翻耕，根不易腐烂，影响翌年播种。收种，红豆草花期长，种子成熟很不一致，成熟荚果落粒性强，小面积可分期采收，大面积在50%～60%的荚果变为黄褐色时，于早晨露水时一次收割，收割工作要在短期内完成。

第三节　沙打旺

一、植物学特征及生物学特性

沙打旺是豆科黄芪属多年生草本植物。主根粗长弯曲，侧根发达，细根较少。入土深度1～2米，深者达6米，根幅150厘米左右。沙打旺为灰钙土指示植物。其适应性很强，具有抗寒、抗旱、抗风沙、耐瘠薄、耐盐碱，而忌湿嫌涝等特点。幼苗4叶龄时，即能经受-30℃短期低温，半成熟荚果在-6℃条件下，可继续发育至成熟。沙打旺根深，叶小，全株被毛，有明显的旱生结构，在年降水量350毫米以上的地方均能正常生长。已萌发的幼苗，被风沙埋没3～5厘米，仍能正常生长。在土层很薄的山地上，肥力最低的沙丘、滩地上，在干硬贫瘠的退耕地上，其他牧草不能生长，而沙打旺却能生长。在土壤pH值9.5～10.0，含盐量0.3%～0.4%的盐碱地上，沙打旺可正常生长，但在低洼易涝地上容易烂根死亡。根据甘肃各地情况看，沙打旺适宜种植在年气温8℃～15℃的地区，刈割一茬需全年≥0℃积温1 800℃~1 900℃，刈割两茬的需3 200℃~3 400℃，种子成熟需无霜期170天以上，需≥10℃积温3 500℃以上。

二、饲用价值

沙打旺用于饲料，其茎叶中各种营养成分含量丰富，可青饲、青贮、调制干草、加工草粉和配合饲料等，但因其植株有微毒，带苦味，适口性差，可与其他牧草适量配合利用，提高适口性。沙打旺利用年限长，产草量高，因气候条件及灌溉条件不同而影响其产量。当年亩产鲜草400~2 000千克，两年后可达3 000~5 000千克。沙打旺的蛋白质含量低，不宜单独青贮，要与其他禾草混合青贮（沙打旺占30%）。

三、栽培技术

（一）土壤耕作与施肥

沙打旺对土壤要求不严，适应性广，在耕地、弃耕地和退化、沙化、盐碱化等各类土壤上均能种植。大面积播种，要因地制宜地采用多种方式的耕作措施。对坡度在25度以下的梁峁地、弃耕地，可进行翻耕整地；对坡度在25度以上的大面积、长坡面的草山草坡，可沿等高线进行水平沟整地。整理成沟距40~100厘米，沟宽10~20厘米，或平整1~2米宽度的反坡梯田。对地形破碎的地方，可挖一定间距5~20厘米深的小穴整地，每平方米10~20穴，或进行鱼鳞坑整地。采用飞机播种的，原生植被在10%~30%的可不作地面处理，超过30%的必须进行地面处理，可采用耕、耙、挖、烧山或使用除莠剂等方法。沙打旺耐瘠薄，一般播种不进行施肥，有条件的，对种子田可适当施用有机肥和磷肥播种。

（二）播种

播种前要晒种 1 ~ 2 天，清除菟丝子。种子田要播种国家或省级牧草种子标准规定的Ⅰ级种子，收草的用Ⅰ、Ⅱ、Ⅲ级种子均可。播种量视其利用目的而定，种子田、缓坡、弃耕地或耕地每亩播量 0.1 ~ 0.2 千克；收草的，每亩播种量 0.2 ~ 0.3 千克，陡坡地、地面不处理，播量加大 20%。播种深度宜浅不宜深，一般 0.5 ~ 1.0 厘米，在有连阴雨天气时，还可进行地面播种。播种期以春夏两季为宜，也可在土壤开始封冻时，进行寄子播种，种子田宜春播，春旱严重但土壤保墒好的地方，应在早春播种。飞播的，应在 6 ~ 7 月雨季按规程要求选期播种，过迟不利越冬。播种方法有单播、混播、间作和套种，在改良天然草地，建立人工草地，用作绿肥的，一般都采用单播。方法上，有条播、撒播和穴播；种子田要条播或穴播，条播行距 50 ~ 80 厘米，穴距 30 ~ 40 厘米；撒播后要采用耙耱，拉划或放牧羊群踩踏镇压覆土；破碎，间隙小块地采用穴播。

（三）田间管理

沙打旺幼苗生长缓慢，易受杂草危害，在 2 ~ 3 片真叶时就应中耕除草；播种当年要严加管理，严禁牲畜放牧，损伤幼苗。对出苗不齐或漏播地段要于当年或第二年及时补播，当年补播不能过晚，以免影响越冬。刈割留茬高度不宜过高，一般 5 ~ 6 厘米。沙打旺常见虫害有蚜虫、金龟子等，要及时进行药物防治；常见病害有白粉病、茎腐病、根腐病等，对白粉病还可用多菌灵或退菌特防治。菟丝子是危害沙打旺最严重的寄生植物，除认真做好种子除杂工作外，生育期一旦发现，还要连同被害植株全部拔除销毁或深埋，也可用鲁保一号菌剂喷施防治。长时间积水或土壤水分过多时，易发生茎腐病和根腐病，应及时做好排水防涝工作。

（四）收获利用

沙打旺饲用的适宜刈割时期为营养生长后期，或株高达 80～100 厘米时进行，其后植株粗老，适口性变差。再生能力较弱，一年内不适宜多次刈割，播种当年留苗过冬，生活两年以上，可刈割 1～2 次，第一次刈割也不能太早，以利生机。沙打旺青贮时，因其粗蛋白质含量高，不宜单独青贮，要与其他禾本科饲草混合青贮，混合比例沙打旺占 25%～35%。青绿沙打旺喂猪，可打浆饲喂或打浆发酵饲喂，还可以打浆窖贮，以扩大冬春季节青绿饲料来源，实行旺季贮存，淡季饲喂。采收种子后的茎秆是上好的燃料和肥料。如果将秸秆切碎或粉碎后，用 2%～3%的食盐水经 3～5 天自然发酵，能显著提高适口性。单独饲喂沙打旺过量，易造成鸡、兔中毒，饲喂牛、羊，要与适口性较好的牧草适量配合利用。采种，沙打旺花期长，种子成熟很不一致，且成熟荚果自然开裂，使种子脱落散失，在原种和良种繁育圃，要分期分批采摘，减少损失；大面积种子田，可在 2/3 荚果变成黄褐色时，一次全面收割，束小捆，集中摆放田间，晾晒至干脱粒。用于流动半流动沙丘地带的防风固沙种植利用时，要用沙蒿、沙拐枣等作保护行，将沙打旺种在行间，以免当年幼苗被风沙埋没、浸蚀，甚至被风吹走。用于绿肥时，可进行异地翻压，在高温高湿条件下效果最好，低湿干燥不易腐熟，如进行堆肥则可在短期内达到腐熟的目的。方法是：在有水源的田间地头，将铡碎的沙打旺茎叶或收种后的秸秆，按 1 份沙打旺，4 份泥土，半份牛马粪的比例，边加水边拌匀，堆 1.5～2.5 米高的方形或圆形堆肥，表面用泥糊严，保温、保湿，防止氮素损失，约 20 天左右高温发酵，即可腐熟，每亩增施 50～100 千克，就能获得显著的增产效果。

第二章　常用的一年生牧草栽培技术

第一节　高　梁

一、高粱的植物学特性

高粱是禾本科高粱属一年生草本植物，属喜温作物，种子发芽的适宜温度为20℃~30℃，耐高温，不耐低温和霜冻，耐涝，抗盐碱，对土壤的适应力强，以富于有机质的壤质土为最好，但在砂质土、酸性土、碱性土、高燥地、低洼地均可生长。

二、饲用价值及利用技术

高粱是北方地区的粮、草、料兼用作物。粮作中是高产作物，籽粒是家畜精饲料，草高粱是农忙季节必有的传统青刈饲草。籽粒含有丰富的无氮浸出物（60%以上），具有能量高的特点，饲用价值与玉米相似。高粱产量高，每亩籽实产量一般250~500千克，每亩青草产量1 500~2 300千克，茎叶嫩绿多汁，味甜香，适口性好，各类家畜均喜食，可青饲、青贮、半干青贮，也可晒制青干草，或加工草粉及其草产品，但是过于幼嫩的茎叶不能直接利用，喂牛的话会引起中毒，一般最早在植株高达1米时可刈割饲用。高粱籽粒除作家畜精料外，也是食用杂粮之一，并可制取淀粉，同时是酿酒和酒精业不能取代的原料。秸秆和脱粒后的花穗是做笤帚、供编织的优质材料。

三、高粱栽培要点

（一）土壤耕作与施肥

高粱对土壤无选择，但若要高产，以疏松、排水良好的壤土或砂壤土最好。播种高粱的土地，要在上年前作收获后进行夏耕或秋耕深翻1~2次，灭除田间杂草，反复耙耱，粉碎土块，整平地面。高粱需肥量较多，播种前结合深翻，每亩施腐熟厩肥2 000~3 000千克，播种时施种肥每亩硝酸铵8~10千克，或磷二铵每亩5~8千克。

（二）播种

为保全苗壮高产，播种用种子须选用成熟好、粒大、饱满，上年收获的纯净新鲜种子。种子在经过严格的清选和品质检验后，晒种1~2天再播种。播种期：高粱是喜温作物，若地温低，湿度大，种子在土壤内存留时间过长不发芽时易引起霉变。草高粱在春季至夏季之间都能播种，具体时间视需要而定。播种量以利用目的、品种和播种方法而异。普通草高粱单播每亩7~10千克，播种方法有条播和撒播，条播行距15~20厘米。播种深度一般3~5厘米，土干宜深，土湿宜浅，播后耱地镇压，土壤墒情较差时，要用镇压器镇压，使土壤与种子紧密接触，以利出苗。

（三）田间管理

高粱幼苗顶土能力差，出苗前如遇水土壤板结时，要及时耙耱或镇压，破除板结层。种子田苗期生长缓慢，易被杂草危害，要及时中耕除草。在苗高10厘米左右或3~4片真叶时，进行第一、二次中耕，苗高20~30厘米时，进行第三次中耕除草。高粱耐旱性强，苗期在土壤不十分干燥时，不需灌水，以便蹲苗。水浇地在定苗后结合追肥灌水一次，可促进生长；拔节至抽穗开花阶段生长加快，需水量增加，可根据降雨情况灌水1~3次，使土壤含水量保持在60%～70%即可。高粱耐涝性虽强，但若长期淹水或田间积水时，仍不利根系生长，应注意及时排除。为保高产，生长期内需进行追肥，每亩施硝酸铵等氮肥8～10千克，磷二铵等复合肥5～8千克。

四、收获利用

用作青饲的草高粱适宜刈割期为孕穗后期至初花期，用于晒制青干草在抽穗期刈割，作青贮料时，在盛花期刈割。高粱在成熟前的籽粒及茎叶内均含有高粱配糖体及其结合的氢氰酸，越幼嫩含量越多，上部叶比下部叶含量多，分蘖株比主茎含量多，受旱或霜冻后含量增加。过于幼嫩的茎叶不能单独多量饲喂，采食过多会引起中毒，若在抽穗前青饲，须与其他青饲料混喂。晒制青干草，氢氰酸多数消失，制作青贮料，氢氰酸基本消失。早刈高粱，留茬5厘米，再生草还可供青刈或放牧利用，但须注意氢氰酸中毒。也可与草玉米混播，混播比例，高粱、玉米以各半为宜。

第二节　饲用玉米

一、植物学特征及生物学特性

饲用玉米是禾本科玉米属一年生草本植物，属喜温作物，种子发芽最适宜的温度为24℃～26℃，其生育期为80～140天，也因之而将其分为早熟（生育期80～95天）、中熟（生育期95～120天）、晚熟（生育期120～140天）品种。玉米对水分的需求量大，对土壤的要求不严，各类土壤均可种植，但在有机质多，土层深厚，养分充足，排水、通气好、土壤肥沃的地方生长较好。

二、饲用价值

玉米是主要的粮食作物，也是家畜优良的青饲料和青贮料原料，素有“饲料之王”的称号。玉米籽实是优良的精饲料。不但营养总量高且在养分上具有糖分多、适口性好、淀粉多、易消化、脂肪多、热能高等特点。收籽后的秸秆及时青贮，玉米芯粉碎后，又是良好的粗饲料。玉米加工副产物也是畜禽日粮的基本组成部分。青刈玉米柔嫩多汁，含糖量高，适口性特好，各种家畜均喜食，尤适于作奶牛的青饲料。玉米青贮是家畜良好的贮备饲料，特别在与豆科牧草混合青贮时，青贮料的营养价值更高，是养牛业不可缺少的冬春饲料。玉米饲用价值高，籽粒是加工配合饲料、混合饲料和浓缩饲料的主要原料。发展玉米生产不仅能够增产粮食，而且也为畜牧业的迅速发展提供了物质基础。玉米饲用产量高，一般亩产籽粒200～300千克，高者达500千克以上。密植栽培，抽穗期青刈亩产青草1 500～2 000千克，高者达4 000千克，乳熟期至蜡熟期收获全株青贮，亩产青草3 500～4 000千克，高者可达5 000千克。

三、栽培技术

（一）整地与施肥

玉米种植地应深耕疏松土壤，一般翻耕深度不少于20～30厘米。春播玉米地应在头年前作收获后浅耕灭茬，蓄水保墒。翌年春结合翻耕施足底肥，耙耱整平地面，实施播种。玉米在饲用栽培中一般采用间作、套种、混作、复种等方式，获得高产优质的青刈料和青贮料，是充分利用土地与光热资源行之有效的增产措施。

（二）种子与播种

玉米优良品种较多，饲用玉米要具有植株高大，茎秆繁茂，抗倒伏，抗病虫等特点。青贮玉米要求茎秆多果穗，汁液含量6%，全株粗蛋白质7%以上，粗纤维在30%以下；籽实兼饲用玉米的，要求籽实优质高产，在籽实达到蜡熟期时，茎叶依然青嫩多汁，且适口性好，消化率高。在播种时要根据不同的用途选择相应的品种。播前要晒种，以提高其发芽率。玉米的播种期各地差异较大，一般春玉米宜在10厘米土层的温度稳定在10℃~12℃时播种。青饲与青贮玉米应按青饲与青贮的需要时期，结合当地耕作制度，采用不同的方式分期分批播种。一般青饲玉米的最迟播种期宜在霜冻前能长到一定的高度，有一定的收获量为准，如能长到抽穗或开花则更好。青贮玉米宜在霜冻前能长到乳熟末期为适宜。玉米每亩播种量为：条播3~4千克，穴播1.5~2.5千克，机播1~1.5千克。用作青贮时，可按一般播量增加25%~30%。用作青饲时可增加50%。播种方法有条播与点播两种，青饲用行距30厘米。播种深度按其土壤水分状况而定，土壤水分条件好，覆土4~7厘米，土壤干燥覆土8~10厘米。

（三）田间管理

玉米播种后要及时检查苗情，发现缺苗应及时补种或移苗补栽，每亩株数保持在4 500~6 000株为宜。通常在2~3片真叶时间苗，在4片真叶时定苗。灌水要和追肥同时进行，从拔节到抽穗需使土壤水分增加到田间持水量的70%~80%。

（四）收获与利用

青刈玉米可根据需要从吐丝到蜡熟期随时割用，可铡短喂牛、羊，用于喂架子猪要粉碎或打浆后喂给。青贮玉米宜在乳熟至蜡熟期收获。如果把果穗留作食用，只贮茎叶时，可在蜡熟末期收果穗，青贮茎叶，仍可获得数量多、品质好的青贮料。

第三节　燕麦

一、植物学特征和生物学特性

燕麦是禾本科燕麦属一年生草本植物，适宜在气候爽、雨量充沛的地区生长，耐寒耐湿不耐热，种子发芽的最低温度为3℃～4℃，适宜温度15℃～20℃，成株在-4℃时不受冻害，一般拔节到成熟要求10℃～13℃；抗旱能力差，燕麦对土壤要求不严，在黏土、壤土、泽沼土上均可栽种，以富含有机质的黏土和砂土为最适宜，但不宜在干燥砂土上种植。燕麦生育期因品种而异，一般在75～125天。燕麦对氮肥的反应敏感，适量施用，可大幅度提高饲草产量。但氮肥过多易促成徒长晚熟，或引起倒伏，造成减产。

二、利用价值

燕麦是一种优良的草料兼用型作物，其叶多茎少，叶片宽长，柔嫩多汁，适口性强，是一种很好的青刈饲料，也可青贮和调制干草。燕麦籽实中含有大量的易消化的营养物质，富含蛋白质，是肉牛等家畜的好精料。一般亩产青干草400～600千克，亩产籽实150～200千克，如果与豆科牧草混播，可获得量质兼优的青饲料。

三、栽培技术

（一）整地与施肥

牧区新垦地种植燕麦，要在土壤解冻后深翻草皮，反复切割，交错耙耱，粉碎土垡，整平地面，蓄水保墒。头两年可不施肥。耕地种植时，要在前作收获后浅耕灭茬，蓄水保墒。翌年结合翻耕施足底肥，每亩施有机肥 1 000 ~ 1 500 千克。

（二）种子与播种

燕麦以春播为主，从 4 月下旬到 6 月上旬均可播种，一般收获籽实的在 4 月份播种，收获饲草的在 5 月份播种。播种量因用途和水分条件而异，每亩播种量为：种子田 12.5 ~ 15.0 千克，收草田 15.0 ~ 17.5 千克。播种方式：一般采用撒播，有条件时宜条播，行距 15 ~ 20 厘米；可单播，也可与其他牧草混播。如用作老芒麦的保护作物播种时，每亩播量为 7 ~ 8 千克，与箭舌豌豆混播的比例为 6：4。播种深度 3 ~ 4 厘米。

（三）田间管理

燕麦在苗期应注意除草，拔节期适量追施氮肥，可显著提高产草量。

（四）收获利用

燕麦的收获期因利用目的不同而异，以收籽实为目的的，可在穗上部的籽实达到完熟、下部的籽实蜡熟时收获；青刈的燕麦可在拔节到开花期刈割，晒制干草或青贮时可在乳熟期至蜡熟期刈割。籽粒用作精料时，可根据不同的饲喂对象，粉碎成粉状或颗粒状，或整粒投喂。

第三章　肉牛常用饲草的加工与调制技术

饲喂肉牛的饲草种类很多，包括人工种植的牧草、鲜玉米秸、青贮玉米等。这些饲草都具有含水量高、蛋白质丰富等特点，是肉牛维生素的主要来源。但是这些青绿饲草在生产上具有明显的季节性，且因含水量高，不易长期保存，难以实行四季的均衡供应，尤其在北方，冬春季节青绿饲料非常缺乏。因此，采用制作青贮饲料、调制人工干草、草粉、草块及草粉制粒、提取青绿饲料蛋白质、打浆等加工技术，还可采用氨化、酶贮技术加工调制秸秆，以提高农作物秸秆的饲用率和消化率。下面重点介绍几种常用的饲草加工调制技术。

第一节　青干草的加工调制技术

青干草是指新鲜牧草、青绿饲料作物、野草或其他可饲用植物，在未结籽实前适时刈割，经过自然干燥或人工干燥的方法，使其水分含量降到一定标准，达到能贮藏、不易变质的绿色干草。调制良好的干草，粗蛋白质含量一般为10%～21%，能较好的保存青绿饲料的营养成分。

一、青干草调制的基本原理

通过自然温度或人工加温的方法，使植物组织迅速脱水，在短期内尽快将分解营养物质的酶钝化，使植物细胞停止呼吸，终止养分消耗，停止一切化学变化，从而使牧草达到长期保存的目的。

二、调制干草过程中造成部分养分损失的原因

（一）生理损失

牧草在干燥过程中，植物细胞的呼吸作用和氧化分解作用，致使部分养分损失，一般损失量占青干草总养分的 5%～10%。牧草在生长期间，含水量 70%～90%，刈割后，水分的散发速度相当快，其体内未死亡的植物细胞的生理活动会使营养物质部分破坏。刈割后 5～8 小时，其水分降到 40%～50%，植物细胞死亡，呼吸作用停止，但植物体仍进行着氧化作用。当水分降至 18%左右时，植物细胞体内的各种酶的作用逐渐停止，养分不再遭到破坏。因此为减少牧草因植物细胞的呼吸和氧化作用而造成的损失，在制作青干草时，要采取有效措施，使水分迅速降到 17%以下，并减少阳光的直接暴晒。

（二）机械作用造成的损失

在运输、晒制、贮藏过程中，由于搂草、翻晒、运输、堆垛等机械操作，造成一部分嫩叶脱落、细枝破碎而损失，禾本科可损失 2%～5%；豆科牧草可损失 15%～30%；叶片可损失 20%～30%；嫩枝可损失 6%～10%。刈割后以小堆垛的形式干燥比平铺干燥的方法损失小。

（三）光化学作用造成的损失

光化学作用也叫日光漂白作用，是指在自然干燥过程中，由于阳光的直接照射使植物体内的胡萝卜素、维生素 C 等部分维生素因光化学作用而被破坏。一般日光照射时间越长损失越大。

(四) 雨淋造成的损失

在晒制干草过程中，如遇雨天，营养物质会损失较大，无机物损失可达 67%，碳水化合物损失可达 37%，其损失远远大于机械作用的损失。

(五) 微生物作用造成的损失

鲜草或干草是微生物活动的场所，当青干草的含水量、温度、湿度达到微生物活动的适宜条件时，霉菌、腐败菌等微生物大量繁殖，导致干草发霉变质，品质下降。发霉的干草里有氨、硫化氢、吲哚等气体和一些有机酸，不能喂牛。

三、优质青干草应具备的条件

第一，要适时刈割。刈割过早，会影响营养物质的总产量；刈割过晚，纤维素和木质素的含量会大量增加，可消化蛋白质等养分含量减少。不同的牧草有不同的适宜刈割时间，一般禾本科牧草在抽穗前刈割，豆科牧草在现蕾期刈割。

第二，要具有较深的颜色。茎秆上每个节基部的颜色是其所含养分高低的标志，如果颜色深绿部分越长，则干草的品质越好。

第三，具有特殊的清香气味。气味越芳香，品质越好。

第四，含水量在 14%～17%。

第五，应保留大量的叶、嫩枝、花蕾等营养价值较高的器官。

四、青干草的调制方法

青干草的制作方法一般分自然干燥法和人工干燥法两种。

自然干燥法就是利用太阳的照射，使牧草的水分含量降到 20%的过程。这种方法不需要设备，操作简单，但效率低；劳动强度大，制作的干草质量差，受天气的影响大，但成本低。大部分农户用这种方法晒制干草。用这种方法调制干草，要充分考虑当地雨季来临时间，提前或推迟刈割时间，以便避开雨季。

1. 自然干燥法

自然干燥法一般有摊晒法、草架干燥法、发酵干燥法。

(1) 摊晒法　牧草刈割后，在草场就地铺开晾晒，适当翻动，待水分降至40%～50%时，用耙子把草搂成松散的草垄或1米高的小堆，保持草堆的松散通风，使其自然风干至含水量20%～25%，这时可将草运至固定场，堆成大堆，使其继续风干。

(2) 草架干燥法　用树木搭成三角形的搭草架，把牧草刈割后先就地晾晒1~2天，使其含水量降至45%～50%，然后将草上架晾晒。上架时要自下而上逐层堆放，草层的厚度不超过70～80厘米，或者将牧草打成15厘米左右的小捆。堆放时将草捆的顶端朝里，堆成圆锥形或房脊形，架堆的外层切平整。草架中留有通道，利于空气流通，加快牧草水分散失，提高其干燥速度。

(3) 发酵干燥法　有些地区，在牧草收割季节雨水较多，收割后的牧草来不及干燥往往就遭雨淋，不能用普通的方法将其调制成干草，可采用发酵的方法。将收割的牧草通过翻晒或平铺到地面上晾晒，在其水分降至50%时分层堆积至3～5米高，逐层压实，表层用塑料膜或土覆盖，使草迅速发热。待草堆内温度达到60℃～70℃时，打开草堆，发酵产生的热量很快蒸散，可在短时期内将牧草风干或晒干。用这种方法制作的干草呈棕色，具有酸香味。如果遇上多雨天气无法晾晒时，可以堆放1～2个月，类似于青贮原理，一旦雨停，马上晾晒。为防止发酵过度，可在每层牧草上撒上0.5%～1.0%的食盐。一般情况下不用这种方法制干草，因为无氮浸出物的损失达40%，除非气候条件十分恶劣。

2. 人工干燥法

人工干燥法一般有常温鼓风干燥法、径向通风干燥法、燃料热力干燥法。

(1) 常温鼓风干燥法　为了保存营养价值高的叶片、花序、嫩枝，减少干燥后期阳光暴晒对维生素等的破坏，可采用这种方法。将收割的牧草就地晾晒到水分降至40%～50%时，再贮入结构简单的贮存仓，以通风为主，或用冷风或低温的加热空气干燥牧草。仓内设有风道系统（主风道、侧向风道）、栅板、轴流风机等组成的通风干草系统。风机向风道送风，穿过地板隙，穿过牧草堆积层，水分由废气携出排走，经7～14天可使水分降至20%左右。在实际生产中，也可以用加热装置加热空气，向仓内送热空气（70℃），以加快干燥速度。用这种方法调制干草时只要不受雨淋、渗水的危害，就能获得优质的青干草，其优点是设备简单，能耗低，缺点是干燥周期长，进出仓劳动强度大。

(2) 径向通风塔干燥法　径向通风塔是一种具有透光仓壁的圆柱形塔仓，塔中央有一根分层通气的圆柱形管道，经活动阀再通过牧草层，径向快速穿过仓壁散出，但顶部是密封的，靠近中央管处的牧草首先干燥，然后向外扩散。其加工工艺为：收割→晾晒至含水50%→铡短（小于10厘米）→气力输送→摊草器摊草→间歇式通风。

(3) 燃料热力干燥　指用燃料加热空气以烘干牧草的方法，它与通风干燥并无严格界限，一般有低温和高温两种形式。低温干燥法采用加热的空气，将青草水分烘干，干燥时的温度如为50℃～70℃，需5～6小时，如为120℃～150℃，需5～30分钟即可烘干。所用热源多为固体燃料，浅箱式干燥机每日可生产干草2 000～3 000

千克，传带式干燥机每小时可生产200～1 000千克。高温快速干燥法是利用液体或煤气加热的高温气流，将切碎成2～3厘米的青草在数分钟内使其含水量从80%降低到10%～12%。这种方法多用于工厂化生产草粉或草块，加工时青草中的养分保存90%～95%，消化率特别是蛋白质消化率并不降低。

五、青干草的质量评定

我国对青干草的品质评定无统一的标准，在生产应用上，一般根据干草的外观特征评定其品质。青干草的质量评定分为四个方面：一是含水量。青干草的含水量应在15%~17%，用手紧握时发出沙沙的响声，草束反复折曲时易断，叶片干而卷曲，可堆垛永久保藏。二是颜色、气味。优质的青干草的颜色应该是深绿色，并具有浓郁的芳香味。如果发黄，无香味，则是劣等的。三是品种组成。青干草中的豆科牧草越多，其品质越好。如果豆科牧草的比例超过5%时是优质草，不可食用草含量越高，青干草的品质越低。四是含叶量。青干草中，植物叶子的含量越多，说明青干草的养分损失越少，一般植物叶片损失在5%以下的为优等，叶片损失10%～15%的为中等，叶片损失15%以上的为劣等。

六、青干草的贮藏技术

如何贮藏管理好青干草对肉牛生产是非常重要的。青干草的贮藏有以下几种。

1. 堆垛贮藏 这是一种露天贮藏方法。选择地势平坦、干燥、排水较好的地方，用木料、石头等先在地面上垫起40厘米，再在上面堆放青干草。垛的形状有长方形垛和圆形垛两种，干草量大时宜采用长方形垛，数量少时宜采用圆形垛。长方形垛的垛底宽3.5~4.5米，垛肩宽4~5米，垛顶高6米，垛长根据草的多少而定；圆垛的底部直径3.0~4.5米，肩部直径3.5~5.5米，顶高5.0~6.5米。堆垛时要一层一层堆积，逐层踩实，且每层的中间部分要高于四周，长方形的垛顶堆积成45度倾斜的屋脊形，以防雨季雨水渗入草垛内。堆垛的2~3周后，垛顶会出现坍陷，要及时铺好结顶，并用其他秸秆覆盖顶部，用草绳或泥土压坚固，以防风吹刮和雨渗。

2. 草棚堆垛 气候潮湿或雨水较多的地方，有条件的可建造简易干草棚堆垛贮草，以防雨淋、潮湿和阳光直射。

草垛要加强管理。为防止青干草在堆贮过程中因水分含量高而引起发霉变质，可在干草中掺和1%~2.5%的丙酸，也可向其中加入一定量的液态氨。潮湿的干草堆垛后容易发热，在堆垛后要防止草垛发热自燃，发生火灾，当草垛内温度达到60℃时，要搬开草垛降温。

第二节 青贮饲料制作技术

玉米青贮饲料是将含水量为65%~75%的玉米秸秆经切碎后，在密闭缺氧的条件下，通过原料中含有的糖和乳酸菌在厌氧条件下进行乳酸发酵作用，而得到的一种优质粗饲料。青贮后的玉米秸秆，不仅能有效地保存原玉米秸秆的营养成分，而且能有效地杀死秸秆中病菌、虫卵，破坏杂草种子的萌发能力，减少其对家畜及下茬农作物的危害。青贮饲料制作技术简单、易保管、成本低，四季皆可使用，适宜在农村养殖户中推广应用。

一、青贮饲料的优点

青贮饲料是肉牛生产的重要饲料来源，具有气味芳香、柔软多汁、适口性好的特点，是冬春季节饲养肉牛不可缺少的饲料。其优点是。

（一）能较好的保存原料中的营养物质

青贮饲料在调制过程中氧化分解作用弱，养分损失少（3%~10%），能够保存牧草及饲料作物中大部分营养物质，尤其是能够有效地保存青绿饲料中的胡萝卜素。

（二）可以降解部分纤维素

作物秸秆在青贮过程中可得到软化，使部分粗纤维得到降解，提高消化率。

（三）在密封条件下可长期保存

青贮饲料可贮藏多年，这样可以使青绿饲料在年度内均衡利用。

（四）可提高适口性

经过发酵后的青贮饲料，柔软多汁，所产生的乳酸、醋酸、及醇类具有清香味，家畜喜食。

（五）青贮能杀灭作物的某些病源，可使杂草种子失活

饲料在青贮过程中，温度可达37℃左右，且持续期长，再加上厌氧、酸性的环境，足以杀死其中的昆虫和杂草种子，抑制各种微生物的活动；有利于采用理化、生物等技术，提高饲料的营养价值。

二、青贮的原理

调制常规青贮饲料的基本原理就在于控制饲料中各种微生物的活动。通过充分压实排出饲料中的大部分氧气，再利用植物细胞的呼吸作用和微生物的活动将残余氧气耗尽，使其达到缺氧状态，这时乳酸菌繁殖加快，并将饲料中的糖分分解成以乳酸为主的有机酸。当

有机酸积累到一定量、pH 值降至 3.8～4.2 时，包括乳酸菌在内的各种微生物活动受到抑制，生命活动停止，从而使饲料得以长期保存。

三、调制优质青贮饲料应具备的条件

要调制优质的青贮饲料，最关键的一是控制呼吸作用；二是控制发酵作用，要为乳酸菌创造正常活动的条件，创造一个抑制有害杂菌活动的条件。

（一）要有优质的饲料原料，且有适当的含糖量

为保证乳酸菌的正常繁殖，形成足够量的乳酸，青贮原料中必须含有最低需要量的糖分，通常青贮原料的含糖量不得低于鲜重的 1%～1.5%，否则不能形成足够量的乳酸，造成青贮发酵失败。根据饲料中含糖量的不同，可将青贮原料分为三类：第一类是易青贮的原料，如玉米、高粱、大多数禾本科牧草，这类饲料中含有丰富的可溶性碳水化合物；第二类是不易青贮的原料如苜蓿、三叶草、大豆等豆科饲料作物，这类饲料中碳水化合物的含量较低，调制困难，需加入其他糖分含量高的原料混合贮存，可加入某些添加剂才能贮存成功；第三类是不能单独青贮的原料，如南瓜蔓、西瓜蔓等，这类饲料中含糖量极低，只有与其他易于青贮的饲料混合贮存或加入有机酸才能成功。

（二）保证厌氧环境

要求将青贮原料切短，便于压实，排除空气，迅速造成厌氧环境，再密封以隔绝空气。

（三）适宜的含水量

原料中含有一定的水分，是保证乳酸菌正常活动的重要条件。水分过低，青贮时难以压实，窖内留有较多空气，会造成好气性菌

大量繁殖，使饲料发霉腐烂；如果含水量过大，在压实后易结块，利于酪酸菌的活动。一般情况下，最适宜乳酸菌繁殖的原料含水量是 65%～75%，豆科牧草以 60%～70%为宜，质地粗硬的原料以 75%～80%为宜，柔软多汁的以 60%为宜。对含水过高或过低的原料，青贮时可进行处理或调节，使其水分含量达到需要的要求。水分过多的，青贮前可稍微晾干，或者直接加入适量干饲料后再进行青贮，100 千克青贮原料需加入干饲料的计算公式是：

D=（A–B）/（B–C）×100，其中 A 表示青贮原料的含水量，B 表示青贮的理想含水量，C 表示拟加干料的含水量。在制作青贮饲料时，可用手挤法试测原料的含水量：抓一把铡碎的青贮原料，用力挤 30 秒钟，然后将手慢慢伸开，如有水流出或手指间有水，含水量为 75%～85%，说明含水量大，不易青贮；如果原料呈球，手湿，含水量 68%～75%，需再晒一段时间，让含水量稍微下降后再装窖；如果伸开手后料团立即散开，说明含水量低于 60%，要添加水分才能青贮。有条件的可用实验室分析法准确测定原料的水分含量。

四、青贮设备

青贮设备要建在地势高、干燥，土质坚硬，地下水位低，靠近畜舍，远离水源和粪坑的地方，建筑物要坚固结实，不透气，不漏水，袋装青贮的塑料袋厚度以 0.08～0.10 毫米为宜。青贮窖内部要光滑，窖壁应有一定倾斜，上大下小，便于压实，底部必须高出地下水位 0.5 米以上，以防地下水渗入，青贮窖的宽度应小于深度，一般以 1∶(1.5～2.0)为宜，以利于青贮料的自沉压实。青贮设备的容积以家畜饲养规模来确定，一般每头牛每年需青贮饲料 10 000 千克。青贮设备有地下式、半地下式、地上式三种，常用设备有青贮窖、青贮塔、青贮壕、青贮塑料袋四种。

1. 青贮窖 有地上、地下、半地下等多种形式，形状有长方形和圆形两种，长方形窖的四角必须做成圆弧形，便于青贮料下沉，排出残留气体。窖的内壁用砖砌成，四周涂抹防酸水泥，且要有一定斜度，口大底小，以防止窖壁倒塌。青贮窖优点是建窖成本低，技术要求不高、易成功。缺点是不便于机械化作业，青贮饲料损失率高，窖的使用寿命较短。

2. 青贮塔 分全塔式和半塔式两种，塔呈圆筒状，上部有顶，防止雨水淋入。一般塔高 12 ~ 17 米，直径 3.6 ~ 6 米，原料由顶部装入。青贮塔的出口较小，深度较大，饲料靠自重压实程度大，空气含量少，损失小，但建筑费用大，在我国仅在大型牧场采用。

3. 青贮壕 通常挖在山坡一边，如有条件，其底部和四壁可用水泥抹光，底部向一端倾斜，以利于排水。一般深 3.5 ~ 7.0 米，宽 4.5 ~ 6.0 米，长 10 ~ 30 米，其长宽可根据肉牛饲养量确定。青贮壕的造价低，有利于机械化作业，但易积水，导致饲料霉烂。

4. 青贮塑料袋 用聚乙烯无毒塑料薄膜制成的塑料袋，一般厚度 0.8 ~ 1 毫米，宽 100 厘米、长 100 ~ 170 厘米，可贮玉米秸秆约 200 千克。塑料袋青贮具有省工、投资低、操作简便、贮存地点灵活等优点，适用于小规模饲养。

5. 窖式青贮饲料调制技术 调制青贮饲料要做到装窖迅速，踩踏紧实，分装均匀，密封完好，其工艺流程为收割→运输→切碎→装填→压实→密封，具体步骤如下。

（1）适时收割 优质青贮原料是调制优质青贮料的物质基础，不同的原料，适时收割期不同，适期收割可保证产量和养分达到最高，而且水分和可溶性碳水化合物含量适当，有利于乳酸菌的发酵，容易制成优质青贮料。

(2) 切碎　原料收割后，要及时运到青贮地点切碎。小批量的可用铡草刀铡短，大量的需要用专门的青贮料切碎机切短，一般大型的青贮料切碎机每小时可切 5 吨以上，小型的可切 250~800 千克。原料切碎的程度因作物种类和当时的含水量不同而不同，一般玉米和高粱一类的作物切的长度为 3.5 厘米，其他短杆牧草为 3 厘米或更短些。

(3) 控制含水量　要使青贮原料的含水量在 60%~75%。

(4) 装窖　铡短的原料要及时装填。装窖前，在窖底部先填一层 10~15 厘米厚的切短秸秆或干草，以便吸收多余的青饲料水分。在窖壁四周可铺设塑料薄膜，以加强密封，防止漏气渗水。装填时要分层装入，每层 20~30 厘米厚时要踩实，然后再继续装。高水分原料添加粗干草或难贮原料添加含碳水化合物的原料混合青贮时，也要与青贮原料间层装填，或分层混合青贮。装填时要特别注意四角与靠壁部位的紧实，到装满窖并超出窖口 1 米时为止。青贮壕可用拖拉机碾压，小型窖用人力踩实，装窖最好一次性完成。

(5) 封窖　窖在装满后，将窖口密封，其方法有两种，一是用塑料薄膜封顶，即用无毒塑料薄膜将窖口盖严封闭，密封后在薄膜上盖一层土踏实，土层厚 30~50 厘米；另一种是在青贮料上边覆盖 10 厘米以上的铡短的干草，摊平四边盖严，在干草上再压上土，土层厚度 50 厘米以上，踏实防止漏气。

(6) 管理　青贮窖（壕）密封后，要经常检查，如发现窖顶有裂缝时，及时覆土压实，防止漏气渗水。20~30 天后，可开窖饲喂。

6. 袋式青贮技术　如果养殖规模不大，可采用将青贮原料喷洒添加剂后装入塑料袋进行青贮。这种方法简单方便，易于推广。

塑料袋青贮简称袋式青贮，它只需要将青贮原料切短，装入塑料袋，使温度适中，抽掉袋内空气，并尽量将袋料压实即可。如果没有抽气设备，必须保证装填紧密，最大限度地减少袋内空气量。如将蜡熟末期收穗后的玉米秸铡碎至 0.6 ~ 1 厘米长，作为青贮原料，每千克玉米秸，用小型喷雾器均匀喷洒添加甲酸 3 克，并搅拌均匀，然后装入青贮塑料袋，压实，扎口密封。青贮袋为两层，外层为编织袋，内层为无毒聚乙烯塑料薄膜；袋宽 1 米，长 1.5 米。这样加工的青贮料能保存一年。

塑料袋青贮除可利用玉米秸外，还可利用青草、高粱秸、豆秸、花生藤、甘薯藤、菜叶等。由于不需要土建工程，投资少，成功率高，推广前途良好。

采用塑料袋青贮的方式时，要注意以下几点。

第一，制作塑料袋的薄膜不能太薄，最好在 0.9 ~ 1 毫米以上。

第二，袋的边角、底口一定要封压牢固，确保边装边压时不会破裂。青贮原料要铡短、切碎，长度不超过 1 ~ 1.5 厘米。这样便于青贮原料压紧压实。

第三，塑料袋装满压实后，要尽快扎紧袋口，扎口时要尽量挤尽空气。

第四，青贮原料含水量应在 65%左右，即用手抓一把青贮原料，松开手指后，料团慢慢散开，手不湿。

第五，青贮塑料袋要避开畜、禽、兽以及农具和其他锐利器具，以免划破塑料袋。

第六，每次取用青贮好的饲料后，要立即扎紧袋口。

采用塑料袋青贮可以看到袋里的青贮原料，如发现青贮颜色变黄，叶脉模糊，就需要密切注意，经常观察。如袋内温度上升到 60℃ ~

70℃，应打开封口，把袋内未压紧的地方压实，随即迅速扎紧袋口。青贮过程中，青贮温度升高时，会导致青贮质量迅速下降，适口性差，牲畜拒食。

塑料袋青贮，如用玉米秸制作，切短后最好加以碾轧，捣碎节结。过干的秸秆可用前文介绍的方法来调整湿度，使其达到最佳含水量。如用甘薯藤青贮，最好经过晾晒再青贮。

牧草和田间杂草也可进行袋贮，并且在冷冻的季节也可进行。从蛋白质含量来看，在野草结籽前是青贮最好的时期。

7. 青贮窖贮量的估算方法　青贮窖的贮量与青贮原料重量有关，也与青贮窖的形状有关，一般每立方米青贮窖能存放全珠玉米500~550千克，去穗玉米秸450~500千克，人工牧草或野草50~600千克，玉米秸高粱秸500千克，每个青贮窖存放青贮料的重量可用下列方法计算。

圆筒形窖贮存容量 = 半径 2 × 3.14 × 深度 × 每立方米青贮的重量

长方形窖贮存容量 = 长度 × 宽度 × 深度 × 每立方米青贮的重量

斗形（倒梯形）窖青贮原料的计算，宽度取中腰部或上宽和底宽之和的一半，代入长方形窖的公式计算。

根据上述公式，养牛户可根据饲养规模的大小，确定青贮窖的大小，一般窖的宽度、深度固定，长度根据养牛数量可调节，窖的长度 = 青贮需要量 /（窖宽 × 窖深 × 每立方米的青贮重量）。例如：养一头肉牛全年需青贮料约 5 000 千克，需多长的青贮窖呢？如果窖的深度 2.5 米，宽度 2 米，则窖长 =5 000/（2.5 × 2 × 550）=1.81 米。

8. 青贮饲料品质评定　青贮饲料的品质从色泽、气味、结构和味道几方面评定。农业部制定的评定标准如下。

青贮饲料评定标准

项目	分值	优等	良好	一般	劣等
青贮苜蓿					
pH	25	3.6~4.0(25)	4.1~4.3(17)	4.4~5.0(8)	5.0 以上(0)
水分	20	70%~75%(20)	76%~80%(18)	81%~85%(7)	86%以上(0)
气味	25	酸香味,舒适感(25)	酸香,带酒酸味(17)	刺鼻味,不舒适感(8)	腐败味,霉烂味(0)
色泽	20	亮黄色(20)	金黄色(13)	淡黄褐色(7)	暗褐色(0)
质地	10	松散柔软,不粘手(10)	中间(7)	略带黏性(3)	腐烂,发黏结块(0)
合计	100	100~76	75~51	50~26	25 以下
青贮玉米秸					
pH	25	3.6~3.8(25)	3.9~4.1(17)	4.2~4.7(8)	4.8 以上(0)
水分	20	70%~75%(20)	76%~80%(13)	81%~85%(7)	86%以上(0)
气味	25	酸香味,舒适感(25)	淡酸味(17)	刺鼻酸味(8)	腐败味,霉烂味(0)
色泽	20	棕褐色(20)	褐黄色(13)	中间(7)	暗褐色(0)
质地	10	松散柔软,不粘手(10)	中间(7)	略带黏性(3)	发黏结块(0)
合计	100	100~76	75~51	50~26	25 以下

注:括号内数值表示得分数。

9. 青贮饲料的利用 青贮饲料在入窖后 30~45 天可开窖利用。取料的方法是：圆形窖由上往下逐层取，取时要严防泥土落入料中；长方形的窖或壕，取料时从一端开始取，一节一节使用，取量以当天能喂完为宜，取料后要用薄膜将料面盖严，防止空气进入，使料变质。

饲喂时，不能将青贮料作为肉牛的单一饲料，必须与精料或其他饲料搭配饲喂。饲喂量根据肉牛的年龄、体重而异，小母牛每 100 千克体重日喂量 2.5~3.0 千克，公牛每 100 千克体重日喂量 1.5~2.0 千克，育肥肉牛每 100 千克体重日喂量 4~5 千克。青贮饲料具有轻泻性，怀孕母牛不宜多喂，尤其在产前产后 20~30 天不宜喂用。

10. 特种青贮方法　对易青贮的原料可采用前面介绍的普通青贮法进行调制，但对难青贮的植物，一般不易制成优质青贮料，必须进行适当处理，或添加某些添加剂，才能青贮成功，这种青贮方法叫特种青贮法。

（1）特种青贮对青贮发酵的作用

①促进乳酸发酵，如添加各种可溶性碳水化合物，接种乳酸菌、添加酶制剂等青贮，可迅速产生大量乳酸，酸度很快达到 3.8~4.2。

②抑制不良发酵，如添加各种酸类、抑制菌或半干青贮，可防止腐败细菌和酪酸菌的生长。

③提高青贮饲料中营养物质的含量，如添加尿素、氨化物等，可提高青贮料中粗蛋白质水平。

（2）国内常用的特种青贮法

①加酸青贮法。在用难青贮的原料制作青贮料时，加入一定量的无机酸或缓冲液，抑制腐败细菌和霉菌的活动，使发酵正常，达到长期保存的目的。常用的无机酸有甲酸、乙酸、丙酸、乳酸、苯甲酸、丙烯酸、柠檬酸等。如添加甲酸，每 100 千克禾本科青贮料中添加 0.3 千克，豆科青贮料中添加 0.5 千克；如添加苯甲酸，先用乙醇溶解后，每 100 千克原料中添加 0.3 千克；如添加丙酸，每 100 千克原料添加 0.5~1.0 千克，但要防止溅到皮肤上。

②添加甲醛青贮法。甲醛可抑制微生物的繁殖，并可与蛋白质分子结合形成甲醛合氮，增加结合蛋白质的能力，减弱瘤胃微生物对蛋白质的降解。一般每 100 千克青贮原料中添加浓度为 85%的甲醛 0.3~0.7 千克。

③添加食盐青贮法。青贮料中添加食盐有利于促进乳酸菌发酵，

增加适口性，提高青贮料的品质。尤其是在青贮原料含水量低、质地粗硬的情况下，添加食盐贮存的效果很好，其添加量一般为0.2%~0.5%。

④添加氨化物青贮法。可在青贮原料中添加尿素、硫酸氨等氨化物，通过微生物的作用合成菌体蛋白，从而提高青贮饲料的营养价值。添加量为每100千克青贮原料中添加0.5千克的尿素，添加方法是在装填原料时，将尿素制成水溶液，均匀喷洒在原料上。

⑤添加酶制剂青贮法。添加淀粉酶、纤维素酶、糊精酶等复合酶制剂，可将饲料中的多糖水解为单糖，促进乳酸发酵，添加量通常为0.01%~0.25%。

⑥半干青贮法。半干青贮又称低水分青贮法，其原理是青饲料刈割后，经风干使水分含量达到45%~50%时，植物细胞的渗透压达545~600个大气压，对腐败细菌、酪酸菌以及乳酸菌在内的微生物形成生理干旱，使其生长繁殖受到抑制，从而使饲料得以保存。制作时要求在牧草刈割后24~30小时内，豆科牧草的含水量降至50%，禾本科牧草的含水量降至45%时进行青贮。

第三节　“青宝”系列产品在畜牧生产中的应用

英国MICROFERM公司是世界著名的生物制品专业生产厂家，生产的“青宝”系列产品，是利用世界先进的工艺技术，通过微生物发酵，经真空冷冻干燥制成的活菌冻干粉制剂，主要有“青宝Ⅱ号”青贮型、“青宝辅酶”“青宝Ⅱ号”发酵饲喂型、“青宝洁灵”

等系列产品，广泛应用于发达国家的畜牧业生产。产品经中华人民共和国农业部批准（农业部[2005]外饲准字 096 号），准许在中国内地市场推广使用。

一、青贮型

用于植物秸秆、饲草的青贮、黄贮，还可以应用于生产天然色素、香精的花瓣等原材料的保鲜储存。

（一）产品特性

1. 主要成分　多种天然乳酸菌、酶制剂和微量营养素。

2. 活菌含量　每克菌粉含乳酸菌活菌数 1 000 个亿（在有效期内活菌含量不少于 666 亿 / 克）。

3. 产品性状　淡黄色冻干菌粉，每包 5 克，每袋 20 包。

4. 包装规格　5 克 / 包 × 20 包 / 袋；100 克 / 袋。

5. 贮存条件　贮存于低温、干燥处。在有条件的情况下，最好将产品存放在 40℃冰箱中；-20℃冷冻室存放更佳。

6. 用量　5 克处理青贮饲料 2 吨；100 克处理青贮饲料 40 吨。对于青贮条件和设施比较好的大中型养殖场，在制作全株玉米青贮时，用量可减半，即 100 克处理青贮饲料 80 吨。

（二）青贮使用方法

1. 菌种的活化、稀释　“青宝Ⅱ号”乳酸菌 5 克可处理 2 吨、100 克处理 40 吨秸秆（饲草）。将菌粉溶入少量 30℃~40℃温水中搅拌溶解，静置 2~3 小时以活化菌种；然后再添加清水至产品说明要求是喷施量，具体加水量视秸秆（饲草）的干湿程度而定。

2. 秸秆收割和切碎　秸秆收割时应高出地面几厘米，避免带入较多含大量杂菌的泥土。含水量应控制在 65%~75%之间最好（袋装应在60%左右）。用机械将秸秆切碎，具体长度依牲畜不同而定：喂牛在2~3厘米，喂羊在1~2厘米，喂猪和禽最好能粉碎。

3. 喷施混合 用洁净的喷雾器将“青宝Ⅱ号”菌液喷施到已切好的秸秆上，最好能边喷施边翻动，确保均匀（绝对禁止使用喷施过农药、除草剂的器具）。

4. 密闭 将已切碎并喷施乳酸菌的秸秆放入青贮窖种压实或在打捆压制机中压实，尽可能排除空气，用较厚的塑料膜覆盖（或装包）封严（堆放法操作与要求和窖式法相同，应尽量压实并在周围挖好排水沟）。

5. 发酵 通常乳酸菌发酵在15℃~38℃范围内进行，20℃~30℃一般需用3周左右即可完成；温度低发酵慢，温度高发酵快。发酵好的青贮饲料即可使用或长期保存。

二、黄贮型

对于已经变干、变黄的秸秆和苜蓿等含糖量低的饲草，可溶性糖太少，不具备乳酸菌发酵的条件，所以必须另加入含糖物质，以提供乳酸菌发酵所需的可溶性糖。糖类成本较高，玉米面综合效果好而且发酵后营养成分没有损失，建议使用细玉米面粉辅助发酵。

（一）具体操作方法

1. 玉米粉糖化 每吨待贮料用5~10千克玉米细粉来补充糖分。将玉米粉放入容器内，加入开水搅拌（煮开效果更好），使其成为糊状。待温度降到60℃~70℃时，加入“青宝辅酶”搅拌均匀，30分钟后糊状变稀，糖化完成。

2. 制作乳酸菌发酵草粉 将秸秆或饲草粉碎加入经糖化的玉米粉液并搅拌均匀，然后加入“青宝Ⅱ号”，把含水量调整到60%左右，装入塑料袋中密封使其在厌氧条件下发酵。乳酸菌发酵草粉可以用各类秸秆、苜蓿等饲草以及苹果渣等多种原料。根据畜禽的不同需求，可制作成适合奶牛、肉牛、羊、猪、鸡、鸭、鱼等畜禽，所需的高品质粗饲料系列产品。

3. 秸秆黄贮　方法同秸秆青贮，只是在加入菌种前先加入玉米粉糖化液，一般是每吨黄贮料（湿重）加玉米粉5千克以上。

（二）使用效果

1. 缩短发酵时间，快速降低青贮饲料的pH值，有效防止霉变和腐败。

2. 抑制饲料青贮过程中腐败细菌的生长繁殖，延缓二次发酵。

3. 抑制青贮饲料中植物蛋白酶的活性，减少植物的呼吸作用对蛋白质的水解，提高蛋白质的利用率，改善青贮饲料的品质。

4. 抑制酵母菌和霉菌的生长，避免青贮饲料因产热而消耗能量。

5. 保持青贮饲料的鲜嫩汁液和营养成分，部分降解青贮饲料中的纤维素，改善适口性，大幅度提高饲料的消化利用率。

6. 提高家畜的体质，显著提高奶、肉产量，增加经济效益。

三、怎样提高青贮饲料的品质

将青绿饲料，在适当含水量和含糖量条件下，密封于容器中，利用乳酸菌发酵，抑制杂菌的繁殖，长期保存大部分营养成分而制成的饲料，叫青贮饲料。制作青贮饲料，要做好各个环节的工作，否则，会导致青贮料品质下降。

（一）提高青贮饲料的品质的方法

1. 装窑要迅速　料温在25℃~33℃时，乳酸菌会大量繁殖，很快占据优势，其他杂菌都无法活动繁殖，从而，使青贮成功。当料温达到50℃时，丁酸菌会猖狂活动繁殖，使育贮料变臭，同时，养分也大量流失。温度升高的原因。

一是踩踏不实，原料中残留的空气过多；二是铡草、装料缓慢。空气的增多，时间的延长，使原料氨化强烈，导致温度升高，杂菌繁殖。为此，在青贮时，要做到随运、随铡、随装窖。每窖装填完毕不可超过半天。把铡碎的原料逐层装入窖中，每装20厘米可用人踩等方式压实，应特别注意压实窖壁及四角。这样快铡快装，就能排除窖内的空气，迅速形成缺氧状态，利于乳酸菌的繁殖。

2. 原料含水量要适宜 适于乳酸菌繁殖的含水量为70%左右。70%的含水量相当玉米植株下边有3~5片干叶的时期。铡碎后将原料握在手中，指缝有水珠渗出而不滴下为含水量适宜。水分不足青贮料不易踩实，空气不易排出，窖内温度会迅速上升。湿度不够，可在切碎的青贮原料中加适量的水，或与其他含水量丰富的原料（如甜菜、甜菜渣等）混贮；青贮植株中原有的液汁容易被挤压流失，或青贮植株结成黏块多，同样也会引起酪酸发酵，因此，可将青贮原料适当晾晒或加入一些粉碎的干料（如麸皮、草粉等），使其含水量适宜。

3. 原料中要含一定的糖分 青贮料中必须含有一定量的糖分，因为乳酸菌以植株中的糖分为养料，这与乳酸菌的迅速形成，保证青贮料质量有很大关系。青贮料的含糖量，一般不低于新鲜原料重量的1%~1.5%。玉米茎叶、果穗和薯藤都含有足够的糖类物质，很容易青贮。其他原料，如马铃薯苗和花生藤蔓含糖量少，不易单独青贮，必须根据植物不同的含糖比例和其他饲料混贮。如果青贮是含蛋白质高的豆科作物，可以加入5%~10%米糖或麦麸，以增补糖分的含量，提高青贮饲料的质量。

4. 青贮原料要洁净 收割青贮原料时，尽量选择晴朗天气进行，防止污染上泥土，因泥土中含有很多霉菌和丁酸菌。堆放铡切场地要事先清扫干净，地面消毒或撒些生石灰，也可铺塑料布，防止混入太多的泥土。

5. 适当使用添加剂 为了提高青贮饲料的品质和营养水平，可在原料中使用添加剂，喂牛羊的青贮料可加入尿素，添加量按玉米秸总量的0.3%为宜。添加食盐的青贮料，各种家畜都喜吃，可在青贮时加入原料总量的0.1%~0.15%。加入磷酸添加剂，能使青贮原料迅速酸化，可防止有害的丁酸菌和腐败微生物的繁殖。此外，青贮料的迅速酸化可以抑制酶起作用，促进青贮料更好地保存蛋白质等重要物质。

6. 窖顶要封严 装填的原料要高出窖口30~40厘米，使其呈现中间高、周边低的形状。圆形窖为馒头形状，长方形窖里弧形屋脊状。窖顶封土不能少于40厘米，然后用和好的泥抹严之后要经常观察，发现有裂缝和下陷的地方，及时填土抹严，严防空气、雨水进入。

第四部分 现代养猪实用技术

DISI BUFEN

XIANDAIYANGZHUSHIYONGJISHU

第一章　猪的生物学特性及其行为特点

猪的生物学特性及行为特点是在长期自然选择和人工选择的条件下形成的，了解掌握这些特性特点，并依据这些特性特点组织和指导养猪生产，具有十分重要的意义。

第一节　猪的生物学特性

一、繁殖率高

猪属多胎哺乳动物，与其他家畜相比，繁殖力最高，4～5月龄性成熟，6～8月龄即可初配，一般一年半为一个世代，每胎产仔8～12头以上，有些地方品种猪，每胎产仔多达16～18头。猪的繁殖没有严格的季节性，一年四季都能发情配种，每年可繁殖两胎以上，实行早期断奶，则一头母猪可以两年产5胎，以每头年繁殖18头仔猪计算，一头母猪一年可提供1.5吨商品猪。这些特性是迅速增加猪的繁殖头数，加快育种进程，提供肉食品的最有利条件。

二、饲料转化率较高

猪对饲料的转化率仅次于鸡和奶牛，高于牛和羊。猪可将饲料中1 000克淀粉转化为350克脂肪，而牛只能转化成250克脂肪，猪的饲料增重比3∶1，而牛羊为6∶1。

三、杂食性

猪虽然属于单胃动物，但具有杂食性，既能吃植物性饲料，又能采食动物性饲料，因而可供食的饲料种类多、来源广。

四、生长发育快

猪的生长强度较大，以初生重为基础，其后的相对生长速度比其他家畜快，如一头乳猪初生重为1.0~1.5千克，在满足营养条件的情况下，一月龄体重可达10千克左右，二月龄体重可达25千克左右，五月龄体重可达90千克左右，所增体重相当于初生重的70~90倍。牛的初生重平均为20~25千克，到6~8月龄，体重仅达100~130千克，相当于初生体重的5~7倍，猪的相对生长强度比牛大10~15倍。

五、屠宰率高，肉品质好

猪的屠宰率因品种、体重、膘情不同而有差别，一般可达65%~80%，而牛羊为45%~55%。猪肉含水分少，含脂肪量高，每公斤猪肉含有3 080卡左右热能、16%以上的蛋白质、矿物质、维生素的含量也很丰富，因而猪肉的品质优良、风味可口，是人类极为重要的动物性营养物质。

六、适应性强

猪的地理分布广泛，适应能力很强，表现在对气候寒暑的适应、对饲料多样化的适应、对饲养方式的适应都比较强。

第二节　猪的行为特点

一、猪的嗅觉、听觉和视觉行为

猪的嗅觉非常灵敏，如对气味的识别能力比人大7~8倍，群体间母仔的识别，主要靠灵敏的嗅觉来完成。猪一生下来，就能靠嗅觉寻找奶头的位置，三天后就能固定奶头，在任何情况下，都不会弄错。母猪在熟悉其子女的气味之后，靠嗅觉能把混入的窝外仔猪很快认出，并加以驱赶，甚至咬伤或咬死。仔猪寄养要在母猪尚未熟悉其仔猪气味之前进行，否则不易成功。

猪的耳廓大，外耳腔深而广，如同扩音器的喇叭，收集声响的范围大，由于耳有这样的结构，即使有很小的声响，都能察觉得到。在养猪生产中应尽量避免因噪音带来的不良侵害。

猪的视力很弱，视距较短，视野范围小，识别能力差。猪对事物的识别和判断，视觉只起辅助作用，主要靠嗅觉和听觉来完成。如人工授精对公猪采精时，公猪对假母猪的外形没有任何识别能力，不管真猪假猪，甚至不论什么形状的假母猪，即便是条板凳，只要洒上些发情母猪的尿液，公猪就表现出欲配的行为。因此，我们利用猪的这个行为特点，用假母猪就能成功地对公猪进行采精。

猪的性联系，嗅觉起主导作用，成年公猪、母猪之间，有时相距几百米，都能取得性的联系，甚至判断出各自对方的方位。当母猪处于发情期时，只要公猪和它一碰面，即刻出现发情表现。在养猪时，利用猪的这种特性，令公猪对母猪进行试情，可以收到良好的效果。

二、猪的群体行为

两头以上的群体，靠嗅觉彼此识别，基本上能协调地生活在一起，这就是猪的合群性。但猪群体生活中，有发生以大欺小，以强欺弱的行为。因此，群体中有合群的一面，也有相互排斥的一面，群体越大，这种现象越明显。在生产实践中特别要注意猪的群体结构规律，每栏的群体数目、饲养密度和个体之间的协调关系，都要处理得很妥当，否则会给饲养管理带来麻烦。一般主张断奶仔猪原圈饲养、同窝转群，就是照顾到群体行为规律的特点，也照顾到了仔猪有应激反应的特点。若群体结构处理不当，随意扩大猪群，拆群和合群，都会造成猪群之内的短期争斗、追逐、咬架，以大欺小、以强欺弱，影响增重效果，降低饲料报酬，造成猪的生长发育不整齐。

三、猪的排粪尿行为

猪是好洁性动物，喜在干燥清洁的地方睡卧，排粪尿有一定的时间和地点，一般在食后、饮水或起卧时容易排粪尿，并选择阴暗潮湿或有污染的角落进行，但是，猪有时也会打破这种习惯，常在床面排粪撒尿，这是由于人们没有给猪创造洁净干燥的环境所造成的。因此，应保持猪睡卧的地方的洁净，并适当进行调教。

四、猪的母性行为

母猪在分娩前 2～3 天就显露出母性行为，如揿草作窝就是为分娩和儿女安排一个温暖舒适的环境。在母猪分娩时，当第一个仔猪出生后，母猪就发出亲和的哼哼声，当所生的仔猪触及其乳房区皮肤时，立即作出给乳动作，当母猪躺卧时，不断用嘴将在其体下的仔猪拱出卧位区之外，以防压住仔猪，一旦压住，只要听到仔猪的叫声，马上起立，再重复一遍安排仔猪的动作，重新卧下，当有人提仔猪时，母猪总是摆出一副防卫的架势，并发出示威的吼声。母猪的这种行为，越是原始猪种，表现就越突出，而高度培育的品种，由于长期着重经济性状的选择和培育，忽略了母性的选择，造成母性减弱，仅从防压仔猪行为这一点来看，有的培育品种已变得很不敏感，生产实践证明，在没有防压措施的情况下，压死的仔猪占仔猪死亡的60%~70%。规模化养猪场大多数都装置了分娩防压栏，母仔分离，使压死仔猪问题初步得到了解决。

五、猪的后效行为

猪的行为，有的生来就有，如哺乳和性的行为，有的则是后天发生的，如听从人们的指挥行为。猪对吃喝的记忆力最强，对吃喝有关的工具、食槽、饮水槽最容易建立起条件反射，不论这些食具在什么方位和地点，猪都能很快地熟悉，在饲喂时，若反复给个什么信号、呼叫声或铃声，猪会很快听从信号的指挥，现代养猪饲喂方式和饮水方式都有很大改变，如自动饲槽、自动饮水器等，只要一接触，不到1~2天就能熟练地加以运用。这些行为，稍加训练，就会给管理带来极大方便。

第二章　猪的品种与外形选择

第一节　宁夏主要猪种

一、地方品种与培育品种

（一）八眉猪

全国九大地方猪种之一，是在西北黄土高原特定生态条件下经广大群众长期培育形成的，主要分布于陕西、甘肃、宁夏、青海四省区。根据体形分为大八眉、二八眉、小伙猪三个类型，其共同特性是适应性好、抗逆性强、耐粗饲、繁殖率高、肉味好、体质紧凑、后躯丰满、耳大下垂，但缺点是生长缓慢，饲料报酬底，脂肪率高等。由于长期不断引入国内外猪种进行杂交改良和缺乏有力的保护措施，20世纪八九十年代在宁夏只有固原县、隆德县、彭阳县偏僻乡村和盐池县、同心县交通不便的地方有少量饲养，在2006年进行的全国畜禽品种资源普查中，八眉猪在宁夏已基本上绝迹。

杂交利用：自20世纪80年代中期开始，主要引入杜洛克公猪进行经济杂交以期提高胴体重、生长速度和瘦肉率，收到了良好效果。据固原县种猪场试验，杜八杂种一代在较低营养条件下，8.5月龄活重达90千克，胴体瘦肉率55%，对促进当地养猪业的发展发挥了积极作用。

(二) 宁夏黑猪

培育品种，是新中国成立后30多年来，陆续引进国内外优良猪种与当地八眉猪进行杂交繁育育成的适合宁夏条件的肉脂兼用型新猪种。体质结实、繁殖率高、生长较快、适应性强、肉质良好。1982年通过鉴定，获宁夏回族自治区科技进步一等奖。有灵农型、连农型、巴农型三个品系。外貌特征，头长中等，面微凹，两耳平伸并半奁，背腰平直，臂膀丰满，四肢健壮，被毛全黑。成年公猪活重200千克，母猪150千克，具有耐粗饲、耐热、抗寒等特性。母猪性成熟一般在3~4月龄，公猪性成熟在4~5月龄，初配适宜期10月龄，体重达100千克。经产母猪窝均产仔10~12头，肥育期日增重350~480克。

杂交利用：在20世纪八九十年代宁夏杂交商品瘦肉型猪生产中，作为二元或三元杂交母本得到了大面积推广，用长白猪、大约克猪、杜洛克猪、汉普夏猪做父本进行二元杂交，日增重达550~650克之间，瘦肉率52%～54%，料肉比3.5～4.0。进入21世纪后，由于大力推广洋三元（杜大长或杜长大），宁夏黑猪相对于洋三元来讲生长速度较慢，目前已经基本绝迹。

二、外引品种

(一) 长白猪

原名兰德瑞斯猪，产于丹麦，是世界上著名的大型瘦肉型品种。世界上许多国家都引进饲养并培育了自己的长白猪品系，如瑞典长白猪、荷兰长白猪、德国长白猪、比利时长白猪、英国长白猪、美国长白猪等。公猪体重250~300千克，母猪230~300千克。我国自1964年起相继多次引进，现全国各地均有饲养。

长白猪全身被毛白色，头小肩轻，鼻嘴狭长，耳大前伸，身腰长，腹线平直，比一般猪多1~2对肋骨，后躯发达，腿臀丰满，整个体形呈前窄后宽的楔型，清秀美观。繁殖力强，窝平均产仔11.8头。长白猪以肥育性能突出而著称于世，6月龄可达90千克，增重快，饲料利用率高，胴体膘薄、瘦肉多，屠宰率72%~73%，瘦肉率64%以上。遗传性稳定，作父本杂交效果明显，颇受欢迎。其缺点是饲料条件要求较高，四肢显纤弱，抗寒性差。

杂交利用：长白猪做亲本能稳定而较大地提高商品猪的瘦肉率，我国各地用长白猪做父本开展二元或三元杂交都能获得较好的杂交效果。宁夏自1984年以来，大面积推广长宁、杜长宁等二元或三元杂交商品瘦肉型猪生产技术，据宁夏农垦科研所资料，长宁杂种一代日增重626克，料肉比3.77，瘦肉率52.93%，背膘厚3.35厘米，后腿比31.06%，眼肌面积29.39厘米；杜长宁三元杂种猪日增重664克、料肉比3.03、瘦肉率58.01%，背膘厚2.81厘米，眼肌面积37.75厘米，后腿比33.27%。

（二）约克夏猪

原产英国，有大、中、小三个类型，大型约克夏猪饲养遍及世界各地，是著名的大型瘦肉型品种。

约克夏猪也称大约克猪或大白猪，体格大、体型均匀、呈长方形，全身被毛白色，头颈较长，颜面微凹，耳中等大小向前竖起，胸宽深适度，肋骨拱张良好，背腰长，略呈拱形，后躯发育良好，腹线平直，四肢高，乳头6~7对。大约克猪体质和适应性优于长白猪，成年体重250~330千克，繁殖性能良好，产仔11~13头，初生重1.4千克，6月龄体重可达90千克。做杂交父本，杂种后代增重速度和胴体瘦肉率效果显著。

杂交利用：用大约克做父本，与我国地方品种杂交都能取得良好效果。宁夏自20世纪90年代引进后大面积推广，进行二元或三元杂交，已成为当前商品瘦肉型猪生产杂交父本当家品种之一。据宁夏吴忠市俊峰种猪场试验，杜约长三元杂种猪60~90千克阶段日增重740克、料肉比3.2，屠宰率72.3%，眼肌面积36.4厘米，瘦肉率64.2%，达90千克日龄187天。

（三）杜洛克猪

产于美国，大型瘦肉型品种，成年猪体重300~480千克。

杜洛克猪全身有浓淡不一的棕红毛色为其明显特征。体躯高大，粗壮结实，头较小，颜面微凹，耳中等大小并向前倾，耳尖稍弯曲，胸宽而深，背腰略呈拱形，四肢强健，腿臀丰满，性情温顺。较抗寒，适应性强，母性好，育成率高，生长发育快，日增重650~750克，料肉比为3.1，窝均产仔9~10头。杂交做终端父本，效果显著。

杂交利用：在宁夏杂交商品瘦肉型猪生产中，用杜洛克做二元杂交或三元杂交终端父本都能较大幅度的提高日增重速度和胴体瘦肉率。据宁夏农垦科研所资料，杜宁二元杂种猪日增重达638克、料肉比3.54，瘦肉率54.66%，背膘厚3.19厘米，后腿比29.84%，眼肌面积32.32厘米，杜八（八眉猪）杂交效果也十分显著，杂交后代耐低温，适应性强，对饲料要求较低，极为适合在宁夏南部山区推广。

（四）汉普夏猪

原产美国，瘦肉型品种，成年猪体重250~410千克。

汉普夏猪突出的特点是，全身被毛，除有一条白带围绕肩和前肢外，其余部分为黑色。头大小适中，颜面直，鼻端尖，耳竖起，中躯较宽，背腰粗短，体躯紧凑，肌肉发达，体质结实。汉普夏猪胴体品质好，膘薄、眼肌面积大、瘦肉率高。增重快，饲料利率高，是较理想的杂交终端父本。

杂交利用：汉普夏猪杂交利用在宁夏开展较少，据农垦科研所试验资料，做杂交父本，汉宁杂种一代日增重639克，料肉比3.33，瘦肉率54.78%，背膘厚3.20厘米、汉长宁杂种猪日增重515克，料肉比3.13，瘦肉率59.29%，背膘厚2.52厘米，杂交效果良好。

（五）皮特兰猪

原产比利时，是目前世界上瘦肉型猪种中瘦肉率最高的一个品种，我国从20世纪80年代开始引入，各地均有饲养。皮特兰猪呈大片黑白花，毛色从灰白到栗色或间有红色，耳中等大小稍向下倾，体躯宽短、背中幅宽、后躯丰满、肌肉发达、犬腹、头清秀。繁殖力中等，平均窝产仔9~11头，泌乳前期泌乳量较高，中后期较差，肉猪育肥平均日增重720克，料肉比2.8，胴体瘦肉率78%。主要缺点是四肢短且较细，育肥后期增重较慢，肌肉纤维组织较粗，肉质、肉味较差，初产母猪易发生难产，对应激比较敏感。

杂交利用：皮特兰猪是理想的终端杂交父本，可明显的提高瘦肉率和后躯丰满程度。一般杂交方式有皮×杜、皮×长大、皮×大、皮杜×长大、皮×地方猪种，都可获得较好的杂交效果。

第二节　种猪的外形选择

外形选择时，要求种猪具有明显的品种特征，体质结实，健康良好，各部位结构匀称、协调，毛色、外形符合品种要求，具有不同经济类型与特征。

一、头颈

头部为品种的主要特征，又是神经中枢所在部，要求大小适中，额宽鼻稍短，眼明有神。颈长中等，肌肉丰满，头胸部结合良好。公猪头颈宜粗壮短厚，雄性特征明显，母猪则要求头形清秀、母性良好。

二、前躯

为产肉较多的部位，要求肩胛平整，胸宽且深，胸颈与背腰结合良好，无凹陷、尖狭等缺点。

三、中躯

要求背腰平直宽广，应选择脊椎数多、椎体长、横突宽的骨骼结构，肋骨圆拱，且间距宽，体表拱张良好，有利于心肺发育。公猪腹部要求大小适中，充实紧凑。忌凹腰垂腹，背腰太单薄等。

四、后躯

为肉质最好的部位，要求臀部宽广，肌肉丰满，载肉量多。后躯宽阔的母猪，骨盆腔发达，便于安胎多产，减少难产。臀部尖削、荐椎高突、载肉量少是严重损征。

五、四肢

要求骨骼结实，粗细适度，前后开阔，姿势端正，立系蹄坚，步伐轻快。

六、乳房

用两手触摸乳房，感觉硬实呈块状者多为肉乳房，肌肉组织多，泌乳性能低，反之手触呈柔软海绵感则为乳腺组织发达，产乳性能高的表现，乳头应不少于6对，发育正常，排列均匀，粗细长短适中，无瞎乳头与副乳头。

七、外生殖器

外生殖器要求发育正常，性征明显。公猪具有雄性悍威，两侧睾丸大小一致，如有单睾、隐睾、疝气等都属损征，且能遗传，必须淘汰。母猪阴户要大而下垂。

八、皮毛

皮宜薄而柔软，富弹性，周身平滑，肤色呈粉红色，毛宜稀疏，短而有光泽。如果皮松弛多皱褶，粗毛，为体质粗糙疏松的反映。毛色是品种的一个明显标志，要求整齐一致。

此外，不同品种与个体具有不同的生活习性，如发情表征、母性强弱、定点排出粪尿的习惯等，这些特征特性关系到配种、产仔、哺乳、节省劳力及保持栏内卫生等，因此在日常生产中必须注意观察，以供选择时参考。

在外表鉴别的基础上，每个品种根据其标准要求，制定外形评分表，表中列举品种特征，头、颈、前、中、后躯、四肢等项目的理想要求及外形缺陷，根据各个部位在生产上的重要特性，分别规定评分标准，总分为100，对各个体评分后进行选择，不同品种有不同的评分鉴定标准。

第三章　种猪繁殖与饲养管理技术

第一节　种公猪的饲养管理

一、种公猪的选择

饲养种公猪的目的是配种，以获得数量多品质好的仔猪，一头种公猪在本交情况下承担20~30头母猪的配种任务，一年可繁殖仔猪400~500头，如采用人工授精，一年可配母猪500~1 000头，繁殖仔猪万头以上，同时对其后代的生长速度、饲料报酬、体质外形等有益性状的影响很大。因此种公猪的引进与选择，在生产实际中至关重要。“母猪好，好一窝，公猪好，好一坡”的说法就是这个道理。

（一）种公猪的引进

种公猪要从取得《种畜禽生产经营许可证》的种猪场引进。这类种猪场一般技术力量较强，设施完善，有良好的培育环境和完善的育种资料，能正确实施各种传染病的预防注射工作，种猪合格率较高。在卫生条件不良的环境中繁育的种猪可能带有种种疾病，不宜引进和作种猪使用。

（二）种公猪的挑选

公猪必须具有明显的雄性特征，身体健康、体质紧凑，身腰长而深广，后躯充实，四肢强健粗大，睾丸发育良好、大小一致、整齐、对称。随着年龄的增加，前驱变得重而厚，后躯特别丰满，不满两岁的公猪以肩部和后躯宽度相同者为佳。整体外貌，应当是体形方正舒展，强健有力。公猪的遗传力要强，精液品质良好，能把优良性状传给后代，患有赫尔尼亚、单睾和包皮积尿的公猪不宜选作种用。

二、种公猪的饲养

（一）营养需要

公猪的一次射精量通常为200~500毫升，精液含干物质约4.6%，其干物质约80%以上为蛋白质所组成，精子的活力和密度越高，受胎率越高。因此在公猪的各种营养中，首要的是蛋白质、维生素A、钙和磷。在配种期，其日粮粗蛋白质水平不应低于16%，在非配种期，不低于14%，蛋白质中所含必需氨基酸要求达到平衡。提倡推广应用全价配合饲料。在农村中应充分利用豆科青绿饲料、豆科籽实饲料及优质青贮类饲料，适当搭配5%~10%的动物性蛋白饲料，对提高精液品质有良好作用。钙、磷和维生素A是精子的主要组成部分，日粮中钙含量0.6%~0.7%、磷0.5%~0.6%、胡萝卜素7~8毫克。才能保持精子较高活力与密度。种公猪日粮中，每千克含消化能不低于3 000千卡（12 540千焦）。

（二）饲喂方法

公猪的日粮应以富含蛋白质的饲料为主，保证日粮各种营养达到平衡。体积不宜过大，否则，易造成腹围增大，腹部下垂，影响配种能力。还要注意不能完全饲喂碳水化合物饲料，使公猪肥胖，体质下降，影响生殖机能，严重时，丧失生殖能力。饲喂量，配种期每天3.0千克，非配种期每天2.5千克，冬天寒冷，为维持体热消耗，应适当增加饲喂量。尽管按种公猪的不同阶段喂给标准饲料，也会出现过肥过瘦情况。因此，必须根据不同状况随时增减饲料。

三、种公猪的管理

种公猪的管理除了经常保持圈舍清洁、干燥、阳光充足、空气流通、冬暖夏凉外，还应注意以下管理工作。

（一）配种前调教

生后7月龄体重达到100千克的公猪应进行配种前调教，利用个体适当，发情明显的6~7月龄母猪试配，在早、晚空腹时进行，地点固定，每次15~20分钟，要耐心细致，不可粗暴。通过调教，在能够达到自行爬跨母猪并进行交配，即可投入使用。

（二）实行单圈喂养

成年公猪一般单圈饲养，这样安静，减少干扰，食欲正常，杜绝了咬架事故及恶弊发生。

（三）加强运动

可以增强体质，锻炼肢蹄，提高配种能力，是保证精液品质正常的有效措施。特别是青年公猪和非配种期的公猪要加强运动，每天驱赶运动一小时左右，一般在早晚进行为宜。

（四）保持猪体清洁

每天刷拭猪体，保持皮肤清洁卫生，可防止皮肤病，体外寄生虫病，还可促进血液循环，达到人畜亲和。夏天结合降温避暑进行淋浴、清洁猪体。

（五）定期称重

根据体重变化，调整日粮营养水平。成年公猪体重维持不变。保持幼龄猪正常生长。

（六）定期检查精液品质

应坚持每30天检查一次，以便针对性及时调整营养、运动和配种强度。

（七）定时定点配种

目的在于培养种公猪的配种习惯，有利于安排作业顺序。配种时间春夏秋三季，宜在上午 7~8 点或下午 4~6 点，寒冷季节宜安排在中午气温较高时配种，均应在喂食前进行，切忌饱食后配种。

（八）防止公猪自淫

其表现是射精失控，见到母猪还未爬跨就射精，即使在自己圈内无其他猪也自射自吃精液。如发生这种恶弊，应立刻停止使用，并远离其他猪，分析发生不正常刺激的原因，加强运动，适当调整营养水平，就能逐渐改变这种恶习。

（九）建立正常的饲养管理日程

使种公猪的饲喂、饮水、运动、刷拭、配种、休息等有序进行，养成良好习惯，增进健康，提高配种能力。

四、种公猪的合理利用

（一）适宜的配种年龄和体重

种公猪初次配种过早或过迟均不宜，特别是过早配种会影响种猪本身生长发育，缩短利用年限，影响后代质量。引入品种和培育品种以 8~10 月龄、体重达 110~130 千克或体重达到成年体重的 60%以上配种比较适宜。

（二）利用强度

1~2 岁的幼龄公猪，由于本身有待进一步生长，每周配种不得超过两次；成年公猪每天可配种 1~2 次，连续配种一周应休息 1~2天。

（三）公母猪的配比

实行季节产仔的本交猪场 1 头公猪可负担 15~20 头母猪的配种任务，分散产仔的猪场可负担 20~30 头，利用年限一般为 3~5 年。

第二节　种母猪的饲养管理

一、评定母猪繁殖力水平的指标

评定母猪繁殖力水平的指标有产仔数、初生重、均匀度、泌乳力、育成仔猪数、断乳重等6项。

（一）产仔数

产仔数是评定母猪生产水平最重要的指标，它与品种、胎次、配种技术、饲养管理、个体品质都有一定关系，但因产仔数的遗传力很低（0.03~0.24），故难以通过选择得到提高。产活仔数用母猪一胎所产存活的仔猪数来表示，不包括死胎、木乃伊和畸形仔猪。加上死胎、木乃伊和畸形仔猪的总和称为总产仔数，简称产仔数。产活仔数与总产仔数之比为存活率，其计算公式为：

存活率 = 产活仔数 ÷ 总产仔数 – 100%

（二）初生重

指仔猪出生后的体重。在出生后的1小时之内（第1次吮乳前）称初生个体重，初生个体重之和称为初生窝重，初生重与品种、胎次、窝仔数、妊娠期营养状况等有关。

（三）均匀度

均匀度也称整齐度，是指同窝仔猪大小均匀的程度，表示方法有两种：一种是以仔猪与全窝仔猪初生重的差异（标准差）来表示，标准差越小，大小越均匀；另一种是计算发育整齐度的百分率表示，是最重与最轻仔猪的对比。

发育均匀度 = 最轻仔猪体重 ÷ 最重仔猪体重 × 100%

（四）泌乳力

母猪的泌乳力以前曾用30日龄全窝仔猪活重来表示，现改为以20日龄全窝仔猪重量（包括寄养仔猪在内）作为统一衡量泌乳力的指标。由于猪的泌乳量难以直接测定，故在一般情况下均以泌乳力反映相对泌乳量。

（五）育成仔猪数（断乳仔猪数）

指断乳时一窝仔猪的头数。断乳时育成仔猪的头数与初生时活仔数（包括寄入的，扣除寄出的）之比称为育成率或哺育率，计算公式为：

哺育率=断乳时育成仔猪数÷（产活仔数+寄入仔猪数-寄出数）×100%

（六）断乳重

仔猪断乳重是断乳时同窝仔猪的个体重，常用平均体重表示。仔猪断乳窝重是同窝仔猪个体断乳重的总和，断乳窝重是衡量母猪繁殖力的重要指标，它与以上各项指标有很强的相关性，也与其以后的增重有密切关系。据测，断乳窝重与4月龄体重呈正相关，因此可从仔猪断乳窝重预测1头母猪的年总产肉量。为了使断乳窝重能在同一标准下进行比较，可将断乳日龄统一以45日龄为准，提前或延迟断乳要注明断乳日龄，再按不同日龄的校正系数将体重校正到45日龄时的体重。计算公式为：

45日龄体重=某日龄实际体重×该日龄校正系数（K）

各日龄校正至45日龄体重时的系数(K)

日龄	系数(K)	日龄	系数(K)	日龄	系数(K)
35	1.56	46	0.97	57	0.70
36	1.48	47	0.93	58	0.68
37	1.40	48	0.90	59	0.66
38	1.34	49	0.87	60	0.65
39	1.28	50	0.85	61	0.63
40	1.22	51	0.82	62	0.62
41	1.17	52	0.80	63	0.61
42	1.12	53	0.78	64	0.59
43	1.08	54	0.76	65	0.58
44	1.04	55	0.74		
45	1.00	56	0.72		

二、提高母猪群体繁殖力的途径

所谓繁殖力，就是家畜维持正常繁殖机能生育后代的能力。母猪繁殖力是养猪生产的一项重要经济指标。因为种猪生产成本是由育成仔猪来分担的，母猪繁殖力高则经济效益提高，反之则降低。由此可见，衡量母猪繁殖力高低的标准应该是每头母猪每年能提供的育成仔猪数。影响母猪繁殖力的因素很多，但应做好以下三个方面的工作。

（一）保持合理的母猪群体年龄结构

年龄结构对母猪群体繁殖力的影响很大。母猪群内年龄结构，主要依据母猪的利用年限而定，一般猪种的母猪繁殖高峰期为3~8胎，9胎及9胎以后产仔数逐胎减少，存活率也逐胎下降，据此，母猪的利用年限定为4~5岁，每年更新20%~25%，2~5胎龄母猪应占繁殖群的60%以上，6~7胎龄的占20%，对繁殖力较高的母猪可适当延长利用年限，对繁殖力低的母猪可提早淘汰。淘汰母猪的标准是：一是年龄4岁以上的；二是缺乳或泌乳力差的；三是2~3个情期配不上的；四是第三胎产仔在7头以下的；五是新生仔猪大小不匀的；六是有恶癖的。

（二）缩短繁殖周期

繁殖周期也称分娩间隔，是影响母猪繁殖力的重要因素。母猪的繁殖过程分为配种期、怀孕期、泌乳期，从配种至泌乳期结束（仔猪断奶），称为一个繁殖周期。因为怀孕期 114 天是固定的，所以要缩短分娩间隔，必须从抓紧配种期和缩短哺乳期来实现，只要使母猪在仔猪断奶时能保持中等体况，一般断奶后 7 天内都能发情。因此，可以将断奶至配种的间隔预定为 10 天，关键是必须抓住断奶后的第一个发情期，保证情期受胎率达到 100%。

缩短泌乳期的潜力很大，传统养猪，习惯于 60 天断奶，极大地制约了母猪繁殖力的发挥。在饲养管理较好的条件下，泌乳期缩短为 35 天，一般都可以做到，且对断奶后母猪发情和受配及后来仔猪育成均无影响，这样，繁殖周期可缩短到 159 天，即一年可产 2.29 窝仔猪，除去不可预见的不利因素，实际可产 2.2 窝，比 60 日龄断乳的母猪年多产 0.3 窝。仔猪提早补料是提前断乳的根据，提前断乳是缩短繁殖周期的关键。

（三）增加窝断乳仔猪数

提高母猪年繁殖力，必须增加窝断乳仔猪数。窝断乳仔猪数受窝产活仔猪数和哺乳期仔猪死亡率这两方面的制约，其中提高窝产活仔猪数又要靠增加母猪排卵数、提高母猪受精率，降低胚胎和胎儿死亡率来实现。从技术措施上说，要使母猪一窝多产仔，主要应从以下几方面入手：保证蛋白质、维生素和矿物质的平衡供应，使母猪常年保持种用体况；初产母猪配种前短期优饲催情，每天适当运动；做到适龄适时配种和重复配种；肉猪生产，充分利用杂种势，进行双重配种；怀孕母猪不可喂发霉变质、冰冻或酸性过大、含酒精较多的饲料；防止拥挤、咬架、鞭打、惊吓和追赶等造成机械性流产；在高温季节采取防暑降温措施，减少胚胎死亡。降低哺乳期仔猪死亡率是增加窝断乳仔猪数的另一重要因素。据统计，仔猪从出生到断乳前的死亡率通常为15%~20%，而且大部分（60%~70%）死亡发生在出生后的第一周内。仔猪断乳前死亡原因很多，但压死和冻死占总数的50%以上。因此，加强泌乳期的饲养管理，特别是前期管理，对减少仔猪断乳前死亡数极为重要。

三、待配母猪的饲养管理

即将配种的后备母猪，仔猪断乳后的成年母猪称为待配母猪（或空怀母猪），加强这个时期母猪的饲养管理，使其尽快达到正常的繁殖体况和正常的性机能活动，做到适时配种，全配全准，为多胎多产奠定基础，是这一阶段饲养管理要求的关键。

（一）后备母猪初配年龄与体重

后备母猪在8~9月龄，体重达100~120千克开始配种为宜。这时母体本身发育已完全成熟，排卵数多，产仔数也增加，泌乳量高，仔猪育成率也高，还可以延长母猪的使用年限。过早配种，则由于母体本身未发育成熟、产仔少、泌乳差、母体损耗大，很不合算。

（二）配种前的管理

1. 即将投入配种的后备母猪，改喂种猪用的配合饲料，定量给料，每天每头喂料2.0~2.5千克，如果准备下次发情时配种，在配种前10天左右，再适当增加饲喂量，这样做不但发情明显，排卵数也增加，能达到多产仔的效果。

若青年母猪已达到发情期，但又没有发情征候出现，可将它们移到另一栏内，饥饿24小时，每天用公猪诱情，这样可以刺激正常发情。

2. 成年母猪确保其正常发情的关键在于使母猪膘情不至于过度

下降，必须在哺乳期间给予充足的营养，并实行早期断奶。仔猪断奶后，母猪可一栏关 2~5 头，从第三天开始，每天早晚用公猪接触试情 15~20 分钟，一般断奶后第 4~8 天，有 80%~90%的母猪发情并可以配种。若不用公猪接触，母猪单圈或放在大群中饲养，有时只有 50%左右的母猪发情。对膘情过瘦的母猪，在配种前要喂的好一些，尽快恢复膘情，参加配种。

3. 发情与适时配种。母猪如果健康无病，发情是有一定规律性的，大约每三周反复一次（发情周期），每次发情征候持续 6~7 天，发情过程大致可划分为发情前期、发情期和发情后期。

（1）发情前期（2~2.5 天） 外阴部红肿，从阴门中流出半透明糊状黏液，公猪接近后则会逃掉，不让爬跨。

（2）发情期（2~2.5 天） 肿大的外阴部稍变轻，出现小皱纹，红色也略变浅，母猪变得举止不安，鸣叫，不时小便，公猪接近时，安静而允许公猪爬跨。

（3）发情后期（1.5~2 天） 外阴部红肿消退，逐渐恢复正常。

母猪排卵的时间多在允许公猪爬跨后 20~30 小时，但卵子排出后，具有受精能力的时间很短，只有 5~6 小时。同时，当母猪配种后，精子通过生殖道向输卵管上端运行，到达输卵管上端 1/3 处，即受精部位要 2~3 小时，在输卵管内精子具有受精能力的时间约为 30 小时。根据上述推算出的交配适期应是在用手按母猪臀部，呆立不动，允许公猪爬跨后 12~24 小时进行为最好。但由于发情在个体间差异很大，为了提高受胎率，一个发情期内可配二次，若第一次交配在早上，则第二次交配应在当天下午，第一次交配在下午，则第二次交配应在次日上午，间隔时间为 8~12 小时，均在空腹进行。对商品仔猪生产，可先后间隔 10~15 分钟用两头公猪各配一次，可提高受胎率、产仔数，产仔的整齐度、健壮度。

（三）营养需要

日粮中蛋白质含量13%~14%，消化能每千克2 800~3 000千卡，要保证维生素A、维生素D、维生素E及钙、磷的供给，配种前适当喂一些青绿多汁饲料大有好处。

（四）促进母猪发情排卵的措施和对屡配不孕的处理

在生产中有些母猪在仔猪断奶后10天内迟迟不发情，可采取以下措施进行催情和促使排卵。

1. 改善饲养管理　对迟迟不发情的母猪，首先应从饲养上找原因，如调整日粮，加减喂料，增加运动等。

2. 诱情　每天早晚用公猪追逐或爬跨，把不发情的母猪关在公猪圈内混圈饲养，也可用发情母猪的爬跨来诱情。

3. 按摩乳房　每天早晨饲喂后，对不发情母猪乳房表层按摩10分钟，深层按摩5分钟，可促使母猪发情配种。

4. 注射激素　采用上述措施后仍不发情的母猪，可试用激素催情。

⑴孕马血清（PMSG）　可促使滤液成熟和排卵，皮下注射每日一次，连续2~3天，第一次5~10毫升；第二次10~15毫升；第三次15~20毫升，一般注射3天后可发情。

⑵绒毛膜促性腺激素（CG）　该激素由胎盘产生，对母猪催情和排卵效果显著。体重70~100千克，一次肌肉注射500~1 000单位，如加注孕马血清效果更佳。

⑶垂体前叶促性腺激素　含促滤液生成素（FSH）、促黄体生成素（LH）、促黄体分泌素（LTH），对催情和排卵效果显著，在情期来前1~2天用药，一次肌肉注射500单位，连用2天。

另外，对患子宫炎或阴道炎的母猪，可用25%的高渗葡萄糖液

30毫升，加青霉素100万单位，注入子宫半小时后配种，治疗效果显著。如连续2个情期不发情或配不上，可考虑淘汰。

5. 母猪假发情的防治 母猪在配种受胎后的第一个或第二个发情期的头1~2天，表现出轻微发情症状，称为“假发情”。假发情与真发情的主要区别在于假发情时间短，不明显、食欲不减，食后睡觉安定，决不接受公猪爬跨配种。引起假发情的原因是妊娠后期和哺乳期营养不良，雌性激素分泌增多，孕酮减少，因此防制的根本措施是改善这个时期的饲养管理，适量多喂一些青绿饲料。另外应及时防治生殖器官疾病。

四、妊娠母猪的饲养管理

（一）妊娠的判断

母猪的发情周期大致是3周时间，若配种后3周不再发情，就可以判断已经妊娠。或者配种后第16~17天在耳根下注射3毫升雌激素，出现发情症状的是空怀母猪，在5天内不发情的则为妊娠，这种方法的准确率达90%~95%。

（二）妊娠母猪的饲养管理

1.妊娠期母体和胎儿的变化 母猪的妊娠期平均为114天（112~116天）。母猪妊娠后，性情变得温顺、食欲增高、毛呈现光泽，在妊娠期不仅胎儿要生长，母体本身也要增重，青年母猪本身还要生长发育。试验证明，经产母猪在妊娠期，本身增重40~50千克，为原体重的30%~40%，青年母猪增重50~60千克，为原体重的40%~50%。越到妊娠后期，胎儿增重越快，妊娠30天时，胎儿重仅1.7克，90天时胎儿平均体重600克以上，到110天时平均体重达1100克左右，胎儿90天以后的增重占妊娠全期增重的50%以上，因此，做好母猪妊娠期的饲养管理是保证胎儿正常生长发育的关键。

2. 妊娠前期饲养管理（妊娠 80 天）　妊娠前期，母体增重和胎儿发育的速度都较缓慢，因此，除对体况较差的母猪（过瘦）适当增加喂料外，膘情较好的母猪按一般营养水平即可满足母体和胎儿的需要，可把节省下来的部分精料用在妊娠后期和哺乳期。4~6 头一群或单饲。每千克日饲粮中应含消化能 2 700~2 800 千卡、粗蛋白质 12%，钙 0.61%，磷 0.49%，食盐 0.4%，胡萝卜素 7~8 毫克，日喂 2.0~2.5 千克，日饲 2 次。

如妊娠前期喂过多的精料，大部分转化为母体增重，对胎儿发育不利，而且因母猪养得过肥而引起胎儿死亡，使产仔数减少，所以要控制精料的喂量。

另外，妊娠初期（妊娠前 40 天），由于胚胎在子宫里着床不够稳定，易因种种原因造成胚胎损失，如跌倒、挤撞、咬架、饲料及环境突然变化等，必须引起足够的重视，防止机械性流产。妊娠后期应单圈饲养，保持猪体卫生、环境安静。

3. 妊娠后期饲养管理（80~110 天）　妊娠后期胎儿的生长发育和母本的增重比较迅速，所以要增加饲喂量和提高营养水平，日喂料 2.5~3.0 千克，日喂三次。每千克日粮中含消化能 2 800~3 000 千卡，粗蛋白质 12%~14%、钙 0.61%、磷 0.49%、食盐 0.5%、胡萝卜素 7~8 毫克。这个阶段如果饲喂量不足，不仅胎儿发育不良，不整齐，生下来的仔猪显得很弱、育成率下降，同时也会严重影响母猪下一个周期的生产。80 日龄以后，除特殊情况，即使饲料多给了些，也不至于造成母猪肥胖，胎儿发育受阻、难产以及泌乳不良等障碍。要注意钙、磷和维生素 A、维生素 D、维生素 E、维生素 B

及微量元素的补充。另外，在这个阶段由于胎儿急速生长，使肠胃受到压迫，为了促进肠胃蠕动，每天应适量喂一些青绿饲料。只喂配合饲料，很容易使母猪发生便秘和食滞，容易引起难产或者一部分胎儿死亡，或者分娩后泌乳恶化等事故，必须高度重视。

4. 严禁喂发霉变质、冰冻和有毒饲料，给充足饮水。

（三）妊娠母猪胚胎死亡、流产原因及防治

1. 妊娠母猪胚胎死亡的原因 (1)营养不良，母猪严重缺乏蛋白质、维生素 A、维生素 D、维生素 E 及矿物质 Ca、P、Fe、Se、I等元素，或饲料中营养不平衡，过量喂碳水化合物含量较高的精料；(2)内分泌不足，妊娠期孕酮分泌不足，造成胚胎死亡流产；(3)患子宫疾病或高热传染病，如布病、细小病毒感染、伪狂犬病、丹毒、乙脑、流感、败血症等；(4)近亲繁殖，精子活力下降，受精卵减少等胚胎死亡；(5)饲料或农药中毒；(6)管理不善，如突然改变饲料，喂冰冻或发霉饲料，夏季长期高温环境（35℃~40℃），冬季睡阴冷潮湿圈舍，缺少运动，或跌打咬架造成机械性流产等。

2. 防治措施 (1)改善营养条件，保证各种营养元素的合理与平衡；（2）做好各类疫病的防治，制定合理有效的免疫程序（包括公猪在内）和创造良好的卫生环境，切断各类疫病的感染途径；(3)杜绝近亲繁殖；（4)做好日常管理，减少各种不良因素的影响，夏季防暑降温，冬季保温除湿，合理运动，环境安静，预防中毒等。

五、哺乳母猪的饲养管理

（一）分娩前的饲养管理

1. 掌握预产期 母猪妊娠期平均 114 天，生产中总结出的“三、三、三”推算方法，即三个月三周零三天，或配种月份加 4，配种

日减 6，即可准确算出预产日期。

2. 分娩舍严格消毒　分娩舍在使用前要冲洗消毒，消毒方法是：先用水冲洗，再用 3%~5% 的石碳酸或 2%~3% 来苏儿（或火碱）水溶液喷洒地面与猪栏，再用扫帚蘸上石灰水（石灰 1 千克加水 1.5 千克）粉刷墙壁，经干燥一二天后使用。产房温度 22℃左右，相对湿度 65%~75%，清洁干燥，安静、阳光充足、通风良好。

3. 分娩母猪提前移入分娩舍　预产期 5~7 天前赶入分娩舍，尽可能在早晨空腹时转移，进入分娩舍后立即喂料，使猪尽快习惯新环境。如果到临近分娩时才突然把母猪移入分娩舍，由于不习惯而引起精神紧张，往往产生无乳、子宫炎和乳房炎等疾病，甚至发生初生仔猪大部分死亡或母猪咬死仔猪等事故。

4. 在分娩舍要进行减食　母猪移入分娩舍之后，要逐步减少饲喂量，产前 1~2 天减少 40%~50%，分娩当天停食，只给饮水，产后再逐渐增加饲喂量，并仍饲喂妊娠期间的饲料，改变饲料应在分娩 7 天以后进行较为安全。

5. 不要变更饲养员　母猪进入分娩舍后，随意变换饲养员会给仔猪生产带来不利影响。分娩舍除了专职饲养员外，尽可能地不让其他人员进入。

6. 保持安静的环境　在临近分娩时，频繁地移动猪只，常会发生产后母猪不泌乳或咬死仔猪等事故，因此保持环境安静，使母猪情绪安宁是很重要的。

7. 夏天室温不能太高　分娩舍里的温度如果超过 30℃，且湿度又高，母猪就会感到不舒适、呼吸急促并发热，影响哺乳，所以在炎热夏天，最好用冷水冷浴母猪颈部降温，但不能用冷水浇淋全身。

8. 注意观察临产症状　母猪临产时，外阴部充血肿大，腹部下垂，尾根部下陷，乳房膨大，流出乳汁，时起时卧，频频排尿、紧张不安，则很快就要分娩了，应做接产准备。

产前表现与产仔时间

产前表现	距产仔时间
乳房胀大(俗称“下奶缸”)	15 天左右
阴户红肿,尾根两侧开始下陷(俗称“松胯”)	3~5 天
挤出乳汁(乳汁透明)	1~2 天
叼草做窝(俗称“闹栏”)	8~16 小时(初产猪、本地猪种和冷天开始早)
乳汁为乳白色	6 小时左右
每分钟呼吸 90 次左右	4 小时左右(产前一天每分钟呼吸约 54 次)
躺下、四肢伸直、阵缩间隔时间逐渐缩短	10~90 分钟
阴户流出分泌物	1~20 分钟

（二）分娩监护

1. 妊娠母猪出现频频排尿，站卧不安，开始阵痛，阴户流出稀薄黏液等临产征兆时，接产人员必须在产房守候，备好毛巾、剪刀、碘酒、耳号钳、台称、分娩记录本等用品，并保持安静。

2. 接产与假死仔猪急救。仔猪产出后，立即用布片将口、鼻及全身黏液擦干，扒去胎膜，增加新生仔猪活力。有的仔猪由于个体大，在产道停留时间长，或因脐带被压迫，产出时呈假死状态，应急救。一是进行人工呼吸，将仔猪四肢朝上，一手拖肩，另一手拖臀部一屈一伸进行人工呼吸致仔猪开始呼吸为止；二是在仔猪鼻部涂酒精刺激呼吸；三是将仔猪浸在 40℃水中刺激（防口、鼻进水）。

3. 难产处理。母猪正常分娩需 3~4 小时，如母猪长时间剧烈阵痛，仍产不出仔，并呼吸困难，心跳加快，属难产，应进行人工助产。一是可肌肉注射催产素 10~20 国际单位，或麦角浸膏 1~2 毫升；二是必要时进行手术掏胎，将手臂洗净消毒，涂润滑剂，在母猪努责间歇时慢慢伸入产道，摸引胎儿并矫正胎位，随母猪努责缓缓把仔猪拉出。

4. 断脐。断脐不宜过短，否则出血过多。可在出生 10~15 分钟内，在 4~6 厘米处用大拇指将脐带血液向仔猪腹部方向挤压，用线结扎后用消毒剪刀剪断，并用 5%碘酒涂抹。

5. 猪瘟超前免疫。仔猪出生后即刻肌注猪瘟弱毒疫苗一头份，注后 30 分钟才能让仔猪采食初乳，商品猪可由此获终生免疫。

6. 剪耳号。

7. 剪平犬齿。用剪齿钳将仔猪犬齿剪平一半，但不要剪及牙肉。

8. 剪短尾巴。出生后即用剪刀把仔猪尾巴从 1/2~2/3 处剪掉。

9. 称重并登记分娩卡片。

10. 采食初乳。母猪分娩后头三天分泌的乳为初乳，初乳富含蛋白质、维生素、镁盐及抗体，所以必须使仔猪在产后 2 小时内都吃上初乳，使仔猪获取被动免疫，并能帮助胎粪排出和刺激帮助消化。

11. 排出胎衣。仔猪产完后 0.5~2.0 小时经轻微阵痛后排出胎衣，若超过 2 小时者，可肌注催产素或麦角浸膏促使排出，并进行清理，防止母猪吃胎衣养成吃仔猪恶癖。

（二）哺乳期的饲养管理

仔猪生后，即脱离母体进入新的环境，靠母乳和母爱继续生长和发育，获得新的生命力。母猪在哺乳期间，要提供大量乳汁哺乳仔猪，消耗较多精力和营养。因此，哺乳母猪的饲养管理是提高仔猪成活率和断乳窝重的重要因素。

1. 营养需要　哺乳母猪的日粮标准，可按体重的 0.8%~1%给予维持日粮，在此基础上，每增加一头仔猪加 0.30 千克。每千克日粮应含可消化能 2 800~3 000 千卡，粗蛋白质 14%~16%、钙0.64%、磷 0.46%。例如母猪体重为 100 千克，维持饲料应给 0.8 千克，生有 10 头仔猪，每头仔猪增补 0.3 千克，共补加 3.0 千克饲料，一共给料 3.8 千克。在饲料配合上，要力求全价营养，特别注意矿物质和维生素的补充，保证在仔猪断乳后母猪有中上等膘情。

2. 饲喂方法 刚分娩的母猪当天不喂料，只喂些麸皮粥或饮水，在产后 7 天内逐步增加饲料并达到标准喂量，日喂 3~4 次。细心观察母猪及仔猪精神状态和粪便等，发现疾病及时治疗。在仔猪断奶前 3~5 天，逐渐减料 1／2~1／3，防止乳房炎的发生。对分娩时体况过瘦的母猪应适当提高第一个泌乳月的饲喂水平，因母猪产后 21 天达到泌乳高峰，第一个泌乳月泌乳量占总量的 65%左右，失重占哺乳期总失重的 85%左右，如果营养不良，则很快就会垮掉，难以弥补。为了不影响繁殖成绩，并为下一次发情打下基础，应把母猪的体重损耗控制在 60 千克以内，占正常体重的 15%~20%。

（四）人工催乳

母猪在哺乳期间，常常发生泌乳不足、仔猪缺奶的情况，尤其初产母猪更为常见。造成泌乳不足的原因很多，如初产母猪乳腺发育不全，促泌乳激素和神经机能失调，母猪患病，饲养管理不当等。针对实际情况，应采取相应措施解决。

1. 乳头孔堵塞 多发生于初产母猪，主要表现为母猪乳房发育很好，但仔猪吸不出奶。确定是乳头孔被污物堵塞所致，只要饲养人员用手挤压，把乳头孔的污物挤出，即能顺利泌乳。

2. 仔猪拱奶无力 在生产中，常见到母猪的乳房发育很好，但如遇到所生仔猪弱小，吃奶前无力拱奶，不能给母猪乳房以必要刺激，致使母猪不能正常放乳，饲养人员应在仔猪拱奶时，用手帮助按摩乳房，直到母猪发出“哼哼”声时为止，仔猪就可以顺利吃上奶了，通过几次帮助，仔猪身体逐渐强壮，可使母猪正常放乳。

3. 母猪患子宫炎和乳房炎　应采取措施及时治疗，消除炎症，使之恢复泌乳。

4. 营养不良　这是造成母猪无乳或泌乳量少的一个重要原因，可在适当提高营养水平的前提下喂给催乳饲料，如豆浆、米浆等，特别是动物性蛋白饲料，如鱼粉、血粉等，对营养不良而缺乳效果很显著。

5. 对症下药　用催产素、血管加压素或喂中草药等进行催乳。加强对初产母猪产前乳房按摩，促使乳腺充分发育。给哺乳母猪创造舒适的环境条件，消除不利泌乳的因素。

第四章 幼猪的培育技术

幼猪生长发育的好坏，直接关系着种猪的利用价值以及肥猪的肥育品质。

幼猪培育一般分为三个阶段，即以依靠母猪生活的哺乳仔猪的养育阶段；由哺乳逐步过渡到完全依靠采食饲料而独立生活的断奶仔猪的养育阶段；从培育为种猪或肥育猪的后备或肥猪饲养阶段。在生产实践中，应当根据幼猪的不同时期生长发育特点，在每个不同时期内对饲养管理的不同要求来对幼猪进行培育。

第一节 哺乳仔猪的养育及管理

从仔猪出生到断奶前为哺乳仔猪的养育阶段，在这一时期的主要任务是提高仔猪的育成率，为生产提供健壮的仔猪。

一、哺乳仔猪的生长发育和生理特点

（一）生长发育快，物质代谢旺盛

仔猪出生后生长发育十分迅速，一般 10 日龄体重为出生体重的 2 倍以上，30 日龄可达到 5~6 倍，60 日龄相当于出生重的 15 倍以上。仔猪生长发育快反映了物质代谢旺盛，据测定仔猪 20 日龄每增重 1 千克需要沉积蛋白质 9~12 克，相当于成年猪的 30~50 倍，

需代谢能 7.22 兆卡，为成年猪的 3 倍。可见，仔猪对营养物质的代谢需要比成年猪高，如营养物质不足或失调，仔猪的生产发育就要受到影响，严重时会死亡。

（二）消化器官不发达，容积小，机能不完善

仔猪出生时消化器官与其他器官比较相对在重量和容积上都小，如胃重仅 8 克，容奶 40~50 毫升，而且机能很不完善，缺少游离盐酸，仅有凝乳酶和少量胃蛋白酶，胃底腺不发达，胃蛋白酶无活性，消化能力极弱。但仔猪初生时肠腺和胰腺比较完善，胰蛋白酶、肠淀粉酶和乳糖酶活性较高，因此仔猪只能利用乳中的营养物质，不能利用植物性饲料中的营养物质。此外，仔猪的胃液分泌还没有与神经系统建立条件反射，而且食物通过消化道的速度很快。因此仔猪对饲料的种类、质量、形态、饲喂方式和方法等，都有特殊要求，饲养仔猪应掌握这些特点。

（三）缺乏先天性免疫力，容易得病

母猪的免疫抗体因胚胎结构不能直接转移给胎儿，而使初生仔猪缺乏对病原微生物侵入的抵抗能力。母猪分娩后，其初乳中含有抵抗多种病原微生物的高浓度免疫抗体，而仔猪的肠道对物质的透过性又高，仔猪吃初乳后，能将初乳中的抗体通过“胞饮作用”吸到血液中，并逐步自体产生抗体而获得免疫力。仔猪出生 24 小时以内对初乳中抗体吸收量最大，初乳中的抗体效价比母猪血清中的抗体效价要高出几倍，初生仔猪哺乳后，初乳中的效价急剧下降，6 小时后下降到分娩时的一半以下。仔猪出生 24 小时后，其肠道黏膜绒毛上皮细胞的“胞饮作用”消失，吸收能力显著降低。2~3 周后，初乳中的抗体在仔猪体内几乎消失殆尽，自体抗体数量又很少，由于补饲、饮水等进入体内的病原微生物大量增加，缺少抑制而得病

甚至死亡。若仔猪在开始哺乳时，由于各种原因（如体弱等）采食初乳不多，被动免疫抗体数量少，而消失时间提前，因而疾病往往发生在出生后 7~10 天。仔猪易发疫病主要有：黄痢（早发性大肠杆菌病）、红痢（坏死性肠炎）、白痢（迟发性大肠杆菌病）、传染性胃肠炎、流行性腹泻、仔猪副伤寒等，应注意鉴别与防治。

（四）体温调节能力差，行动不灵活

初生仔猪脑皮层发育不全，体温调节能力差，特别怕冷，容易冻死，而且反应迟钝，行动不灵活，易被压死，因此，保温是养好仔猪的保护性关键措施。

二、提高哺乳仔猪培育效果的措施

根据仔猪出生后的环境变化，哺乳仔猪生长与生理特点和死亡原因分析，养好哺乳仔猪要抓好以下七个方面的关键措施，特别是平常所说的过好三关：初生关、开食补料关、断奶关。

（一）固定乳头

自然哺乳时仔猪生后 1~2 天就自行固定奶头，强壮的在中、前部乳头，弱小的在后部乳量少的乳头，因此初生仔猪在分娩后 1~2 天要人为控制哺乳，把弱小仔猪固定在中、前部乳头吃奶，较强的放在后部乳头，这样人为的辅助几次使之固定奶头，可起到扶弱抑强的效果。固定乳头是同窝仔猪发育整齐的关键。

（二）仔猪寄养

母猪哺育仔猪的头数可以按其体重计算，一般每 20 千克哺育一头仔猪，泌乳力强的，亦可 15 千克哺育一头，经产母猪泌乳能力旺盛的可哺乳 10~12 头，初产及营养状况不良的母猪可限制在 8 头左右。适宜的哺乳头数是以哺乳成活率高、仔猪发育整齐为前提，因

此，初生重在 0.7 千克以下的弱小仔猪最好在出生后就淘汰，当母猪产仔数超过其有效乳头，或同窝仔猪差异大，或因产褥热、乳房炎等而丧失泌乳能力时，最有效的办法是把仔猪寄养给同期分娩的其他母猪。寄养注意事项：①分娩时间相差不超过 2 天；②被寄养的仔猪一定要吃过初乳；③寄养时必须把寄母的奶、尿擦抹寄仔全身，使寄母与寄仔气味相同；④在寄仔第一次哺乳时要当心寄母咬伤寄仔；⑤选择寄母应是性情温顺、乳头多、泌乳量好的母猪。

（三）仔猪保温

仔猪对温度与湿度最为敏感，仔猪周围（保温箱等）最适宜温度为：1 日龄 35℃，2~4 日龄 34℃~33℃，5~7 日龄 30℃~28℃，8~35 日龄 28℃~20℃。当环境温度为 15℃~20℃时（母猪最适温度区），相当一部分仔猪会受冷而冻死，尤以 3 日龄内更甚。一般保温设施采用红外灯保温箱，远红外电热板、火墙等都有较好效果。温度偏高、湿度偏大则正好符合细菌繁殖的环境，可造成仔猪下痢，皮肤病发生等。因此在保温的同时，应保持舍内的干燥卫生，通风，湿度在 65%~70%。

（四）提早补料

母猪的泌乳规律是从产后 5 天起，泌乳量才逐渐上升，20 天达到泌乳高峰，30 天以后逐渐下降。当母猪泌乳量逐渐下降时，仔猪的生长发育却处于逐渐加快的时期，就出现了母乳营养与仔猪需要之间的矛盾，不解决这个矛盾，就会严重影响仔猪增重，解决的办法就是提早给仔猪补料。仔猪提早补料，能促进消化道和消化液分泌腺体的发育，可大大减少仔猪下痢发生率，试验证明，补料的仔猪，其胃的容量在断奶时比不补料的仔猪约大一倍，胃的容量增大，采食量随之增加。

仔猪随日龄的采食量

日龄	15~20 天	20~30 天	30~40 天	40~50 天	50~60 天
采食量(克)	20~25	100~110	200~230	400~500	500~700

1. 补料方法　仔猪生后 7 天就可以开始补料，最初可用浅盆在上面撒上少量乳猪料，仔猪会很快尝到饲料的味道，这样反复调教 2~3 次，就会自动采食。母乳丰富的仔猪生后 10 天仍不爱吃料，可在料中加入少量白糖等甜味剂，灌入仔猪口中，调教几次，当仔猪认料后，便可用自动喂料器饲喂。补料的同时，应供给充足清洁的饮水。

2. 仔猪的营养需要　仔猪主要长肌肉、骨骼和组织器官，需要营养完善的日粮，在补饲日粮中，粗蛋白含量应达到 18%~20%，即每千克日粮中要含有 150~160 克可消化蛋白质。仔猪在生长期特别需要赖氨酸、蛋氨酸和色氨酸，这在植物性饲料中往往不能满足，必须补充动物性饲料来加以平衡，一般动物性饲料如鱼粉、骨肉粉应占日粮的 5%~10%，同时在日粮中要注意钙、磷和食盐的补充。

规模猪场建议仔猪饲养标准

饲料	消化能(兆卡 / 千克)	粗蛋白(%)	钙(%)	磷(%)	赖氨酸(%)	蛋□胱(%)	补饲时间(天)
1	3.3	20	0.6~0.7	0.5~0.6	0.9	0.7	7~30
2	3.2	18	0.6~0.7	0.5~0.6	0.8	0.7	30~60

另外，经验证明，给仔猪饲喂土霉素，可促进仔猪的生长发育，防止下痢，土霉素的喂量为 20 日龄前每天每头 15 毫克，21~40 日龄 20 毫克，41~60 日龄 30 毫克，每日将土霉素混入饲料中即可。

（五）适时断奶

什么时候断奶，要看母猪和仔猪的具体情况来确定。大致标准是仔猪生后 28~35 日龄，体重达 6~8 千克时断奶，到了这个日龄，仔猪已能自体产生独立生活所必需抗体，所以是一个比较安全的断奶时期。同时，一个月左右断奶后，母猪一周内就能发情配种，使繁殖周期缩短到160天左右，提高了母猪的利用强度，到60日龄仔猪体重更趋于一致性，饲料利用率提高，死亡率降低。正确断奶方法有三点。

1. 断奶前一周给母猪开始减料，到断奶的前3天，饲喂量减少30%~50%，断奶当天只给饮水，不喂料，目的是使母猪泌乳量尽快降下来，预防乳房炎发生。

2. 断奶前10天，仔猪补料次数从3~4次增加到5~6次，特别是晚上要增加一次，使仔猪尽量多吃饲料，尽快使仔猪脱离恋乳的心绪。

3. 断奶后，把母猪移走，仔猪仍喂哺乳期饲料并减量三分之一左右，预防消化性腹泻，此后，仔猪留在原圈饲养5~7天便可转入育成猪舍或其他适宜猪舍，并逐步增加喂料量，于2周后全部过渡到断乳仔猪料，可减少应激影响。

（六）补铁与补硒

铁是造血和防止营养性贫血的必要元素。仔猪出生时铁的总贮存量为50毫克，每日生长需7毫克，而母猪乳中含量很少（每100克乳中含铁0.2毫克），仔猪从母乳中每日摄铁量为0.7~1毫克，因此仔猪在哺乳期，其铁的摄入量远远不够。只有当100毫升血液中含有血红蛋白9毫克以上，才能满足需要，若不及时补铁，则仔猪会因缺铁而出现食欲减退、被毛散乱、皮肤苍白、生长停滞或拉稀等，因此仔猪补铁应纳入防疫程序中。补铁方法有以下几种。

1. 仔猪出生2~3日肌肉注射血多素、牲血素等右旋糖酐铁合剂等，效果均较好。

2. 铁铜合剂。用5克硫酸亚铁（$FeSO_4$）和2克硫酸铜（$CuSO_4$）

溶于1000毫升水中，制成铁铜合剂，从3日龄起在仔猪吮乳前，将合剂涂抹在乳头上，每天涂抹3~4次，每头仔猪可获铁5~6毫克。

仔猪缺硒易引起白肌病和仔猪大肠杆菌病（白痢），因此在仔猪3~4日龄时肌注0.1%亚硒酸钠溶液1.5~2毫升，断奶时再注射一次，可达到补硒的目的。

（七）预防仔猪下痢

1. 仔猪黄痢 初生仔猪的一种急性、高度致死性疾病，病源为溶血性大肠杆菌，以腹泻、排黄色或黄白色液状粪便为特征，多发生于1~7日龄，最短可在生后12小时内发病。防治办法：一是母猪进圈前用烧碱配成1%~2%的热水溶液，对饲槽、猪床进行冲洗消毒；二是每周用0.1%~0.3%次氯酸钠或过氧乙酸溶液对食槽、猪床消毒一次，或用含有漂白粉的溶液喷洒消毒猪舍地面，保持圈舍内干净、卫生、温度适宜，通风良好；三是接产时每个乳头挤掉乳汁少许，并经常用0.1%的高锰酸钾液擦拭乳头，保持猪体、乳头清洁；四是仔猪可喂给0.1%的高锰酸钾水。

至关重要的是让每头仔猪都能吃足初乳和免疫接种。妊娠母猪产前40天到14天，于耳后肌肉注射仔猪大肠杆菌腹泻菌苗（K88、K99、987P）或产前10~25天耳后肌肉注射MM-3基因工程苗，免疫效果良好。

另外药物防治，对刚出生的仔猪一律皮下或肌肉注射磺胺类药物或抗菌素，每天两次，连用2~3天，7日龄时重复量一次。对脱水仔猪腹腔注射葡萄糖液，每头10~20毫升。

2. 仔猪白痢 白痢是7~20日龄仔猪常发的疾病，以排泄乳白色或灰白色黏稠腥臭粪便为特征，病源为大肠杆菌，死亡率较高。防治办法和仔猪黄痢的防治措施相似，要把重点放在改善环境卫生状况上。现推荐两种防治白痢方法：一是，母猪产前用双份工程菌苗 MM~3 进行免疫或饲料中拌入万分之一的金霉素或呋喃唑酮；二是按每公斤仔猪体重取利福平 7 毫克，磺胺二甲基嘧啶 0.01 克，胃蛋白酶 0.5 克，次硝酸铋 0.5 克，干姜粉 1.0 克，共研末，与适量炒香的玉米粉充分拌匀，加少许开水调成糊状，喂给发病仔猪，一天两次，一般喂两次即停泻，喂 2~3 天排粪正常。

3. 仔猪红痢　红痢病原是 C 型产气夹膜梭菌，主要侵害产后 3 天的仔猪，发病后精神不振，排泄红色黏液粪便，肠严重坏死，传染途径为消化道。该病发病快、病程短、死亡率高，一旦发生很少能耐过，必须从预防着手，加强饲养管理，保持猪舍清洁卫生及消毒工作，特别是产房、用具和母猪乳头处的消毒，以减少本病的发生和传播。

免疫接种 C 产气夹膜梭菌福尔马林氢氧化铝类菌毒素（菌苗），母猪产前 30 天肌肉注射 5 毫升，产前 15 天再注射 10 毫升。

另外，猪传染性胃肠炎，由病毒引起，多在冬季流行，以呕吐、严重腹泻和失水为特征，不同年龄均可发病，1~7 日龄仔猪死亡率最高，本病无治疗办法，主要措施对病猪注射抗生素防治细菌性并发症，并不断地供给清洁饮水或进行补液。

第二节　断奶仔猪养育和后备猪的饲养管理

仔猪从断奶到 4 月龄的时间里，是断奶仔猪的养育时期；从 4 月龄到初次配种时间为后备猪的饲养时期。断奶猪和后备猪都处在生长发育的旺盛时期，可以理解为生长前期和生长后期，必须经过精心培育，才能为以后留做种用或育肥奠定基础。

一、营养需要

猪的生长期是骨骼和肌肉的生长发育阶段，需要充足的蛋白质和矿物质、维生素等。日粮中粗蛋白质含量，在生长前期（2~4 月龄）应保持 18%~16%，生长后期（5~8 月龄）16%~14%。钙 0.8%，磷 0.6%。在封闭饲养条件下，还要注意补充维生素 D。能量水平，每千克日粮应含消化能 3 000~2 900 千卡。

日粮中要求全价氨基酸，特别是赖氨酸对猪的生长发育影响较大，豆饼富含赖氨酸，动物性饲料乃是各种必需氨基酸很全的好饲料，因此，在生长猪的日粮中，力求饲料多样化，以便达到各种必需氨基酸的平衡。

二、生长猪的育成管理要点

（一）公母分养，合理编群

仔猪到 4~5 月龄时，公猪发育较快，表现性欲而频繁爬跨母猪，往往会早淫或损伤四肢和腰，所以公母一定要分开饲养。要尽可能把月龄和体重大致相同的关在一起，每群规模以 5~6 头为宜。

（二）加强调教

调教的目的是使仔猪的生活有规律，养成习惯，采食、排粪尿与睡觉，均在固定地点，一方面利于保持猪栏干燥清洁、猪体卫生、促进生长、减少疾病；另一方面可以减少饲养员的劳动时间，降低劳动强度。

（三）进行健康观察

对生长培育猪进行健康观察是饲养人员的一项重要的管理作业，

健康猪的特点应当是随日龄增长，发育良好，品种特征明显，食欲旺盛，行动活泼，粪便正常，皮肤红润，被毛光泽，腰背平直，尾巴卷起，眼睛有神等。

（四）做好后备种猪的选拔

根据生产需要，对预留种的生长猪群应按育种计划要求进行选拔。一般从60日龄开始到配种前每2月选两次，未选入的及时转入育肥群饲养。选拔的大致标准：

1. 体形、毛色、耳型、头型等符合品种特征；

2. 生长发育正常，体格健壮，四肢结实，被毛光泽，食欲旺盛，行动灵活；

3. 同窝仔猪窝产10头以上，断乳8头以上，乳头6对以上，排列对称、均匀；

4. 无遗传病，公猪睾凡大小适中，对称，母猪外生殖器发育正常，阴门较大而下垂；

5. 选择的后备猪，4月龄体重应达50~60千克，6月龄90~100千克，8月龄应达120~130千克。

（五）后备猪的限饲

对选拔做种用的后备猪，应专群管理并限饲，以防止过肥或体质疏松，提高育成后的种用价值。限饲的大致给料标准：4月龄每头每天1.8~2.0千克，5月龄2.0~2.2千克，6月龄2.2~2.5千克，7月龄2.5~2.8千克，8月龄2.8~3.0千克。

（六）加强运动和日光浴

可促进肌肉、骨骼生长、锻炼腰背与四肢，促进维生素D的吸收，提高育成率。对外引种猪至少应隔离三周，确定无病后再混群。

第五章 商品肉猪饲养管理技术

肥育猪在生产中约占饲养量的80%以上，肥猪饲养好坏，直接关系到整个养猪生产的效益。这一阶段的中心任务是，应用先进的饲养技术和生产工艺，力求提高增重速度，增加瘦肉产量，降低饲料消耗，提高出栏率，获得最佳经济效益。

一、饲养品种

二元或三元杂种猪。在饲养条件较好的地区，以三元杂种猪为主。建议推广杜长大、杜大长，其杂种优势率可达到10%~15%。

二、营养需要

肉猪的主要产品是肌肉和脂肪，在各种营养素充分满足需要并保持相对平衡时，生长肥育猪才能获得最佳生产成绩和产品质量，任何营养不足或过量，对肥育猪都是不利的。

（一）能量

能量是生长肥育猪的第一营养要素。在体重50千克以前，体内蛋白质的沉积、日增重、饲料利用率和膘厚随日粮能量增加而上升。因此，在体重前期（20~60千克），适当提高猪的能量摄入量对生产有利。而在后期（60~90千克）控制能量的摄入可相对提高出栏时的胴体瘦肉率。一般肥育猪日粮能量水平应保持在每千克3 300~3 100

千卡之间。

（二）蛋白质

蛋白质是生长肌肉的营养要素。蛋白质和氨基酸不足可使生长受阻，日增重降低，饲料消耗增加。蛋白质过高，虽可提高瘦肉率，但对增重无明显效果，并增加猪的代谢负担和饲料消耗量，在经济上亦不合算。因此在生产上不提倡用提高蛋白质水平来提高肥育猪的胴体瘦肉率，应根据肌肉在不同阶段的生长规律，合理利用蛋白质，促进肌肉的生长发育。日粮中比较合理的蛋白质水平是：前期（20~60千克）16%，后期（60~90千克）14%为宜。

（三）粗纤维

猪对粗纤维的利用能力较低，一般在肥育前期不应超过4%，后期不超过8%为宜，并合理调制，提高饲料的适口性。

三、育肥方法

（一）直线育肥

应用配合饲料，全期自由采食。优点是节省人工，管理方便，能充分发挥肥育猪的生长潜力、猪的增重速度快。缺点是饲料利用率较差，胴体膘厚，瘦肉率降低，一般大型猪场采用。

（二）阶段育肥

在肥育前期（体重60千克前）给予营养平衡的高能量、高蛋白质饲料充分饲喂，自由采食；育肥后期（60~90千克）肌肉生长高峰已过，生长速度下降，进入脂肪迅速增长期，应分次定量饲喂，饲料供给量相当于自由采食的80%。这样可增进食欲，有利于消化吸收，既保持了较快的增重速度，又提高了饲料报酬和瘦肉率。

这两种方法，各猪场根据本场实际条件，均可采用，但传统的

“吊架子”育肥方式对瘦肉型猪的饲养是不可取的。

四、管理要点

（一）合理组群

要按性别、体重组群，每群以10头左右为宜，以一窝或两窝小猪合群饲养最为理想。

（二）加强调教

应特别注意训练猪群在固定地点吃食、睡觉与排粪尿，以利保持栏内卫生，便于清扫和管理。

（三）保持安静，限制运动

减少外来刺激，使猪充分休息，安心采食，防止斗殴咬伤。

（四）防暑保温

育肥猪适温为12℃~18℃，如在27℃以上时应考虑防暑，冬季应注意保温。

（五）防疫驱虫

除按防疫程序注射疫苗外，断奶仔猪转入生长舍2~3周内应驱体内寄生虫一次。

（六）适时出栏，提高商品瘦肉率

体重越大，膘越厚，脂肪越多，瘦肉率越低。育肥期越长，饲料转化率越低，经济效益就越差。实践证明，育肥猪10~90千克阶段，每增重1千克，所消耗的能量有明显逐步高的趋势。

育肥猪不同体重每增重1千克的能量消耗

体重(千克)	10~20	20~40	40~50	60~70	70~90
每增重1千克消化能消耗(千卡)	4000	5500~6000	8500~9000	10000~11000	13000~14000

据此看出，盲目追求大的体重，经济上是不合算的。一般来说，猪在6月龄以前，增重最快，饲料转化率和瘦肉率都高，因此以6月龄活重90~100千克出栏最为适宜。

第六章　三元杂交商品瘦肉型猪的生产与组织

第一节　商品瘦肉型猪的生产途径

猪是蓄积脂肪能力很强的家畜，所谓瘦肉型猪，就是瘦肉率较高，并达到一定要求标准的猪。国内一般将胴体瘦肉率在55%以上或四肢比例达到25%以上的猪称为瘦肉型猪。国外畜牧业发达国家则要求较高，一般要求胴体瘦肉率在60%以上或四肢比例在30%左右为瘦肉型猪。一头90千克体重的瘦肉型猪比同一体重的一般猪可多产瘦肉5~10千克，生长速度、饲料报酬及经济效益都比较高。由于不同品种培育方法，育种目标等不同，形成了品种各自的特点，在实际生产中也就表现出了种种不同的生产性能。在国外养猪中，品种越来越少，四、五个所谓标准化品种占了种猪总数的80%以上，而在商品猪生产中，则充分利用猪的许多经济性状都有明显杂种优势的特点，进行品种（系）间杂交，以获得优质产品和实现高效益生产。杂种优势的利用已成为养猪业发展的主流，如美国、英国、日本等发达国家自20世纪70年代以来，杂种猪已占到饲养总数的90%以上。因此可以说，品种是实现优质高产高效的基础，而杂交是实现这一目标必需的方法与手段。国外主要瘦肉型猪种我国目前都有，如长白猪、大约克夏猪、杜洛克猪、汉普夏猪等。

近十几年来，我国利用优良地方猪种做母本，国外瘦肉型猪种做父本开展经济杂交，生产商品瘦肉型猪，取得了可喜成绩。宁夏自 20 世纪 80 年代中期以来，根据宁夏的经济和技术条件，大力推广了二元杂交生产，对提高宁夏的养猪水平、促进养猪业的发展、满足市场需求发挥了积极作用。但随着社会的发展和市场需求的提升明显，仍停留在二元杂交的基础上，无疑是对生产发展的一种制约和技术上的相对退步，因此有计划的推广三元杂交是今后养猪生产和新技术应用的一项主要任务。

第二节　杂种优势与影响杂种优势的因素

一、杂交的概念

杂交是指不同种群个体间的交配，在畜牧学上杂交是指不同品种、品系或品群间的相互交配。杂交可使后代的基因杂合程度增加，产生杂种优势。杂交在养猪业中有着十分重要的作用，通过杂交可生产出比原有品种、品系更能适应特殊环境条件的高产杂合类型，在抗逆性、繁殖力、生长势等方面大大提高，从而实现高产高效优质生产。

二、杂种优势的度量

杂种优势一般用杂交一代的平均值（F1）与亲本平均值之差额来表示。如以 S 和 D 分别代表父本和母本的生产性能，则杂种优势为 F1 -（S+D）/ 2，其相对值称为杂种优势率（H），计算公式为：

$$H = \frac{F1 - (S+D)/2}{(S+D)/2}$$

由于猪的经济性状是由很多不同类型的基因决定的，因此，杂种猪的很多经济性能不都表现出杂种优势，也不能表现出同样的杂种优势。杂种优势的产生有其规律性，遗传力低的性状主要受环境因素的影响，由非加性基因所控制，杂交时杂种优势明显，遗传力高的性状受加性基因的控制，杂交时杂种优势不太明显。杂交时容易获得杂种优势的有产仔数、初生重、仔猪成活率和断奶窝重等性状。杂交亲本间的差异程度越大，杂种优势越明显。分布地区距离较远，来源差别较大，类型、特点不同的种群间杂交可以获得较大的杂种优势。

国内外生产实践表明，在猪的经济杂交中，杂种猪的生长势、饲料效率和胴体品质方面，可分别提高5%~10%、13%和2%，而杂种母猪的产仔数、哺育率和断乳重，可分别提高8%~10%、25%~40%和45%。

三、影响杂种优势的因素

（一）不同品种或品系间进行杂交的效果不同

因此，进行杂交生产时，必须事先开展杂交组合筛选试验，测定各个品种或品系间的配合力。近年来国内各地开展的猪的杂交利用，一般是以地方品种或培育品种做杂交母本，以引进瘦肉型猪种做父本，杂交效果良好，北方猪种与南方猪种杂交也会获得良好的效果。

（二）不同杂交方式杂交效果不同

猪的经济杂交有多种方式，目前我国最常用的是两品种（二元）和三品种（三元）杂交。三元杂交的效果一般优于二元杂交。因三元杂交所用的母猪是一代杂种，本身就具备母系杂种优势，再与增重快、饲料利用率高的第二父本（终端父本）交配，结果使三元杂种在繁殖性能和肥育性能方面均可获得更高的杂种优势。

（三）同一品种个体间存在着差异杂交效果不一样

因此在种猪培育时，一定要重视种猪的选择和个体选配，提高种用质量。否则，就不可能达到预期的效果。

二元与三元杂交效果比较

性状	二元杂交	三元杂交
产仔数	+ 11.22	+ 20.19
仔猪初生重	+ 1.96	+ 0.39
仔猪初生窝重	+ 13.39	+ 20.65
仔猪断奶存活率	+ 5.87	+ 36.22
仔猪断奶窝重	+ 20.84	+ 60.76
节省饲料	+ 2.99	+ 3.85
达 100 千克体重节省饲料	+ 8.67	+ 8.36

（四）杂种优势的显现受遗传和环境两大因素的制约

对于一个优良的杂交组合来说，如果所给的饲养管理和环境条件不适，使其基因型不能得到充分表现，那么就无法获得预期的杂种优势。因此，任何杂交组合的好与坏都是与特定的饲养管理条件相关联的，如饲料的营养水平，饲养环境、温湿度、疫病防治等。离开了具体的饲养管理条件，就无法评价杂交组合的优与劣。

第三节　杂交亲本的选择与杂交方式评价

一、杂交亲本的选择

（一）母本的选择

作为杂交母本，一般应具备以下条件：①数量多、分布广和适应性强；②繁殖力强，母性好和泌乳力高；③ 体格不宜过大，以减少维持需要。

我国绝大多数地方猪种和培育品种都具备作母本猪的条件。也有一些地方品种选育程度较差，个体间差异较大，造成杂种后代生产性能不一致，因此在生产实践中就必须对其不断的进行选育与提高。

（二）父本的选择

杂交父本应具备的条件是：①生长速度快、饲料利用率高、胴体品质好；②性成熟早、精液品质好、性欲强；③能适应当地环境条件。

具备这些特征的一般都是高度培育的猪种，如长白猪、杜洛克猪、大约克猪和汉普夏猪等国外引入的瘦肉型猪种，都可作为杂交父本来利用。三元杂交或多元杂交时，选择最后一轮的父本（终端父本）尤其重要。

二、杂交方式与评价

猪的杂交方式有多种，下面就国内外经济杂交目前最常用的两种杂交方式及其优缺点作以概要介绍。

（一）两品种固定杂交

又称二元杂交或简单杂交，是利用两个品种或品系的公、母猪进行杂交，杂种后代（F_1）全部作为商品肥育猪。

优点：简单易行，筛选杂交组合时，只有一次配合力测定，能获得100%的后代杂种优势。因此，这是商品猪生产中应用广泛且比较简单的一种方法。

缺点：双亲均为纯种，杂一代又全部用作肥育，因而杂种优势得不到充分利用。

（二）三品种固定杂交

又称三元杂交，是从二元杂交所得的杂种一代母猪中，选留优良的个体，再与另一品种的公猪进行杂交。第一次杂交所用公猪称第一父本，第二次杂交所用公猪称第二父本（终端父本），其杂交模式如下（右）：

A♂×B♀	A♂×B♀
AB	C♂×AB♀
AB 商品猪	CAB
（1／2A·1／2B）	CAB（1／2C，1／4A，1／4B）
两品种杂交	三品种杂交

优点：杂交程度高，有更丰富的遗传基础，能获得100%的后代杂种优势（因为CAB是完全杂种）和100%的母系杂种优势（因为AB是完全杂种）。特别是杂种母猪在繁殖性能方面的优势得到充分发挥，产仔数、泌乳力等优势十分显著，又能充分利用第一和第二父本在肥育性能和胴体品质方面的优势，一般在二元杂交基础上再提高2%~5%，因此，三元杂交一般比二元杂交效果好。

缺点：杂交繁育体系较为复杂，不仅要保持三个亲本品种的纯繁，还要保留大量的一代杂种母本群。

另外，还有二品种轮回，三品种轮回，双杂交等多种杂交方式。

不过，与更多亲本的多元杂交相比，三元杂交所需要建立的良种繁育体系是最简单的一种，相对组织实施比较容易，并且商品猪杂种优势的表现，与其他多元杂交相当，所以，发展宁夏商品瘦肉猪生产，当前应以三元杂交为主。近年宁夏个别单位已引进了一些配套系，尽管其生产性能可能更高一些，但由于繁育体系复杂，尚难在养猪生产中推广，各地也不宜从中引进单一亲本或父母代。

三元杂交由于母本的不同，又分为二类，即土三元与洋三元。

1. 土三元　土三元杂交中的母本是地方良种，商品猪为洋本。

地方良种猪一般都有良好的繁殖性能，产仔多，母性好，杂交后能充分发挥地方良种繁殖性能好的特点，并且地方良种适应当地自然经济条件，数量大、杂种后代比较好养，推广容易。但是，随着人们对肉的质量要求不断提高，土三元杂交商品瘦肉猪胴体瘦肉率一般都超不过56%，已不能满足市场要求，缺乏竞争力。

土三元在宁夏的杂交方式一般以长白猪或大约克夏猪为第一父本，与宁黑母猪（或经选育的当地黑母猪）交配选留 F，代杂种母猪，再以杜洛克做第二父本进行第二次交配。因宁黑猪为黑色毛，杜洛克（红毛）为第二父本，商品肉猪毛色较杂，特别是有一部分为红毛夹杂黑色斑块，毛色虽无直接经济价值，但它是品种的标志，往往影响人们的心理和销售，为克服商品代毛色的杂乱，也可采用约长宁或长约宁的杂交形式，或者把第一和第二父本在杂交中的位置调换一下，都是可以的。

2. 洋三元　三个亲本都是外来瘦肉型品种的杂交，商品猪为洋洋洋。在国外，长白猪和大约克猪繁殖性能好，通常用于第一轮杂交，并且可以互为父母本，而以杜洛克猪为第二父本，生产杜长约、杜约长三元杂交商品瘦肉猪。宁夏的洋三元杂交商品瘦肉猪生产也应以此杂交形式为主。洋二元商品瘦肉猪生长速度快，饲料报酬高，胴体瘦肉率高达60%以上，有很好的市场竞争能力，但是，因为三个亲本都是国外高度培育品种，因而要求较高的饲养管理条件，适合于规模化饲养。

为了得到好的饲养效果和效益，在推广三元杂交瘦肉猪生产时，要根据实际情况，选择适合自己生产条件的杂交形式。在饲料资源，特别是蛋白质饲料不足和农民零散饲养的地方，肥猪就地销售，推广土三元杂交可得到较好的饲养效果。在饲料资源丰富的地方发展外向性生产，应以洋三元为主，力争取得好的经济效益。

第四节　推广三元杂交的主要环节

一、选择好的杂交亲本

纯种是杂交的基础，亲本越纯，性能越高，其杂种后代表现越好，前面已经讲过杂交亲本（父、母）选择的条件要求。父本的选择主要为长白猪、大约克猪、杜洛克猪三个品种，在宁夏已饲养多年，特别是在扩繁、培育方面取得显著成效，也获得了一定经验。

二、筛选最佳杂交组合

即使都是瘦肉型品种，不同品种间杂交，杂交效果的差异也是很大的。要选择杂交效果最好的组合推广。宁夏一些研究（生产）单位测定及生产实践证明，洋三元以杜长约或杜约长组合效果最好。

三、建立健全良种繁育体系

所谓繁育体系是指为了提高整个地区育种和杂种优势利用效果而规划建立起来的一整套合理的组织机构，通过宏观调控，统一协调，保持各类畜群较高生产水平、准确实施所推行的杂交方案，实现高效生产的目标，其实质是总体选配制度的固定组织形势，也可以说是一个严密的制种工程。

三元杂交瘦肉型猪良种繁育体系由商品代、父母代、祖代和曾祖代四级不同性质的猪场组成。商品场饲养高质量的三元杂交商品猪，源源不断的向社会提供商品肉猪；父母代场饲养二元母猪和做杂交用的第二父本（终端父本）公猪，专门为商品场生产与提供三元杂种仔猪；祖代场以扩大繁殖，选育纯种母猪，并引进杂交用的父本公猪进行二元杂交，为父母代场补充更新所需要的杂种一代后备母猪，曾祖代场饲养经过高度选育的纯种猪群，不断地向祖代、父母代（父本）场供应高性能的纯种亲本。宁夏三元杂交商品瘦肉型猪生产繁育体系建设处于起步阶段，还比较简单，整体水平较低。已取得《种畜禽生产经营许可证》的种猪场，一般都承担着优良种猪的引进、培育和二元母猪的制种，起着祖代场的作用，向农村中广大母猪饲养专业户（相当于父母代场）提供二元母猪和第二父本公猪，进行三元杂交生产，进而将三元杂交商品仔猪推向千家万户（商品场）。原种猪一般都从宁夏区外国家级重点场引进。这是宁夏良繁体系的一个特点。因此，要保证三元杂交生产的顺利实施，其关键是各种猪场要加强对杂交亲本的选育提高，有严格规范的制种方法和保证供种质量，向二元母猪饲养户提供真实有效的系谱卡片和建议杂交模式等。区、县（市）各级畜牧技术部门，要统一规划、重点组织好所需亲本的引进、扩繁和杂一代母猪的生产与推广，要大力向广大养猪户，特别是种猪饲养专业户普及三元杂交生产技术，层层实现规范化管理与操作，这样才能防止杂交乱配现象的产生，高性能的三元杂交商品瘦肉型猪生产才能有保障。当然随着今后养猪产业化、规模化发展步伐的加快，良繁体系的建设将会进一步趋于完善，种群结构更加合理、四级分工更加明确，生产水平会更进一步提高，可以说良繁体系的建设与完善是瘦肉型猪生产中的重中之重。

四、改善饲养管理，提高营养水平

猪是杂食动物，能利用多种饲料，猪所需要的并非饲料本身，而是从吃进的饲料中摄取其营养成分。猪所需要的营养物质有30多种，就所需营养物质而言，瘦肉型猪与其他类型的猪没有什么不同，但在饲养实践中，对瘦肉型猪的饲养又不能完全跟养一般猪一样。三元杂交瘦肉猪，日增重高，生长快，因此需要的营养物质较多，当任何一种营养物质得不到满足时，高产潜力就不能充分发挥，如果采用有啥喂啥的传统饲养方式，则更不会达到预期效果，并适得其反。

瘦肉就是蛋白质，所以蛋白质饲料的补充，对三元杂交瘦肉型猪显得特别重要，不能随意降低。蛋白质是由氨基酸组成的，蛋白质营养，实质就是氨基酸营养，对猪而言有10种必需氨基酸，其中缺少任何一种都会降低整个蛋白质的生物学价值。在各种必需氨基酸中，赖氨酸最为重要，是第一限制性氨基酸，实践证明，在普通混合饲料中，按标准添加赖氨酸，可以显著提高饲养效果，经济上是合算的。另外，瘦肉型猪腹线平直，肚子较小，食欲也往往比其他猪差些，因此，要注意饲料加工调制，提高适口性，让猪尽可能多吃一些。各类疏松多汁糟渣类饲料和粗饲料比例不能太大，以保证营养浓度。在饲养方式上，前期不限量，后期适当限量以利增重和提高瘦肉率。那种前期吊架子，后期催肥的传统饲养方法是不适宜的。

五、适时出栏，加快周转

养猪生产的最终产品是猪肉，养好育肥猪，提高出栏率，提高出栏肥猪质量，对节约饲料，降低成本，增加养猪效益都有重要的意义，要力求用最少的饲料和劳力，在最短的时间内，生产出大量的优质猪肉。

体重的增加是皮、骨、肉、脂等体内各种组织器官增长的总体反映，俗话说“小猪长骨、中猪长肉、大猪长膘”。体重越小肌肉生长强度越大，而脂肪的沉积则体重越大越强烈，即猪的体重越小，胴体瘦肉率越高。所以饲养瘦肉型商品猪要适时出栏，一般饲养达6月龄，体重90~100千克出栏最为适合。

总之三元杂交瘦肉型猪生产是一项技术性、社会性很强的工作，只有各部门紧密配合，通力协作，抓好每一个环节的工作，才能保证整体工作的顺利进行和收到预期效果。

第七章　猪的免疫与免疫程序

猪的疫病，特别是传染病，严重影响养猪业的发展，猪场或猪群一旦发生传染病，会给养猪造成很大的损失，病猪即使耐过，也发育不良，生长缓慢，拉长肥育时间，增加饲养成本，同时，生过病的猪还会带菌带毒，留下后患对以后的生产造成威胁。因此，为了防止传染病的发生，保证猪群健康生长，除坚持自繁自养，引种选择健康猪场，做好猪群的检疫和健康监测，建立良好的饲养环境，定期消毒，隔离饲养及严格的管理制度外，猪群有计划的免疫接种，是预防和控制传染病的关键性措施之一。

第一节　猪的免疫程序

有计划免疫接种，也称免疫程序，目前尚无统一规定。生产实际中确定接种哪些疫苗、接种日龄、次数和间隔时间，一般应遵循以下原则：一是根据本地区疫病流行情况来决定，如果这一地区未发生某种传染病，且猪场较偏僻或各种防疫制度较严格，则不一定接种这一种疫苗；二是要考虑仔猪的母源抗体水平及前一次接种后的残余抗体水平。免疫过的怀孕母猪可通过初乳使仔猪获得母源抗体，给仔猪过早接种疫苗往往不能获得满意效果。例如，如果母猪于配种前后接种猪瘟疫苗，仔猪从初乳中获得的母源抗体在20日龄前对猪瘟具有很强的免疫力，30日龄后母源抗体急剧衰减，40日龄后几乎完全丧失，因此安排免疫接种时可于20日龄左右首免，65日龄左右再进行第二次免疫接种。对种猪多次接种的疫苗，一般应在前一次形成的免疫力开始下降后，即体内的残余抗体衰落后再做第二次接种比较适宜；三是注意猪的健康状况、年龄、生理阶段和饲养条件，成年的、体质健壮或饲养管理条件较好的猪，接种后会产生极强的免疫力。反之，幼年的、体质弱的、有慢性病的，或饲养条件不好的猪，接种后产生的免疫力差，也可能产生明显的接种反应，怀孕母猪接种时间不当会引起胚胎死亡或流产，所以对年幼体弱的，有慢性病的猪，母猪怀孕后8周内以及临产前，如果不是已受到传染病的威胁，最好暂时不接种，对饲养管理条件不好的猪，在预防接种的同时，必须改善饲养管理，在接种前亦不要喂抗生素类药品。

第二节　猪场免疫程序实例

北京市新世纪农业高科技研究所根据北京地区猪的主要传染病流行病学特点制定的“规范化猪场主要传染病免疫程序”。

一、猪瘟

1. 种公猪　每年春秋用猪瘟弱毒苗各免疫接种一次。

2. 后备种猪

（1）选留作种用时立即免疫接种一次。

（2）配种前半个月免疫接种一次。

3. 应根据是否疫区来选用以下免疫程序

(1) 非疫区，未受威胁地区

①种母猪于产前30天免疫接种一次。

②仔猪于20日龄、70日龄各免疫接种一次

(2) 疫区或流动频繁的受威胁地区

①种母猪于产后断奶或空怀时期免疫接种一次。

②仔猪于20日龄、70日龄各免疫接种一次。或者初乳前免疫(超前免疫，零时免疫)，即在仔猪出生后未吃初乳前立即用猪瘟免化弱毒疫苗免疫接种一次，免后40~60分钟哺乳，到60~65日龄时，再强化免疫一次。

二、猪丹毒、猪肺疫

1. 种猪　春秋两季分别用猪丹毒和猪肺疫菌苗各免疫接种一次。

2. 仔猪　据本场及地区疫情情况选用下列一种：

(1) 断奶后上网时，分别用猪丹毒和猪肺疫菌苗免疫接种一次。

(2) 70日龄分别用猪丹毒和猪肺疫菌苗免疫接种一次。

三、仔猪副伤寒

仔猪断奶后上网时，30~35日龄口服或注射一头份仔猪副伤寒菌苗。

四、仔猪大肠杆菌病（黄痢）

妊娠母猪于产前40~42天和15~20天分别用大肠杆菌腹泻菌苗(K88、K99、987P) 免疫接种一次。

五、仔猪红痢病

妊娠母猪于产前30天和15天分别用红痢菌苗免疫接种。

六、猪细小病毒感染

种公、母猪每年用猪细小病毒疫苗免疫接种一次。后备公、母

猪配种前一个月免疫接种一次。

七、猪喘气病

1. 用猪喘气病弱毒菌苗，成年种猪每年免疫接种 1~2 次；5~7 日龄，仔猪免疫接种一次，后备种猪于配种前免疫接种一次。

2. 或选用喘气病灭活疫苗，仔猪于 1 周龄首免，2 周龄后第 2 次免疫。

八、伪狂犬病（只用于疫区和周围受威胁区）

1. 用伪狂犬病病毒 K61 弱毒疫苗，妊娠母猪产前 1 个月免疫接种一次，仔猪 1 周龄和断奶后免疫接种一次。

2. 或选用猪伪狂犬病灭活菌苗、基因缺陷灭活菌苗免疫接种一次。

九、猪乙型脑炎（只用于疫区和周围受威胁区）

种猪、后备母猪在蚊蝇到来季节以前（4~5 月份）用乙型脑炎弱毒疫苗免疫接种一次。

十、猪传染性萎缩性鼻炎（只用于疫区病群）

妊娠母猪产前一个月用猪萎缩性鼻炎油佐剂二联灭活菌苗免疫接种一次，种公猪每年接种一次。

第八章　猪的饲养标准与饲粮配合

第一节　猪的饲养标准

猪的饲养标准是根据生产实践中积累的经验和大量实验规定的不同性别、年龄、体重、生产目的和生产水平的猪群，每天每头应给予的能量、蛋白质、矿物质、维生素等各种营养物质的数量。一个完整的饲养标准包括各类猪每日每头的营养需要量，每千克养分含量和常用饲料成分及营养价值。

第二节　猪的饲粮配合

生产上按照猪常用饲料成分及营养价值表，选用当地几种生产较多和价格便宜的饲料制成混合饲料，使它的养分含量符合饲养标准所规定的各种营养物质的数量，这一过程和步骤称饲粮配合。饲粮配合是养猪中的一个重要技术环节，只有配合合理的全价饲粮，才能满足猪在不同生理阶段，不同生产水平的需要，才能达到合理利用饲料资源、降低生产成本，提高饲料利用效率和生产水平的目的。

一、饲粮配合原则

（一）要符合饲养标准；

（二）要因地制宜，尽量利用本地区现有饲料资源；

（三）适口性好，禁用有毒、发霉、变质的饲料；

（四）符合猪的消化生理特点，并力求多样搭配；

（五）坚持经济的原则，尽量选用营养丰富而价格低廉的饲料。

二、饲粮配合方法

猪用系列配合饲料，宁夏一些大中型饲料加工企业都有生产，质量稳定可靠，我们大力提倡推广应用，目前，一些大中型养猪场，具有一定规模的饲养专业户普及率较高。而农村中一些中小饲养户，为降低生产成本，自备原料加工生产也是可以的。因此我们介绍两种比较简单的饲粮配合方法——试差法，仅供参考。

即根据猪的不同生理阶段的营养要求或已定好的饲养标准，先粗略地制定一个配方，然后按饲料成分及营养价值表计算配方中各饲料的养分含量，最后将计算的养分分别加起来（各饲料的同一养分总合），与饲养标准的要求相比较，看是否符合或接近，如果某养分比规定的要求过高或过低，则需对配方进行调整，直至达到标准规定要求为止。例如：现给60~90千克阶段的肉猪配制一个饲粮配方，其步骤如下。

1. 猪的饲养标准　生长肥育猪60~90千克阶段的主要营养物质需要量为：

消化能	粗蛋白质	钙	磷	食盐
12.97 兆焦 / 千克	14%	0.5%	0.4%	0.25%

至于标准中所列的其他各种微量元素和维生素等，很难从一般配合饲粮中得到满足，而必须加入预混饲料予以补充，故在配合饲粮时可不必计算，只要配入1%的预混料即可。

2. 初步拟定配方　根据现有饲料来源，价格及各类饲料的常规比例，初步拟定饲料配方。总量扣除2.5%的矿物质等，按97.5%计算。

玉米	大麦	麸皮	豆粕	棉籽饼	草粉	其他
51%	18%	15%	8%	2%	305%	2.5%

3. 猪的饲料成分及营养价值表　分别计算上述饲料所含的消化能和粗蛋白，并与饲养标准相对照，如果相差悬殊，则需重新调整饲料配合比例。试配饲粮组成及消化能和粗蛋白质含量见下表。

试配饲粮组成及营养成分含量

饲料	(%)	消化能(兆焦／千克)	粗蛋白(%)
玉米	51	0.51×14.48＝7.3848	0.51×8.6＝4.386
大麦	18	0.18×13.18＝2.3724	0.18×10.5＝1.944
麸皮	15	0.15×11.38＝1.7070	0.15×14.2＝2.13
豆粕	8	0.08×14.52＝1.1616	0.08×47.2＝3.776
棉籽饼	2	0.02×6.86＝0.1372	0.02×41.4＝0.828
草粉	3.5	0.035×5.48＝0.1918	0.035×8.4＝0.294
其他	2.5		
合计	100	13.037	13.36
标准		12.97	14
差值		＋0.067	－0.64

4. 调整消化能与粗蛋白质　由计算结果与标准进行比较可见，消化能高0.067兆焦，粗蛋白质低0.64%，故应降低高能饲料，增加高蛋白饲料，减少玉米2%，增加棉籽粕2%，调整后再计算消化能

与粗蛋白质，与标准进行比较，如果仍差异悬殊，再进行调整，如果基本符合，则可计算钙，磷等成分，与标准比较调整，调整后的消化能与粗蛋白计算结果见下表。

调整后饲粮组成和营养成分含量

饲料	(%)	消化能(兆焦/千克)	粗蛋白质(%)	钙(%)	磷(%)
玉米	49	0.49×14.48=7.0952	0.49×8.6=4.214	0.49×0.04=0.0196	0.49×0.21=0.1029
大麦	18	2.3724	0.944	0.18×0.12=0.0216	0.18×0.29=0.0522
麸皮	15	1.7070	2.13	0.15×0.14=0.021	0.15×0.06=0.009
豆粕	8	1.1616	3.776	0.08×0.32=0.0256	0.08×0.62=0.0496
棉籽饼	4	0.04×11.05=0.4420	0.04×41.4=0.1656	0.04×0.36=0.0144	0.04×1.02=0.0408
草粉	3.5	0.1918	0.2940	0.035×0.57=0.02	0.035×0.08=0.0028
合计	97.5	12.97	14.01	0.1222	0.2573
标准		12.97	14	0.5	0.4
差值		0	+0.01	-0.3778	-0.1427
骨粉	1.1			0.011×30.1=0.3311	0.011×13.64=0.1481
石粉	0.15			0.0015×35=0.0525	
食盐	0.25				
预混料	1				
合计	100	12.97	14.01	0.506	0.405

5. 计算调整钙与磷 调整后，消化能为12.97兆焦/千克，粗蛋白质为14.01%，基本符合。然后计算调整钙磷，先计算97.5%这部分饲料的钙磷含量，合计为：钙0.1222%，磷0.2573%，与标准对照，分别缺0.3778%和0.1427%。然后用骨粉补充磷，如果钙仍

不足，再用石粉补充钙。该配方添加1.1%骨粉、0.15%石粉，钙含量为0.506%，磷含量为0.405%，与标准比较基本符合，再加0.25%的食盐，并添加1%预混料以满足猪对微量元素和多种维生素的需要。

6. 确定饲料配方　经过计算调整，可确定饲粮配方见表。

玉米	大麦	麸皮	豆粕	棉籽饼	草粉	骨粉	石粉
49%	18%	15%	8%	4%	3.5%	1.1%	0.15%
食盐	预混饲料	合计					
0.25%	1%	100%					

第九章　生物环保养猪技术原理及工艺流程

第一节　生物环保养猪概况

一、生物环保养猪概念

生物环保养猪是一种以发酵床技术为核心，在不给自然环境造成污染的前提下，以生产健康食品为目的，为生猪提供优良生活条件，使猪健康快速生长、实现安全、高效、无污染的科学养猪方法。

二、生物环保养猪技术原理

生物环保养猪也叫发酵床养猪或自然养猪法，是根据微生态理论和生物发酵理论，在猪舍内建立发酵池，并铺设一定厚度的稻壳、锯末和专用有益微生物发酵菌剂混合物组成的有机物垫料，猪饲养在上面，将排泄物直接排泄在发酵床上，利用猪的拱掘习性，加上人工辅助翻耙，使猪粪尿与垫料充分混合，经有益微生物发酵，迅速降解、消化，从而达到免冲洗猪舍、无臭味、零排放，实现环保、无公害养殖。技术原理与农田有机肥被分解的原理基本一致。其技术核心在于发酵床的铺设与管理。其技术原理如图一所示。

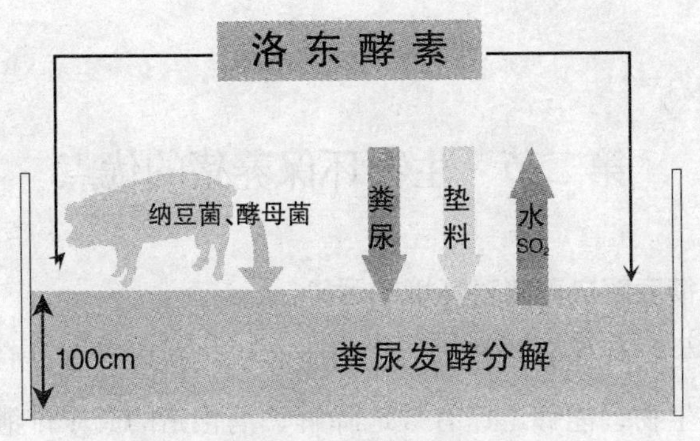

图 1　生物发酵原理

三、生物环保养猪工艺流程

将专用有益微生物发酵菌剂、锯末、稻壳、细米糠、生猪粪按一定比例掺拌均匀并调整水分堆积发酵使有益微生物菌群繁殖，经充分发酵后，铺垫猪舍发酵池（80~100 厘米），在垫料中形成以有益菌为强势菌的生物发酵垫料，使猪舍中病原菌得以抑制，保证了生猪的健康生长。生物发酵垫料中的有益菌以猪所排粪尿为营养繁殖运行。调节养殖密度，使猪粪尿得到充分分解并转化为水分和二氧化碳挥发，达到猪舍无臭、零排放的环保要求，猪舍垫料一次投入，可连续使用 2~3 年。

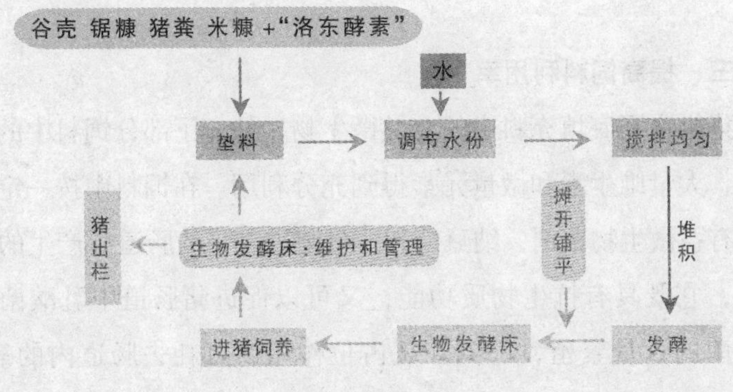

图 2　工艺流程

第二节　生物环保养猪的优点

一、彻底解决养猪对环境的污染

采用生物环保养猪技术后，由于有机垫料里含有具有活性的特殊有益微生物，能够迅速有效地降解、消化猪的粪尿排泄物，不需要每天清扫猪栏，冲洗猪舍，从而没有任何废弃物排出养猪场，也没有任何冲洗圈舍的污水，真正达到养猪零排放的目的。

二、改善猪舍环境

发酵床猪舍设计为大窗，夏季全开放式，冬季卷帘密封保温，猪舍屋顶设置电动排气天窗，通风透气好、温湿度均适合于猪的生长。猪粪尿经有益微生物迅速分解，猪舍里没有臭气、不滋生苍蝇，经环境空气检测，生物环保猪舍内二氧化碳、硫化氢、氨气等有害气体含量均略低于传统暖棚猪舍，大大低于国家农业部《畜禽场环境质量标准》控制指标。

三、提高饲料利用率

猪拱食圈底填充料中的有益微生物，补充了部分饲料中的不足成分，大量维生素和微量元素得到充分利用。在饲料中按一定比例添加有益微生物菌剂，纳豆菌和酵母菌进入猪的肠道后产生的代谢物质，它既具有抗生物质功能，又可以促进猪肠道中乳酸菌、双歧杆菌的大量繁殖，起到夺氧占位作用，可耗去肠道内的氧气，给乳酸菌的繁殖创造了良好的生长环境，改善猪的肠道功能，提高猪的抗病能力，还可以分解出淀粉酶、蛋白酶和纤维酶等，从而提高肠道对饲料消化吸收率，降低料肉比，一般可以节省饲料10%左右。

四、提高猪肉品质

猪饲养在垫料上，环境舒适，活动量较大，自然习性恢复，生长发育健康，基本无病原菌传播，很少发病和用药，猪体干净，毛色洁白，皮肤红润，产品质量高，肉色较深红、纹理清晰，肉质安全放心，无公害。

五、变废为宝

垫料在使用 2~3 年后，成为优质生物有机肥，可直接用于果园、农田，达到循环利用、变废为宝。

六、省工节本、提高效益

生物环保猪舍不必清除猪舍粪尿，采用自动给食、自动饮水技术达到了省工节本的目的，每人可饲喂 600~800 头肉猪，100~200 头母猪，与传统养猪法相比可节省人工 50%~60%；除了猪饮用水外，其他很少用水，可节省用水 70%以上。在规模养猪场应用这项技术，经济效益十分明显。生物环保养猪增重快，饲料报酬高，饲养周期短，比传统养猪法可提前 10 天左右出栏。经济效益分析测算，试验组每头猪比对照组多收入 80 元。

生物环保养猪技术是一种新型、安全、无污染、零排放、环保、高效养猪实用技术，是对传统养猪模式的一场革命。

第三节　生物环保养猪猪舍设计建设要求

一、猪舍设计的基本原则

生物环保养猪法猪舍设计应考虑以下原则。

1.“零”混群原则　不允许不同来源的猪只混群，这就需要考虑隔离舍的准备。

2. 最佳存栏原则　始终保持栏圈的利用，这就要均衡安排繁殖生产。

3. 按同龄猪分群原则　不同阶段的猪不能饲养在一起，要实行全进全出饲养体系。

二、圈舍及发酵池建设要求

采用生物环保养猪技术养猪，猪排泄的粪便和尿液中的水分，是通过垫料发酵产生的热量蒸腾而挥发的。同时，实践表明，生物环保养猪法，需要加强控制夏季高温和冬季高湿的现象。根据这一特点，对圈舍结构有一些必须的要求，主要有以下几个方面。

（一）猪栏舍总体要求

采用该养猪技术模式，一般采用单列式大窗全开放式猪舍，猪舍跨度为 8 ~ 13 米，净高度（从地坪到屋檐）应达到 3.0 米以上。从垫料面以上 30~40 厘米至屋檐建成大窗户（2.2 米 × 2 米），便于采取负压通风和保暖措施。窗户一年中大部分时间是开启的，使圈舍具有很好的通风功能。舍间距一般在 10~15 米，便于小型挖掘机或小型铲车行驶作业。

（二）采食饮水台

在猪舍北端设置采食饮水台，采食台的面积不能太宽。一般宽度为1.3~1.8米。在采食饮水台适当位置安装料箱（或料槽）和饮水器。一般应采用碗式自动饮水器。使用普通饮水器的圈舍应在饮水器下方设水池，并安装下水漏斗和排水管，将猪在饮水过程中滴漏出的水引流到猪舍外。猪在饮水过程中洒在地上的水不能流到垫料中，以防滴水潮湿垫料。

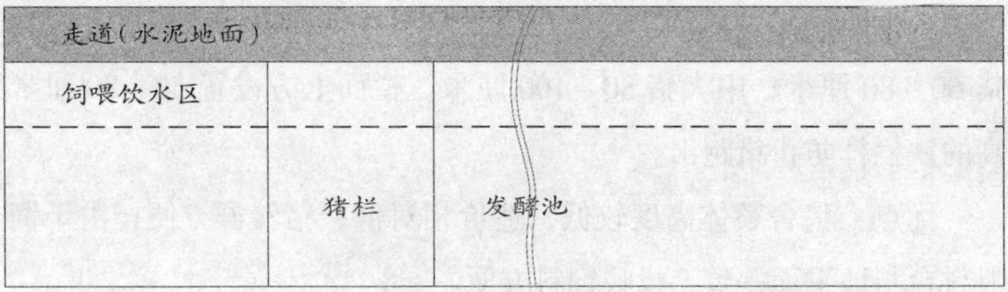

走道（水泥地面）
饲喂饮水区
猪栏
发酵池

图3 育肥猪舍平面示意

饲养在垫料上的育肥猪，采用自由采食、自由饮水生产工艺。主要方法有两种：一是使用干湿喂料器，自由采食和饮水在一台设备上完成，具有安装、拆搬方便，节省采食台面积，省工，减少饲料浪费等优点；另一种为传统食槽。不管用什么方法，都必须保证不能断料断水，让猪有足够的采食和饮水空间。

（三）垫料池的设计

垫料的厚度，一般在50~90厘米之间。垫料池一般修建在地坪以上，地下水位较低的圈舍，垫料池可修建为半地下或地下式。不论是地上式、半地下式或地下式，垫料池的挡墙高度应比垫料的表面高度高30~40厘米。舍外和地下的水不能渗透到垫料池中。垫料池的底面不需要水泥硬化。

1. 地上发酵池结构

样式与传统中大猪栏舍接近，三面砌墙，高度：保育猪 100 ~ 120 厘米、中大猪 90 ~ 100 厘米，一般要比垫料层高 10 厘米左右，上方设置 50 ~ 80 厘米高的铁栏杆防止猪跑出。

优点：发酵池面高出地面，雨水不容易溅到垫料上，及地面水不易流到垫料，通风效果好，且垫料进出方便。

2. 地下发酵池结构

根据不同类型地面下挖，也就是垫料在地面以下。深度：保育猪 60 ~ 80 厘米；中大猪 80 ~ 100 厘米。栏面上方设置 50 ~ 80 厘米高的铁栏杆防止猪跑出。

优点：猪舍整体高度较低，造价相对低；猪转群方便；由于饲喂料台与地平面一致，投喂饲料方便。

缺点：雨水容易溅到垫料上，垫料进出不方便。整体通风比地上式差。地下水位高不易施工。

3. 半地上式发酵池构造

介于地面发酵池结构与地下式发酵池结构之间。

（四）要有便于机械设备进入垫料区的通道

垫料在运行中每三天需翻动一次，深度 30 厘米，同时还要调匀栏内猪粪尿。养殖密度越大、利用频率越高，翻动的频率越高。所以在大规模猪场里需要配备小型挖掘机或者改装型手扶式挖掘机。猪舍建设时要留有挖掘机和猪进出通道。在一栋猪舍内，垫料池一般都是一个整体，每间猪栏用活动铁栏杆根据猪群的大小隔开。当需要用挖掘机进入垫料池翻动垫料时，打开垫料池的机械通道隔栏，垫料上的活动铁栏杆应能方便地拆卸开。猪栏面积大小可根据猪场规模大小（即每批断奶转栏数量）而定，一般掌握在 40~60 平方米，饲养密度 0.8 ~ 1.5 头 / 平方米。

各类规模猪场所需生物发酵池的面积和体积计算

1. 100~600 头母猪的规模猪场存栏数据见下表。

2. 各阶段猪只所需生物发酵池面积和体积

生物发酵池(平方米)= 猪数量(头)× 发酵池面积(平方米 / 头)

生物发酵池体积(立方米)= 猪数量(头)× 发酵池面积(平方米 / 头)× 发酵池高度(米)

100~600 头母猪的规模猪场存栏数据(单位:头)

母猪规模	100	200	300	400	500	600
配种及妊娠母猪	73	146	219	291	365	438
分娩哺乳母猪	25	51	76	101	127	152
后备母猪	27	53	79	105	131	157
公猪	4	8	12	16	20	24
哺乳仔猪	180	361	541	721	902	1082
保育仔猪	171	343	514	685	857	1028
生长肥育猪	528	1056	1583	2111	2639	3167
合计存栏	1108	2218	3324	4430	5541	6648

第四节　生物发酵床的建立

一、生物有机垫料的制作

(一)制作的目的

垫料制作的过程其实是有益微生物发酵繁殖的过程,其目的:① 在垫料里增殖优势有益菌群。②通过发酵过程产生的热量杀死有害菌。

(二)垫料制作方法

垫料制作方法根据制作场所不同一般分为集中统一制作和猪舍

内直接制作两种。

集中统一制作垫料是在舍外场地统一搅拌、发酵制作垫料。这种方法可用较大的机械操作，操作自如，效率较高，适用于规模较大的猪场新制作垫料时采用。

在猪舍内直接制作是常用的方法，即在猪舍内逐栏把稻壳、锯末、生猪粪、米糠以及有益微生物菌剂混合均匀后堆积。这种方法工作效率较低，适用于规模不大的猪场。

无论采用以上何种方法，只要能达到充分搅拌，让垫料充分发酵就可。

（三）垫料厚度

各类猪只所需生物发酵床垫料厚度、体积和面积参数见下表。

各类猪占用生物发酵垫料体积和面积

猪类别	垫料厚度（厘米）	垫料体积（立方米 / 头）	垫料面积（平方米 / 头）
妊娠母猪	90~120	1.3 以上	1.5~2.5
哺乳母猪	80~90	2.0 以上	2.5~3.0
种公猪	55~60	1.5~1.6	2.5~2.9
保育仔猪	55~60	0.2~0.3	0.3~0.5
生长猪	80~90	0.7~0.9	0.7~1.0
育肥猪	80~90	1.0~1.2	1.1~1.5
后备猪	80~90	1.0~1.2	1.5~1.5

（四）垫料原料的质量要求

1. 锯末　应当是新鲜、无霉变、无腐烂、无异味的原木生产的粉状木屑。凡是将木料通过浸泡或熏蒸杀虫和上油漆后的木制木屑或锯末均不能使用。这些有毒物质对微生物有抑制和杀灭作用。

2. 稻壳　应当是新鲜、无霉变、无腐烂、无异味、不含有毒有害物质。稻壳不能粉细，应当是片状的。

3. 细米糠　细米糠又称为油糠，是稻谷脱壳后，将糙米碾白的副产品。该产品不含稻壳和米皮以外的其他物质。凡掺杂掺假的细米糠不能使用。

（五）原料的功能与替代

1. 锯末　在垫料中的主要功能是保水，为微生物提供稳定的水源。同时，锯末中的主要成分是木质素，不易被微生物分解，故持久耐用。树枝粉碎成粉可替代锯末。

2. 稻壳　在垫料中的主要功能是疏松透气，为微生物提供氧气。而且稻壳中的主要成分是纤维素、木质素和半纤维素，不易被微生物分解而耐久。花生壳可替代稻壳总量的30%。

3. 细米糠　是给微生物提供营养。在没有细米糠的地方，可用等量玉米面粉替代。

（六）发酵床原料的组成比例

生物发酵床垫料的原料组成比例（以1立方米垫料为例）

原料 季节	稻壳	锯末	细米糠	专用发酵菌素
春秋冬季	0.5~0.4 立方米	0.5~0.6 立方米	6~7 千克 / 立方米	0.2~0.25 千克 / 立方米
夏季	0.5~0.4 立方米	0.5~0.6 立方米	3~5 千克 / 立方米	0.2 千克 / 立方米

说明：夏季制作垫料可不使用生猪粪，但当增加优质米糠用量。

垫料的计算。根据不同季节、猪舍面积大小、垫料厚度计算出所需要的稻壳、锯末、鲜猪粪、米糠以及微生物菌剂的使用数量。因干的稻壳和锯末都较疏松，在计算实际垫料的用量时，多预算20%的体积数量进行发酵。通常情况下，垫料经生物发酵后，体积高度会下沉10厘米左右，当发酵好的垫料经猪只踩踏后，其体积又会下沉10厘米左右，因此，在发酵前计算体积时，应当充分考虑到体积的减少部分。

（七）酵母糠的制作

将所需的米糠与适量的微生物菌剂逐级反复混合（不得低于8次）均匀备用。

二、生物发酵的操作步骤

生物发酵是指人为地创造一个适宜微生物（纳豆芽孢杆菌和酵母菌）生长繁殖的条件，如水分（湿度）、氧气、营养、碳氮比例、pH值、温度等，激活休眠中的微生物，使其得到大量增殖，释放出生物热能，使垫料的温度高达65℃~76℃，从而有效地杀灭病原微生物（如大多数病毒和多数未形成芽孢的细菌）和寄生虫虫卵等的一个生物培养过程。

（一）干原料的铺垫摊开

各取稻壳、锯末10%备用。其余稻壳和锯末倒入垫料场内，在上面均匀撒上米糠、微生物菌剂混合物及生猪粪，用铲车等机械或人工充分混合搅拌均匀。

菌种逐级混合

撒播菌种

加水

翻倒

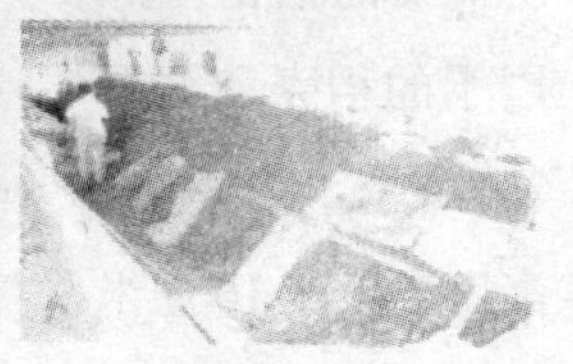
发酵

垫料制作工艺图解

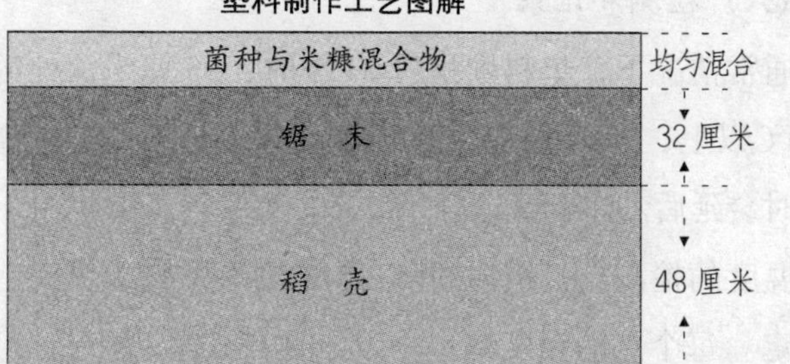

铺设垫料原料

第一层铺稻壳，按设定好的稻壳高度将稻壳铺平；第二层将锯末铺在稻壳上面，按设定的高度铺平；第三层是将制备好的“酵母糠”混合物均匀地铺撒在锯末上面。

（二）第一次垫料混合

将铺好的垫料加水混合均匀，含水量达 45%~50%，如果有结块的稻壳或锯末应拍散，大于鸡蛋的木屑应去掉，以防伤害猪体。

（三）第二次湿垫料混合

将第一次混合好的垫料确认含水量在 45%左右（手捏紧松开后，垫料不结团，手掌上有一点点水迹即可），然后再次均匀翻动一遍。

（四）一次垫料堆积发酵

将第二次混合好的垫料堆成梯形堆，高度不得低于 1.5 米，每堆垫料体积不少于 10 立方米。垫料堆尽可能集中，减少外表面积和着地面积。原因是表层及着地 20~30 厘米厚的垫料温度较低，不能发酵。

（五）覆袋保温保湿和升温

在垫料堆积后，昼夜环境温度小于 25℃时，应当考虑遮盖保温。着地和顶部 10 厘米不需要遮盖，以便空气进出。如果昼夜环境最高温度小于 0℃时，应当考虑在垫料中塞入适当的开水瓶升温。

（六）检测和记录

通常情况下，垫料堆积后 24 小时，35 厘米深处的温度应当升至 40℃以上，72 小时应当升至 65℃以上，当水分过高和环境温度过低时会延后。

温度的检测点：横向间隔 1.5 米测一个点，纵向上、中、下三点测定。每个点的温度基本一致，且在 65℃以上持续 48 小时以上时，说明本次发酵成功。每次测定温度应当分点做好记录，凡一直未上 65℃的地方视为发酵失败。

（七）第二次发酵

当第一次堆积发酵温度达 65℃以上保持 48 小时后即可倒堆进行第二次发酵。将表面和着地 25 厘米左右未发酵的部分倒至第二次发酵的中心部位，外面和着地部分用发酵好的垫料包埋后进行发酵。温度检测和记录与第一次发酵相同。当温度持续 65℃以上达 48 小时后，垫料发酵完成，该垫料便可使用。

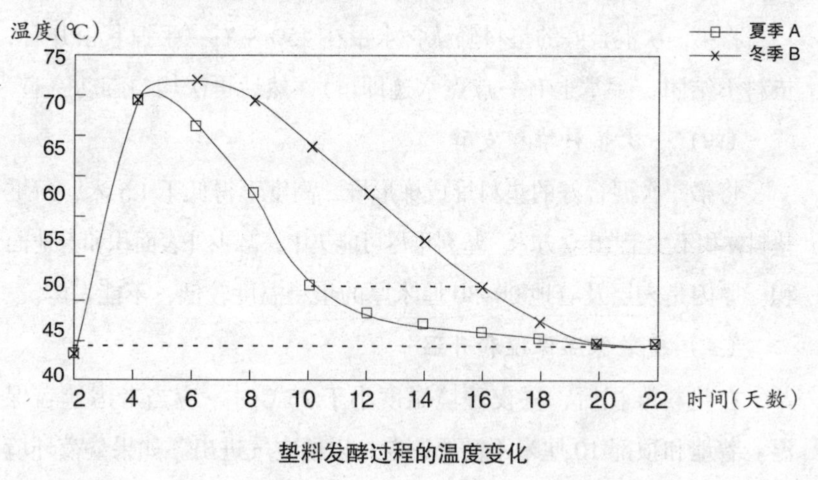

垫料发酵过程的温度变化

说明：

1. 只有在垫料完全发酵成熟后放猪才能保证健康养猪。

2. 夏季A曲线因垫料中不加猪粪，所以温度下降很快。原因是垫料中的营养(米糠)在发酵中很快被消耗完毕，所以曲线很快趋于平稳。

3. 冬季B曲线因垫料中含有猪粪等丰富的营养，发酵时间加长，温度曲线衰减的慢。

4. 垫料发酵成熟与否，关键看温度曲线是否趋于稳定。

5. 夏季放猪前，如果是新垫料，温度曲线趋于稳定的时间一般为10天左右；如果是旧垫料，温度曲线趋于稳定的时间一般为7天左右。

（八）垫料的铺设

垫料经过发酵，温度达65℃，经两次发酵后，气味清爽，没有粪臭味时即可摊开到每一个栏舍。夏季为了避免垫料的辐射热，垫料中温度需待平稳后方可摊开放猪。垫料高度根据不同季节、不同猪群而定。垫料在栏舍摊开铺平后，用预留的10%未经发酵的稻壳、锯末覆盖（也可不用），厚度约10厘米，间隔24小时后进猪饲养。

三、注意事项

1. 调整水分，垫料含水量在45%左右为最好，不要超过60%。

2. 垫料堆积后表面应稍微按压。特别是在冬季，垫料堆周围应使用通气性的麻袋等覆盖，使它能够升温并保温。如环境温度太低，可在垫料堆四周插入几个装满热水（80℃左右）的盐水瓶（或可乐瓶），定时更换，促进微生物启动繁殖发酵。

3. 所堆积的物料散开的时候，气味应很清爽，不能有恶臭出现。

4. 散开物料时，出现氨臭的话，温度还很高、水分够的情况下让它继续发酵。

5. 要特别注意，第二天垫料初始温度应上升到40℃~50℃，以后一般每天升5℃，到7~10天升至70℃左右说明发酵成功。否则，发酵失败。

发酵失败的原因：

(1) 稻壳、锯末、米糠、生猪粪等原材料是否符合要求；

(2) 稻壳、锯末、米糠、生猪粪以及微生物菌剂配合比例是否恰当；

(3) 物料是否混合均匀；

(4) 物料水分是否合适，是否在45%左右。

(五) 发酵过程中异常情况及处理

1. 温度上升太慢，48小时才能上升到40℃左右。这可能是垫料的水分太高或环境温度太低所致。如果水分过高可等1~2天，温度能上到65℃以上，也能成功，如果温度无法上到65℃，就要重新添加细米糠和增加干原料，重新混合均匀堆积发酵。如果是环境温度太低，可采取提高环境温度或在垫料中用开水瓶增温。

2. 温度升高到60℃左右就停止升温了。这种情况多数是因细米糠的数量不够或质量不好所致。应当在原来数量的基础上增加50%的细米糠，重新混合并发酵。

3. 垫料各部位的温度不一样，有的点温度达75℃以上，有的点只有50℃~60℃。其原因是原料没有混合均匀所致，采取的办法是重新添加相同数量的细米糠，重新混合并发酵。

4. 在垫料堆积后，地面四周流出水来。这是因为垫料的水分过高，大量的酵素随水而流失。采取的措施是迅速增加干垫料，重新混合堆积。

5. 因堆积的高度过低，往往温度在40℃~50℃徘徊，采取的措施是重新添加相同数量的细米糠，重新混合发酵，堆积的高度最低不得低于1.5米，体积不少于10立方米。

第五节　生物发酵垫料的维护与管理

一、垫料日常维护与管理的重要性

在饲养管理上，生物环保养猪与传统养猪模式没有特别的地方，只是在垫料发酵和垫料的维护管理上有一些特殊的要求。只有在垫料发酵成功和保证垫料在饲养过程中正常发酵，才能保证猪的健康成长和猪只排出的粪尿完全分解，实现健康养猪和真正意义上的零排放。于是，对垫料的日常管理和维护就显得十分重要。

二、垫料维护管理

垫料发酵所用菌种为好氧菌，需要氧气，所以，应保持垫料的透气性。每周应翻动垫料 1~2 次，翻动搅拌厚度在 30 厘米以上。把板结的垫料打散铺开，粪尿多的地方移到少的地方，保持垫料的透气性和猪粪尿的均匀度。每个月应深翻一次，尽可能的翻到底部。

（一）垫料表面应保持一定的湿度，若垫料表面太干，会有粉尘出现，容易导致呼吸系统疾病的发生。所以，应用叉子把粪尿集中的地方分散开来，把较湿的垫料分散到较干的地方。若还是无法调节到合适的湿度，可采取表面喷水的办法增加垫料湿度。每次喷水量应保持表层 15 厘米厚垫料的含水量在 45%左右。

（二）若垫料过湿，氨味较浓时，则应加入新的锯末和稻壳，局部上下全面翻动一遍。根据实际情况，也可适当地补充一些米糠和微生物酵素，混合均匀，保持合适湿度。

（三）猪出栏后垫料的管理

1. 猪全部出栏后，最好垫料放置干燥 2~3 天，然后将垫料从底部彻底翻匀一遍，重新堆积发酵。可根据具体情况适当补充米糠和微生物酵素。

2. 发酵结束后，摊开垫料，将新的锯末和谷壳覆盖在垫料表面，厚度约 10 厘米，间隔 24 小时，确认表面不起粉尘后即可再次进猪饲养。

3. 猪出栏后垫料重新发酵十分重要。因重新发酵时，垫料中心温度将达到 65℃以上，可将大部分病原菌杀死，起到空栏消毒的作用。

（四）妊娠舍、分娩舍的管理

1. 若使用了漏缝地板，可用高压气枪将粪便吹入到垫料中，也可以人工将粪便刮入垫料之中，翻盖在垫料下面，厚度大约 20~30 厘米最好。

2. 垫料一个月完全翻动一次，把底部和墙壁周围的垫料翻到中间发酵。

3.保持舍内通风良好，定期检查垫料中心温度，一般在 40℃~45℃为宜。

三、注意事项

1. 微生物酵素必须严格按比例添加，不能过低也不能太高。

2. 饮水系统要确保正常供水，不能缺水。夏季水温不能过高，冬季水温不能过低。

3. 供料系统要确保正常供料，不能缺料，否则猪只会因饥饿采食垫料，引起消化不良或胃溃疡等消化系统疾病；或造成营养缺乏，生长缓慢。特别应注意要有足够的采食和饮水空间。

4. 对污染垫料，严重者废弃，轻微者重新发酵后方能使用。对发酵失败的垫料，应进行第二次发酵，成功后方能使用。

5. 垫料正常运行使用的判定

（1）中部温度在 40℃~45℃之间；（2）气味：酒香味 + 木屑味，无霉变味；（3）30 厘米以下部分水分明显较上层少；（4）在 30 厘米以下部分有白色的菌丝；（5）20 厘米以下部分无氨味、无臭味；（6）色泽较一致。

第六节 生物环保养猪的日常饲养管理

一、日常管理

1. 按程序接种好疫苗，控制疾病的发生。

2. 猪进入发酵舍前必须做好驱虫工作。

3. 进入发酵舍同一猪栏猪的个体大小必须较为匀称，健康。

4. 保持适当的密度。每头猪占猪舍面积 7~30 千克重的猪为 0.4~1.2 平方米；30~100 千克重的猪为 1.2~1.5 平方米。

5. 猪饲料中适量添加有益微生物酵素。猪体重 30 千克以下按 0.1%，30~60 千克时按 0.15%，60 千克以上时按 0.2%的比例添加。若垫料发酵正常，也可不添加。

6. 一般情况下猪舍窗户应是敞开的，以利于通风，带走猪舍中发酵产生的水分；在盛夏时节，天气闷热，应开启风机及滴水系统强制通风，以达到防暑降温目的。

7. 日常检查猪群生长情况，把太小的猪挑出来单独饲养。

二、发酵床垫料的管理

1. 进猪第一周，发酵床垫料表面不起灰尘时，不要去管它，观察猪排粪拉尿区分布情况。

2. 一周后，每周调整垫料 1~2 次，搅拌深度 30 厘米以上。

⑴ 若垫料出现灰尘，说明太干、水分不足，应根据垫料干湿情况，在表面喷洒些水。

⑵ 用叉把特别集中的猪粪分散到比较干燥的地方，夏天就地往厚堆积即可。

⑶ 在特别湿的地方加入适量新的锯末稻壳（锯末、稻壳各 50%）。

⑷ 用叉子或便携式犁耕机把板结的垫料打散铺开。

3. 到 50 天时上下全面翻弄。从放猪之日起 50 天，根据垫料的水分决定是否全面翻弄。如果水分偏多，氨臭较浓，应全面上下翻弄一遍。猪舍内翻垫料可用小型挖掘机或专用垫料翻耙机。在粪便较为集中的地方，把粪尿分散开来，从底部反复翻弄均匀，并根据情况适当补充米糠与微生物菌剂混合物。

第七节 生物环保养猪盛夏季节的管理要点

一、盛夏季节的管理要点

1. 调低垫料厚度 夏季气候炎热，垫料厚度可适当调薄，一般可调至 60 厘米深的垫料比较合适，在保证发酵的同时还能避免发酵产热太多。

2. 营造垫料区域性发酵环境 猪舍内垫料本身有温度区域化分布的规律，一般四周温度低，中间和粪尿集中区温度高。冬春季节，应尽量将粪便均匀到垫料各个区域，使其均匀发酵；夏季应有意识地营造区域性发酵环境。夏季一般不进行过多地翻耙，不用将粪便均匀散开，让猪只排粪尿自然形成一个粪尿排泄区。由于夏天气温较高，垫料发酵效率也相当高，如有粪便堆积，可顺势向厚堆积。也可人为地将垫料堆成丘状，形成部分地方仅 20~30 厘米的薄垫料区，为猪只提供躺卧的区域。

3. 要加强通风 在夏季无风天气或冬季猪舍密闭时，猪舍一般采用风机进行负压式或轴流式空气交换。

4. 制造垫料水汽蒸发区 在非排粪区进行一天 2~3 小时的滴水，抑制垫料发酵。

滴水的时机：当最低气温高于 25℃时要滴水，最高气温小于 25℃时不滴水。

二、生物环保养猪冬季管理技术要点

（一）通风窗、孔的管理

进入冬季，平时要关闭主要窗户以利保暖，猪舍的窗户和通风孔应距离地面 1~1.5 米，并能调整孔洞的大小以保持舍温相对稳定。

冬季猪舍通风一般为全封闭的全机械通风或自然通风辅助机械通风。一般跨度不超过 10~12 米的猪舍，进风口可设置在猪舍侧面，排风口也设在两侧和屋顶，采用轴向通风和纵向通风；跨度和长度过大的猪舍，排风口最好设在屋顶，进风口设在两侧，从两侧进风。自然通风最好选择在每天 10:00~14:00时进行，如果天气暖和可以适当延长通风时间，如果天气寒冷，可以缩短通风时间或将通风口关小一些。

（二）搞好垫料维护

一是要适当加厚垫料的厚度，最好能达到 80 厘米以上。二是要保持垫料有良好的蓬松度，猪感觉冷了可以自己挖掘坑道躺卧在内。这就要求及时翻挖垫料，每周应翻挖 2~3 次。三是管理中要均匀分布粪尿，冬季翻挖垫料时，要让粪尿均匀分布到垫料的各个区域，同时又不导致垫料湿度太大，让垫料内的粪尿充分均匀发酵产生生物热，使舍内温度增加的同时，又为猪提供良好的腹感温度，减少腹泻等胃肠道疾病。

（三）适当增加饲料能量浓度

提高饲料的能量浓度，可以增加猪自身产热，抵御环境低温严寒。

（四）尽量减少转群等应激因素

由于冬季环境应激已经很大，生产中应尽可能地减少转群、称重等其他应激，使猪安全越冬。

（五）做好除潮防湿

猪舍除潮防湿的有效方式是通风换气。通风换气既可带走舍内潮湿的气体，吹干地面，又可排出污浊的气体，换进新鲜空气。但冬季气温低，要注意解决好通风与保温的矛盾，控制好通风量和风速。舍内风速不能超过 0.1~0.2 米 / 秒，并在通风前后及时做好增温工作，力求使通风期间的温度变幅小于 5℃，且在短期内恢复正常。生物环保养猪，猪舍都要求设置屋顶天窗，就是要达到良好换气除湿的作用。其次是定期补充干的未经发酵的垫料原料。由于生物发酵会消耗垫料，加上猪的踩踏，发酵床垫料会减少许多，如果舍内湿度偏大，可以定期添加干的未经发酵的吸水性好的垫料原料，以帮助吸收舍内湿气。

（六）控制适当的密度

实践证明冬季增加养殖密度可以适当提高猪舍温度，但同时带来的疫病压力也很大。因此，应将猪群的密度控制在合适的范围，一般每头猪占有发酵床面积为：保育猪 0.4~0.8 平方米；育肥猪 1.2~1.5 平方米母猪 2~2.5 平方米。

第八节　生物环保养猪常见问题的处理

一、饲料中添加与不添加有益微生物酵素有何区别

生物环保养猪过程，生猪生活在以垫料为载体的生物系统中，猪的排泄物也在垫料中得到分解，有害微生物得到抑制，保证了猪的健康成长，给生猪喂食的饲料中按规定添加足量的有益微生物酵素是十分必要的。它既能保证猪的安全、无污水排放，又能提高饲料的利用率，增强生猪的体质和抗病能力。其区别如下。

（一）饲料中按规定添加足量的有益微生物酵素的效果

1. 因有益微生物酵素中含有淀粉酶和蛋白酶，提高了猪对饲料的吸收率，排出的猪粪无臭味，既改善了环境，又降低了养殖成本。

2. 有益微生物酵素中所含的高单位有益菌，在随饲料进入肠道时，会促进生猪肠道的乳酸菌大量繁殖，改善肠道微生态平衡，抑制有害菌在肠道内的繁殖和附着，增强猪的抗病能力。

3. 按规定添加足量的有益微生物酵素后，对垫料中的有益微生物是一个补充，保持垫料中有益菌含量，抑制垫料中有害菌的繁殖，保证猪的健康成长。

（二）如在饲料中不加或少加有益微生物酵素的效果

猪肠道不能充分吸收饲料中的营养，造成饲料浪费，所排出排泄物的臭味会影响生猪生长。

因垫料中的有益菌得不到补充，就不能形成以有益菌为强势菌的生物圈，不能有效的抑制猪排泄物中有害菌的繁殖，使垫料变成繁殖有害菌的载体，反而造成生猪容易生病。

二、猪刚进入发酵舍时，皮肤会出现红点是否正常？

首先要分清是猪病造成，还是因垫料过敏造成的。如果是垫料，应检查在垫料制作时，是否充分发酵，如已充分发酵，则因猪刚刚接触新垫料时受刺激会出现红点，过几天就会自动消失，不用担心，在猪出栏第二轮起就不会出现这个问题。

三、当您一时买不到锯末时怎么办？

作为基本原料，锯末是不可缺少的，但实在无法买到时可用以下原料替代：(1)粗糠；(2)稻秆、麦秆、草等切成8~10厘米长度；(3)树枝叶、玉米秸秆、玉米芯粉碎物。

总之，垫料要既吸水，又透气为佳。

四、夏天和冬天的垫料有何不同？

没有大的不同，只是在冬天，垫料的高度要比夏天时厚20厘米左右。因为在冬天，发酵激烈程度不如夏天，保温也不如夏天容易。

五、垫料堆积一周后还不发酵（温度没有上升）的原因

这时要确认材料的质量是否有问题，是否加入了防腐剂、杀虫剂。另外要检查垫料水分是否过高或不足，重新确认发酵条件后进行再次发酵。

六、垫料堆积一周后温度有上升，但有臭味是什么原因?

这是因为垫料水分过高，造成厌氧发酵，建议再次调整水分，加入一部分锯末、有益微生物酵素再搅拌，让其再发酵。

七、放猪后，整个垫料几次翻搅后还很湿，温度又很低，发酵床不干燥该如何处理?

首先要确认：(1)垫料还能否使用，是否是已使用过几年！(2)垫料的高度是否合适！(3)冬天时，是否过度翻搅！(4)养殖密度是否适当！

1. 如果垫料已经过几年的使用，其本身会慢慢地无机化，没弹力，吸水力、透气性差，所以不会发酵。这时必须加入一定量新的稻壳和锯末进行替换，正常情况下，垫料一次可使用3年。

2. 冬天垫料的高度应在70厘米以上。

3. 在冬天，猪粪尿太集中时，无需过分翻动垫料，可适当翻动表面30厘米处，让猪粪尿在垫料中分解，夏天不可翻动垫料。

4. 由于饲养员垫料的管理水平有差别，猪的所有粪尿由垫料完全处理的能力也有差别，所以，以垫料能完全处理粪尿为目标，控制其养殖密度。

八、垫料高度比规定的要低，但发酵又正常进行，有无必要补充新垫料?

首先因为发酵正常进行，养殖密度也正常，所以垫料的日常管理预想也是做得很好的。

但重要的是冬天，如果饲养员的养殖经验不足，发酵技术尚未熟练掌握的话，适当补充一部分垫料是必要的。

九、饮水器漏水进入垫料是否有问题？

垫料是保水性非常好的材料，年长日久地积累会造成发酵条件恶劣而被破坏，所以要改进。

十、夏季在发酵舍中猪是否会太热？

生物发酵舍使用隔热材料的话就不必要太担心，如果进行适度的换气、滴水处理、调整垫料高度，不会影响猪的生长，对现有的猪舍进行经常换气，猪舍是凉快的。

十一、单个生物发酵舍最少可养多少头猪？

生物发酵舍的垫料运行不得少于 10 立方米，最薄不得少于 70 厘米，要考虑到猪排泄物与垫料的处理能力达到平衡。所以，从断乳猪（约 7 千克）成长到大猪，随着猪的体重增大，排泄物增加，养殖密度应作相应调整，主要以垫料的变化状况为依据，密度太高，垫料表面变得非常潮湿，氨味产生，应立即调整养殖密度，一般 7～30 千克体重的小猪，其所需的垫料面积为 0.4~1.2 平方米 / 头，30~100 千克体重的育肥猪其所需的垫料面积为 1.2~1.5 平方米 / 头，母猪需要的垫料面积为 2~3 平方米 / 头。

十二、如何判断垫料运行是否正常？

生物发酵床养猪的垫料管理非常重要，因猪的生长增重，气候等环境的变化，均可能影响垫料的运行。运行正常的垫料，其中心部应是无氨味，湿度在45%（手握不成团，较松），温度在45℃左右，pH值7~8，否则不正常。当因其他原因造成垫料过湿而显氨味时，要加稻壳、锯末再堆积，调整水分和pH值。

十三、放猪时的注意事项

猪进栏时注意不要让大小不一的猪进入同一猪栏，保持每头猪都能正常采食和饮水。

十四、垫料制作注意事项

垫料制作的配料可根据气候的变化和周围环境的影响适当调整。在夏天时，一般情况下不加生猪粪（加生猪粪时温度会缓慢下降，造成放猪时温度会过高），故要相应地增加米糠的量。米糠是有益微生物的营养物。不加生猪粪时，如不增加米糠，会造成饲料添加剂的营养物不足，米糠多加时，也可让有益微生物酵素分散的范围更广、更有利发酵。在冬天时一定要加生猪粪，若不加生猪粪，垫料温度会急速上升并迅速下降，造成杀菌不够。使用生猪粪时，一定要把酵母糠撒在生猪粪上，可使有益微生物素得到充分的营养，以利发酵。

第五部分
鸡的饲养技术

DIWU BUFEN

JI DE SIYANG JISHU

第一节　鸡的品种

一、宁夏的地方品种

固原鸡，主要分布于宁夏南部山区，以彭阳县数量最多，品质最优，其次是固原、西吉、隆德、泾源等县。产区地处海拔 1300 米~2900 米的黄土高原，地形复杂，山峦起伏，沟壑纵横，交通不便。

固原鸡具有一般地方品种鸡的特点，适应性强，耐粗饲，年平均产蛋量 124 枚，平均蛋重 58.56 克 ± 1.05 克，成年公鸡体重 2.25 千克 ± 0.3 千克，母鸡体重 1.67 千克 ± 0.25 千克。产肉性能较好，肉质鲜嫩味美，6 月龄屠宰率：公鸡半净膛率 73.4%，全净膛率 66.6%。缺点是产蛋量低，就巢性强，平均 5~7 次；雏鸡阶段生长缓慢，毛色杂。母鸡中麻黄色占 53.28%，麻色占 21.81%，还有其他羽毛色（白、花、黑）；公鸡中红羽占 37.5%，花羽占 43.3%。其中 20%的鸡喙、爪、皮肤、肌肉、骨骼、内脏全乌黑，具有乌鸡“十全”的特点。

二、引入品种鸡

目前全球现有的祖代鸡种包括海兰、罗曼、尼克、依莎、海赛、迪卡等。

从蛋壳色来分，其中褐色占 76%，粉壳占 20%，白壳占 4%。国内褐壳品种为海兰褐、罗曼褐、尼克红、依莎褐、海赛褐。

1. 海赛克斯褐蛋鸡　是荷兰优利布德公司培育的四系配套褐壳蛋用鸡。该配套系的父系羽毛为红褐色，具有“金黄色”隐性半性基因；母系羽毛白色，受“银白色”显性伴性基因控制。商品代雏鸡可根据毛色自辩公母：母雏羽毛为褐红色，公雏羽毛为白色。该鸡体型中等，性情温顺，适应性强，蛋又重又大，产蛋高峰期长，蛋破损率低。父母代、商品代在宁夏均有饲养，生产性能表现良好。商品代主要生产性能 18 周龄体重 1.40 千克，饲料消耗 5.9 千克，20 周龄饲料消耗 8 千克，达 50%产蛋率周龄为 22~23 周，80%以上产蛋率周龄为 27 周。入舍母鸡产蛋量为 299 枚，平均蛋重 63.2 克，平均每只鸡每天耗料 115 克。料蛋比为 2.39∶1，78 周龄体重 2.55 千克。

2. 海兰褐壳蛋鸡 原产于美国海兰公司。父母代种鸡羽色父系为红色，母系为白色。商品代可根据羽毛颜色自别公母：公雏一般为白色，个别的头部和颈部有红羽点；母雏羽毛为黄红色，个别母雏头部近似白色。父母代、商品代在宁夏均有饲养，其生产性能表现良好，适应性强。商品代主要生产性能为：18 周龄饲料消耗 5.67 千克，体重 1.28 千克，成活率 95%~98%。高峰产蛋率达 92%~95%，80 周龄产蛋量为 304~322 枚，平均蛋重 56.7~62.9 克，料蛋比 2.1∶1~2.3∶1。

3. 艾维茵 是国际家禽育种公司培育的优良肉用型鸡。该鸡的特点是：增重快、饲料转化率高。商品代在良好的饲养管理条件下，8 周龄公鸡活重达 2.70 千克，肉料比为 1∶2.08，母鸡活重达 2.20 千克，肉料比为 1∶2.14，公母鸡混群饲养 8 周龄体重达 2.46 千克，料肉比为 1∶2.12；成活率高，适应性强；父母代种鸡产蛋多，孵化率高。入舍母鸡 64 周龄产蛋 194 枚，平均孵化率 86.3%，商品代肉仔鸡皮肤黄色，肉质细嫩，深受消费者的喜爱。

4. 爱拔益加 简称“AA”，是美国爱拔益加肉鸡育种公司培育的。该鸡白色，单冠、喙、胫、皮肤均为黄色。父母代种鸡开产体重：

公鸡 3.50~3.80 千克，母鸡 2.68~2.91 千克，64 周龄产蛋量为 185 枚，蛋壳褐色。商品代（肉仔鸡）0~8 周龄活重 2.60 千克，肉料比 1∶2.1~1∶2.2，若公母鸡分群饲养 0~8 周龄，公鸡活重 3.20 千克，肉料比 1∶2.06，母鸡活重 2.60 千克。宁夏各种鸡场均饲养父母代种鸡。

第二节　蛋用型鸡的饲养管理

一、育雏期的饲养管理

1. 雏鸡生长发育特点

（1）雏鸡对温度的反应较敏感。雏鸡刚出壳后神经系统不健全，对温度缺乏调节能力，体温比成鸡低 2℃~3℃，7~10 日龄才能达到正常体温 39.5℃~41℃。

（2）怕冷、怕热。

（3）刚出壳的雏鸡，消化系统不健全，一般出壳后 36 小时才完善，嗉囊小，肠胃消化能力弱，而生长发育快。

（4）雏鸡体质弱，抵抗力和抗病力差，易感染疾病。

（5）雏鸡对外界环境反应敏感，易受惊，需创造安静的生活环境。

2. 育雏条件

⑴ 温度　温度对雏鸡的体温调节、运动、采食、饮水和饲料的利用等都非常重要，所以，温度是育雏成败的关键，必须掌握合适。

适宜的育雏温度，因育雏的方式、季节、育雏器和品种等不同而有所差别。

育雏的适宜温度

日龄	育雏温度(℃)		
	笼养	平养	育雏器(保温伞)
1~3	32~34	33~34	32
4~7	31~32	32~30	32~30
8~14	30~31	30~29	30~29
15~21	27~29	29~28	29~27
22~28	24~27	24~27	27~21
29~35	21~24	21~~24	21~18
36~140	16~20	16~20	

(2) 湿度　育雏室保持相对湿度在 60%~65%，因刚出壳的雏鸡由出雏器（相对湿度 65%~70%）出来到干燥的育雏室，需呼吸大量的空气，体内随之散发大量的水分，易造成雏鸡脱水、下痢，所以要补湿，采用地面洒水或水盘，以人进育雏室不感干燥为宜。

(3) 通风换气　雏鸡体温高，呼吸快，代谢旺盛，加之排粪等对空气的污染，尤其二氧化碳、氨气、硫化氢等有害气体，严重影响健康，甚至引起发病死亡，所以要经常换气。开放式育雏舍靠开关窗户，利用自然方法通风换气。根据气候灵活掌握。以人进去后不感刺鼻流泪为准。防止舍内有贼风、冷空气直接吹到雏鸡身上引起感冒。

(4) 光照　光照能增强雏鸡的活力，延长采食时间。第一周光照，刚出壳头 3 天，雏鸡采光需 24 小时，以利采食和饮水；3~21天光照时间以 15 小时宜，22 天 ~18 周以 10 小时 ~ 12 小时恒定为宜。

4 月上旬到 9 月上旬孵出的雏鸡，育成后期处于日照增加时期，故到 20 周龄后均用自然光照。

9 月上旬到翌年 3 月上旬孵出的雏鸡，育成后期处于日照缩短时期，即出壳后至 20 周龄，采用人工控制光照。

密闭式鸡舍光照方案 1~3 天或者到 1 周 24~23 小时，2~18 周龄恒定为 8~9 小时，19 周龄开始渐增至 14~16 小时。一般不超过 17

小时。

开放式鸡舍光照采用以下两种办法：一是渐减法给光：即先查出这批育成母鸡达20周龄时的最长光照时数，然后加上3小时作为出壳后应采取光照时间（18小时），以后每周减20分钟，直到21周龄；另一种是恒定光照：先查出本批母鸡达20周龄时，白昼最长时数，从第四天起就保持这样的恒定光照到20周龄。

（5）饲养密度　是指每平方米地面和笼底或保温伞内所容纳的雏鸡数。密度的大小直接影响雏鸡的生长发育。适宜的饲养密度：1～3周龄20～30只/平方米，4~6周龄10～15只/平方米，笼养分别为50～60只/平方米和20～30只/平方米。调整密度时，注意强弱分群。

（6）卫生防疫　育雏室内外要清洁卫生，保持舍内空气新鲜，勤涮饲喂用具，勤换垫料，定期消毒。饲喂用具要专人专管，严禁无关人员进出。同时制定出切合实际的免疫防疫程序。

3.育雏前的准备工作

（1）育雏前的准备与消毒　根据饲养雏鸡的规模建育雏室，育雏室应建在鸡场的上风向。

清扫冲洗育雏室，当一批鸡育雏结束转出后，应进行清扫屋顶、墙壁、地面拐角。鸡笼内外的脏物，均要清理出去，然后用水枪或喷雾器把屋顶、墙壁、窗户、鸡笼、风机、风帽、地面冲洗干净。

育雏室的消毒：用喷灯或专用火焰消毒器将育雏笼、地面、墙壁均匀地烧灼。

熏蒸：关闭门窗，室内湿度在70%以上，室温24℃以上，消毒药品用高锰酸钾（7～10克/立方米）加甲醛溶液（15~20毫升/立方米）熏蒸一天，然后打开门窗，流通空气，排除废气。

饲喂用具清洗消毒：用 1：100~1：300 的毒菌净或用 0.2%~0.3%的过氧乙酸，将育雏所用的各种工具清洗干净后消毒。整修育雏室内的设备：电路、鸡笼及架、保温伞、灯、风机、炉子等检修调整，运转正常。

（2）提前预热 1~2 天　即在进雏前 24 小时将舍内温度升到 32℃~35℃，相对湿度保持在 60%~70%。

（3）雏鸡进舍前一天铺好垫料，进雏前 2 小时饮水器装好温度合适的白开水（冬天水温 20℃，夏天清洁的凉水）。

（4）长途运雏　装雏箱要求保温且通风良好，每箱每格 20 只（规格为 120 厘米×60 厘米×18 厘米），每箱分四格，早春和冬季应中午运，夏季应早晚接运，同时携带防雨防风用具。运输途中不得停留，以防受寒、受热、闷死、压死。开车要平稳，严防震荡。

4. 雏鸡的饲养管理

（1）育雏方法　农村专业户多采用火炕或地面育雏，鸡场一般采用笼育、网上育雏或育雏伞。

（2）育雏饲养方法　均采用“全进全出”的饲养方式。

（3）适宜的育雏温度　开始 1~3 周育雏温度至关重要，所以要注意以下两点：一是经长途运回的雏鸡易疲怠，甚至有的喘气或脱水，怕冷，故要求进舍温度以环境温度而定，若环境温度高，育雏舍的温度也要高，若环境温度低，育雏室的温度应由低向高升，经 2~3 小时升到适宜温度，防止忽高忽低而引起感冒；二是平面育雏：农村一般采用火炕或火墙，要防止煤烟中毒，掌握填火压火时间，注意夜间温度的稳定，夜间温度应比白天高 1℃~2℃。

（4）适宜的育雏湿度　1~10 日龄前相对湿度为 60%~70%，11 天后的相对湿度为 55%~60%。注意前期不能太低，后期不能太高。

开食饮水和饲喂饮水对雏鸡非常重要，雏鸡刚出壳 2~3 小时只给水，不给料。雏鸡对水的消耗受环境温度和其他因素的影响，因此要注意饮水的质量与温度。用水应符合水质标准，水温应根据需要尽可能予以提供，一般在前 10 天饮温水或凉开水，或每千克饮用水中加适量的糖或电解多维和维生素 C。

饲喂雏鸡开食应在出壳 24 ~ 30 小时进行。为保证让每只雏鸡同时吃到饲料，应注意先饮水后开食，但也有饮水开食同时进行的。耐心训练吃食，做到 1~3 天内人不离雏，每天喂料 8 ~ 10 次，喂料量以 10 分钟喂完为止。饲料可撒在塑料盘、报纸、料槽中，耐心诱导采食，1~3 天吃到 7 ~ 8 成饱，前三天料中根据情况可加入预防鸡白痢的药物，但注意要拌匀，严格掌握剂量，防止药物中毒。开食前最好是粉料，或粉料中加粒料，也可喂湿料（湿度为捏在手中成团落地即散）。喂料原则少给勤添，防止浪费。喂料时，第一周料槽添满，从第二周开始，每次添料可分两次进行，即每次添半槽，让所有雏鸡都吃到料，如果是笼养，从第二周开始每天下午料槽饲料必须吃干净。

笼育 1 ~ 3 天在笼底铺纸或塑料布，第三天把报纸取掉，第四天调高料槽。平养从第三天撤掉料盘或塑料布。雏鸡从第二周龄起，料中拌 1%的沙砾，粒度为小米粒逐渐大到高粱粒，地面育雏可设沙浴池或箱。定时喂料第一周 8 次；第二周 6 次；第三至第六周为 4~5 次。防止挑食，开食后喂干粉料。

称重与喂料量每周末应空腹称重一次，万只以上称 1%，千只以上称 3%，千只以下称 5%，不论群大群小，抽样不少于 50 只。称得体重要与该品种标准体重相对照，若体重超过品种标准 1%时，应减饲料计划量的 1%，若低于标准，增加饲料计划量的 1%，直到符合标准体重为止。

保持育雏舍空气新鲜，通过通风对流，调节温湿度，排除有害气体，有条件的鸡舍可通过仪器测定：二氧化碳不超过 0.15%，氨气不超过 20 毫克 / 千克，硫化氢不超过 10 毫克 / 千克，没有测定仪器的鸡场以不刺眼、不流眼泪、不呛鼻、无过分的臭味为好。

光照开放式鸡舍以自然光照为主，密闭式鸡舍控制光照在 20 勒克斯以内。尤其轻型蛋鸡，体型小，好斗，应激反应强烈，光照强度不能太大。总的原则以看见吃食为主，每平方米光照强度 2.8 瓦（10.76 勒克斯）。

适时强弱分群疏散鸡群，首先根据密度、舍温具体情况确定疏散时间，其次减少疾病，提高成活率。第一次整群，在第四周龄进行，第二次在第 8 周龄。每次调整鸡群须注意：一是对挑出的弱小雏鸡放在靠近热源，重点照护；二是注意观察鸡群，尤其是网上转到地面，天黑闭灯后易产生堆压情况，造成大批死亡；三是结合分群接种疫苗，减少抓鸡。

适时断喙与修喙，第一次断喙时间为 7 ~ 10 日龄，要求操作准确、速度快，防止流血，断后不要马上离开，要灼烘喙 3~5 秒钟。断喙的第一天在饲料中添加维生素 K_3，每千克饲料约 5 毫克，断喙的标准：断去上喙的 1 / 2，下喙的 1 / 3。在鸡群发病或接种疫苗等情况下，不能断喙。

防止鸡群惊吓、舍温忽高忽低、突然降温。注意疫苗接种后的反应和疾病发生。按时进行抗体测定与接种疫苗。

5. 育好雏鸡须把好以下几关

（1） 选种关　选养有繁育推广体系的品种，而且能就近引种。

（2） 选雏关　根据出壳时间挑选具有品种特征，活泼、健壮的雏鸡。

(3) 分群关　依照具体情况，不同品种，强弱，定时分群。

(4) 开食关　雏鸡在出壳后24～36小时开食。先饮水，后开食，或开食饮水同时进行。前十天在饮水中最好加3%～5%的糖水或5%的葡萄糖及维生素C，促进卵黄吸收。

(5) 温度关　环境温度是养好雏鸡的关键，尤其长途运输的雏鸡，温度至关重要，否则感冒或脱水，降低成活率。所以，一般给温的原则：初期高，后期低；小群高，大群低；弱雏高，健雏低；阴天高，晴天低；白天低晚上高；冬季高，夏季低；肉仔鸡高，种鸡低；总之根据雏鸡精神状态掌握好温度，也就是以雏鸡不打堆，分布均匀，活泼，伸腿舒展。雏鸡若打堆，叽叽叫，靠近热源等，说明温度低；雏鸡若远离热源，拼命喝水，说明温度高。

(6) 湿度关　相对湿度一般要求先高后低，控制在55%~70%范围内。

(7) 密度关　冬季密度大，夏季密度小，同时根据雏鸡品种、饲养方式的不同确定密度。

(8) 通风关　尤其笼养鸡，饲养密度大，要注意有害气体的及时排出和空气对流的速度。开放式育雏室可在适当时间打开门窗定时通风；密闭式育雏室需利用风机，纵向通风，以达到空气新鲜的要求。

(9) 环境　室内卫生防疫关。定期清扫消毒环境，要求做到六净（育雏室内干净，周围的环境干净，用具设备干净，饲料饮水干净，雏鸡干净，饲养员干净）。按时消毒，第一周带鸡消毒2~3次，用0.2%~0.3%的过氧乙酸喷雾消毒；第二周带鸡消毒1～2次，以后每周带鸡消毒1次。结合场内条件，制定免疫程序，坚持预防为主的方针。

二、育成期的饲养管理

1. 雏鸡长到 6 周龄后，转入育成饲养，须注意以下几点

（1）逐步离温　雏鸡转入育成舍后继续给温 5 ~ 7 天，室温保持在 15℃~22℃。

雏鸡离温的适宜时间，应根据季节、气候和体质强弱，宁夏 2~3 月份孵出的雏鸡应在 40 ~ 50 日龄停温。4 ~ 6 月份孵出的雏鸡应在 21 ~ 30 日龄时停温。停温的方法由高到低，逐步过渡。最初可在白天停止给温，夜间继续给温，经 7 ~ 10 天后适应了再停温。刮风、下雨、阴天不能停止供温。停止供温后要注意看护鸡群，防止拥挤践踏，扩大运动场面积。

（2）逐渐换料　用 7~10 天的时间在育雏料中掺混育成料，每天加 15% ~ 20%，直到全部换成育成期料。

（3）调整饲养密度　平养每平方米 10~15 只，笼养 20~25只。

2. 定期抽样称重

不同品种鸡的育成期都有体重标准，其目的以利于骨架的充分发育。因此，从第 8 周龄开始，每周末空腹称重一次。随机抽取全群的 1%~5%，抽样小群至少 50 只，对体重达不到要求的应分群单独照护。

3. 限制饲喂

其目的是控制体重，故需注意以下几点。

（1）限制饲喂必须考虑鸡群的健康；

（2）限饲必须要有充足的饲槽位置；

（3）限饲方式必须根据季节和体重进行调整；

(4) 根据不同的品种要求限饲。

4. 适宜的光照制度

育成期的光照影响母鸡性成熟。无论是密闭鸡舍，还是开放式鸡舍，每日光照的总时数须在 11 小时以上，光照时间应稳定不变，开关灯时间及光照强度也应不变。所以养鸡场（户）应按具体情况制定科学的光照程序。开放式鸡舍从 1 ~ 8 周用自然光照直到22周。

5. 饲养方式，采取“全进全出”的饲养方式

(1) 平养 可分地面平养和网上或栅条平养。地面平养一般指地面全铺垫料（稻草、锯末、干砂等）。料槽和饮水器均匀的分布在舍内，料槽与饮水器相距 3 米左右，使鸡有充足采食和饮水机会。栅条平养和网上养是指育成鸡养在距地面 60~80 厘米高的木条上或金属网上，所产的粪便直接落到地面，不与鸡接触，以利提高舍温，防止鸡拥挤，打堆。

育成鸡在垫料上饲养密度

品系和性别	每平方米容鸡数(只)
白壳蛋系母鸡	
到 18 周龄	8.3
到 20 周龄	6.2
褐壳蛋系母鸡	
到 18 周龄	6.3
到 22 周龄	5.4

(2) 笼养 可分专用中雏鸡笼和混合（幼雏和中雏综合笼）笼。中雏笼一般每笼养 10 ~ 35 只，密度随鸡的日龄而进行调整。

育成鸡在垫料上饲养密度

品　种	每只所需面积(平方厘米)
白壳蛋系母鸡	
到 14 周龄	232
到 18 周龄	290
到 22 周龄	389
褐壳蛋系母鸡	
到 14 周龄	277
到 18 周龄	355
到 22 周龄	484

混合鸡笼从雏鸡开始一直到接近产蛋（性成熟）。这种笼分单层、双层和三层几种不同形式。初生雏仅用一层，以后随鸡龄增长可转入其他空笼层。笼养与平养相比，鸡运动量少，母鸡体脂肪稍高。因此，育成期可进行限制饲喂，定期称重，笼养以利防疫，饲养密度高。节省劳力与饲料，病少。

6. 防病

对 60~70 日龄的中雏，应进行鸡新城疫 I 系苗注射，第一次支原体和鸡白痢检疫、体内外寄生虫驱除工作。

7. 定期喂沙砾

笼养每周每 100 只用沙 0.5 千克，应均匀地撒在食槽中的饲料上，沙砾比高粱粒大些。

三、产蛋期的饲养管理

鸡培育到 18 周龄后转入产蛋期的饲养管理。为使鸡群保持良好的健康状态，达到稳产、高产的目的，必须科学饲养，精心管理。

1. 鸡舍冲洗清扫消毒

转群装笼之前，需将鸡舍内外，彻底清扫冲洗干净（层顶、墙壁、网架、门窗、走道、粪池、鸡笼、笼架、水槽、食槽、下水管边、水箱、各种饲喂用具)。严格按疫病防治要求，烧灼，熏蒸消毒。

(1) 检修鸡舍设备。进鸡前对鸡舍建筑、供电、排水、照明、喂料、清粪等设备逐一检查维修保养，保证运转正常。

(2) 准备必须药品，医疗器械，饲料，生产统计表格等。

(3) 贮料箱，料槽内装上料，饮水器中装上充足清洁的饮水。

2. 装笼、转群注意事项

(1) 平养转群、笼养装笼　选择适宜的天气，冬季避开风雪严寒，选晴暖天气，一般在中午前后转群，夏季在早晨或晚上进行，避开风雨炎热的天气，同时为便于抓鸡，春、夏、秋可在夜间转鸡。

(2) 转鸡　凡是参加转群的工作人员均要严格消毒，包括车辆及鸡舍通道。转时要少装、勤装、勤运，防止中途造成挤压伤亡。抓鸡时抓两胫，轻抓轻放，结合最后一次防疫，减少抓鸡次数。

(3) 装笼鸡数与质量　轻型蛋鸡如京白，每笼装够 4 只，中型蛋鸡如褐壳蛋鸡每笼须装 3 只。装鸡时，严格挑出弱小、瘸、瘫、瞎、残病鸡，同时一次装够。入笼日龄一致，一般在 120~140 日龄为宜。

3. 喂料、饮水

育成鸡转到产蛋鸡舍后，褐壳（中型）蛋鸡，从 19 周龄开始换成产蛋期饲料，白壳（轻型）蛋鸡，继续喂育成饲料，直到产蛋率达到 5%时换成产蛋期饲料，若到 24 周龄，产蛋仍达不到 5%时也要换成产蛋期饲料，满足产蛋期的蛋白质需要。蛋鸡对蛋白质的要求，从开始产蛋每只每天最少需 19 克蛋白质，产蛋下降到 70%~80%时需 18 克，由 70%产蛋到 72 周龄或更长时，每天仍给 16 克，这样可使产蛋高峰早到，而且维持的时间长，因此，饲养员在整个饲养过程中精心调节蛋白质的增加和减少，始终防止鸡过肥而引起脱肛。故要按饲养操作规程做好以下工作。

（1）自始至终喂干粉料　每天喂料 3~4 次，固定喂料量和时间。根据气候、营养及产蛋水平，做到够吃，料槽中不剩料，每只母鸡每天平均采食量为 110~120 克。

（2）喂料　原则是使鸡早晚吃饱，中午吃好，下午不喂，把应喂的饲料加在早晨和晚上；加料要均匀，随时摊平食槽中堆成小堆的饲料，防止把料啄出料槽。料槽每天擦洗一次。

（3）饮水　保证供给清洁不断的常流水，水槽每天擦洗一次。注意在断水、停水前贮水箱装满，以防鸡缺水使产蛋下降。

4. 光照

开产后产蛋鸡的光照应采取渐增法与恒定光照相结合的原则。具体程序见下表。

育成期和产蛋期在密闭鸡舍的光照程序

日龄	每天光照时间(小时)	光照强度瓦(勒克斯)
1~3	22~24	4(40)
4~5	22~20	3(30)
6~7	20~18	3(30)
8~14	18~16	2(20)
15~21	16~8	1.5(15)
22~119	9	1(10)
120~126	10	2(20)
127~133	11	2
134~140	12	2
141~147	13	2
148~154	13.5	2
155~161	14	2
162168	14.5	2
169~175	15	2
176~182	15	2
183~淘汰		

褐壳蛋鸡在产蛋期光照强度控制在 20~30 勒克斯。即每平方米

光照强度为3瓦左右。人工补充光照在早晚分别增加，阴天时，在白天加长人工光照。气温高时，在一天中气温较低时增加光照。但要注意控制光照时间：开关灯用变阻器控制，使灯光由弱变强，由强变弱。若没有变阻器，可将舍内灯分成几组分别安装控制开关，用时先开单数，后开双数。以防光照应激。每周擦灯一次，以白灯泡为宜并加灯罩，一般用15~25瓦灯泡（照度为10勒克斯）。光照时间从21周龄逐步增加，保持在14~16小时，最多不要超过17小时。开放式鸡舍以自然光照为主，人工光照补充。

5. 温度、湿度与通风

⑴温度　产蛋鸡的适宜温度为13℃~23℃，临界温度为0℃~30℃。春天和秋天可以达到适宜范围要求。冬季开放式鸡舍（笼养），关好门窗，控制排风量，在北方可达到10℃以上。地面平养除关好门窗，还需加炉生火，温度才可达到10℃左右。夏季一般采用纵向加大排风量，地面洒水，可控制在30℃以下。

⑵湿度　产蛋鸡舍，适宜的相对湿度55%~65%。

⑶通风　根据鸡舍温度、湿度、空气中的有害气体而决定排风量。

对开放式鸡舍通风原则应是保持舍内新鲜空气，排除灰尘和有害气体，同时控制适宜的温度和湿度。在宁夏一般鸡舍是开放式的地面平养或笼养，地面平养关闭门窗及房顶通风孔调节温度、湿度及空气流通，开放式鸡舍笼养，主要靠风机调节温度和通风。

对密闭式鸡舍的通风原则：一般夏季风机开启，春秋开一半，冬季开1/4，同时要注意交替使用，每次开4小时，以防电机烧坏，进出排风口，风扇叶要经常清洗，以防阻风或损坏。排风时，与风机同一侧墙上的窗户不开。冬季在进风口，天窗下接风斗、散风板，以免冷风直接吹到鸡身而引起感冒，冬季少用风机，进行换擦保养。

6.饲养人员观察鸡群工作的主要内容

⑴注意观察发育不良的鸡，集中加喂微量元素（每只鸡 0.15 克／千克）、生育酚（5 国际单位／千克），促使早开产。

⑵产蛋高峰期过后，鸡冠开始萎缩，注意加喂微量元素、维生素、青饲料，这样有 25 天左右可恢复产蛋，否则需 2 ~ 4 个月。

⑶控制体重，每两周按比例抽样称重一次。

⑷产蛋高峰过后，观察挑出白吃鸡。

⑸每天观察鸡群发现病鸡，及时挑出治疗或淘汰。

⑹若发现鸡群中突然死鸡，数量又多，须及时挑出送兽医剖检分析原因，以防疫病流行。

⑺每天夜晚 12:00 或 1:00 检查鸡舍，先停风机，不开灯，静听鸡的呼吸情况，若发现呼吸有异响，马上抓出隔离治疗，以防蔓延。

⑻每天早晨观察鸡粪颜色及形状。若发现鸡粪稀，白色或带血或水样稀便，甚至粪便呈绿色，应及时让兽医诊断治疗，防止蔓延。

⑼观察由于鸡刚上笼，不适应而引起的挂翅，别腿或头部伤亡事故。

⑽新开产鸡易出现脱肛、啄肛现象。应注意观察，及时发现，及时抓出进行缝合，擦碘酒或紫药水消毒；对受伤严重的每只鸡肌注青霉素 2 万 ~5 万单位，口服四环素 1 片／只，消炎以防感染。

⑾调整鸡笼，发现好斗的鸡，不能及时吃到饲料的，饮不上水的弱小鸡，要调整鸡笼，以防造成损失。

⑿经常观察鸡蛋的品质。蛋壳及颜色、蛋重、蛋内容物（蛋白，蛋黄）、蛋形及血斑蛋、肉斑蛋、畸形蛋、破蛋等，及时发现分析原因，尽快采取措施。

⒀随时注意抓回跑出笼外的鸡，防止飞鸟、鼠害进入鸡舍，引起惊群、炸群、传播疫病等。

⒁随时注意鸡的采食情况，每天应计算饲料消耗量，发现采食下降或季节性的突然下降，都应找出原因，及时采取措施。

⒂观察地面平养鸡。产蛋箱是否够用，一般 4~5 只鸡一个蛋箱（箱高 45 厘米，宽 30 ~ 45 厘米，长 35 厘米）。产蛋箱要放在僻静光线暗的地方。

7.蛋

需固定检蛋的时间，不能随意推后或提前。检蛋时轻拿轻放。检蛋时间，一般在下午检 2 次或上午、下午各一次。检蛋注意以下几点。

⑴ 清点蛋数，严格区别好蛋、格窝蛋、花皮蛋等，并分别存放，分别计数、结算记录。

⑵ 检出破蛋、空壳蛋，防鸡偷吃。

⑶ 脏或污染的蛋，不能用水洗，及时处理。

⑷ 蛋装箱后，应在箱上标明装箱日期、数量及装箱人姓名。

8. 蛋鸡舍工作人员的岗位责任制

鸡舍工作人员严格执行操作规程及各项规章制度，坚守岗位，认真履行职责，上班时间不得串门或舍内无人，对舍内鸡群发生的事故，应受到批评和经济处罚。同时要搞好舍内外清洁卫生，维护设备，上下班交清手续，生产统计。

蛋鸡饲养管理操作日程

时间		工作内容
	早4:00	开灯查鸡舍温度、湿度、查群情况
早	4:00~4:30	冲洗水槽、加料，若喂青料，投药先拌料
上	4:30～7:00	刷水槽每天1次。擦食槽、蛋托，每两周一次。擦灯泡、玻璃、门窗、屋顶、墙壁一周一次
	7:00~7:30	早饭
上	7:30~9:00	观察鸡群，挑出病鸡治疗。对好叫鸡、偷吃鸡蛋、病鸡调笼。检破蛋、摊平鸡啄成堆的饲料
	9:00～9:40	加料清扫
	9:40~11:00	修箱、蛋箱垫料、检蛋分类装箱、统计登记
	11:00～11:30	清扫鸡舍、工作间、更衣室卫生，洗刷工具，准备交班
午	11:30～12:00	午饭
	12:00～12:30	交接班，双方共同查鸡群、设备
	12:30～13:00	冲水槽、观察鸡群、擦风叶
	13:30~14:10	清扫
下	14:10~15:30	观察鸡群，挑出病鸡，对冠萎缩鸡、发育不良鸡调整鸡笼，高峰过后挑出白吃鸡
	15:30~16:30	修蛋箱、蛋箱加垫料、第二次检蛋、过秤、分类装箱，统计登记
午	17:00～18:00	加料并清扫鸡舍，门口洗刷用具，更衣、均料、观察鸡群、消毒、填写值班记录，结算当天产蛋数、斤数、死淘鸡数等

第三节 肉鸡的饲养管理

一、肉鸡的生长特点

1. 生长速度快 一般刚出壳雏鸡36～40克，长到7～8周龄，体重可达2~2.8千克，约为初生重的60倍。

2. 繁殖力强 以艾维茵父母代种鸡为例，在宁夏一般25~27周开产，产蛋40周，总产蛋量150~180枚，合格种蛋140~150枚，种蛋平均受精率85%以上，受精蛋孵化率在80%以上。每只父母代母鸡一生可生产商品代雏鸡120只左右，优良母鸡可达150只以上。

3. 饲料利用率高　优良的肉鸡品种，体重达2千克时，我国先进水平为料肉比2∶1~2.1∶1，宁夏为2.1∶1~2.4∶1，世界水平为1.75∶1。

4. 生产周期短　肉仔鸡养到6~8周龄，活重可达2千克以上。一年至少饲养5批，饲养设备及鸡舍利用率大大提高。

5. 饲养密度大　一般地面平养每平方米饲养10~11只（体重2千克左右）。若采用立体笼养，每平方米鸡舍饲养鸡数还可增加。

二、肉仔鸡的饲养管理

1. 饲养方式　采取“全进全出”的饲养制度

2. 进雏前的准备　根据饲养规模，准备充足的饲养面积，鸡舍建在向阳背风、地势高而平坦的地方。农村专业户最好选建后院僻静的地方。地面平养的设备主要有料盘或料桶、料槽、饮水器、垫料、必须药品、饲料、火炉、煤炭、工作服及水桶等一切饲喂用具。

鸡舍及设备消毒。

第一次清扫冲洗地面、屋顶及四角；

第二次用3%~5%的火碱喷洒地面墙1.5米以上及舍外门周围；

第三次用火焰烧灼地面、墙壁（1米左右）；

第四次熏蒸。每平方米地面配14克高锰酸钾再加28毫升福尔马林（40%），盛药的容器最好是瓷盆。然后关门闭窗熏蒸24小时方可使用（饮水器、饲喂槽具及其他设备一并熏蒸消毒）。打开门窗通风放出异味。

鸡舍预热。进雏前1～2天，生炉或火墙、火炕加热增温，使舍温28℃左右，距鸡背30~40厘米处的温度达32℃～35℃。冬季一般预热3天左右；春秋季节预热2天；夏季预热1天。

若笼育或保温伞育雏，须检查维修鸡笼、鸡架、供水、供电、供热及通风等系统，然后清洗消毒。鸡舍入口设消毒池，供工作人员进出消毒。

3. 接雏

（1）选雏　选健康、大小均匀一致，无畸形，活泼健壮，眼睛明亮，行动敏捷，脐部吸收良好的肉雏鸡。

（2）运输　将选好的健雏装箱（80～100只/箱），清点鸡数，装车运回。路途注意观察鸡群及气候变化，中途不能停车，防拥挤压死鸡。

（3）雏鸡进舍　先将雏分成300～500只若干小群圈养。为防止脱水，将鸡嘴浸入饮水器2~3次，引导雏鸡饮水，充分休息。

4. 适宜的环境条件

（1）供温　不论何种育雏设备，育雏温度应开始为32℃~35℃。然后根据季节气候每周下降1℃～3℃，直到常温（20℃）较适宜。测温没有条件，可视鸡群的精神状态及行动、采食表现而掌握。若鸡分布均匀，活动自如，叫声欢快，采食、饮水正常说明温度合适。若鸡群远离热源，张开翅膀，张口喘气，拼命饮水，说明温度高。若鸡群靠近热源挤堆，叫声低沉，饮水少，说明温度低。

（2）通风　通风的目的，换进新鲜空气，排除鸡舍有害气体，以利调节舍内温湿度，因此要重视通风。一般舍内有害气体：二氧化碳不超过0.15%，氨气的浓度不应高于20毫克/千克。入舍后不感刺鼻不流泪为宜。鸡舍内的空气新鲜和适当的通风，是养好肉仔鸡的先决条件。足够的氧气可促使雏鸡维持正常的代谢，保持健康。防止生产中只注意温度，而忽视通风的错误倾向。

(3) 供水 雏鸡进舍后，一般不要急于喂料，应先引导饮水，待饮水 2~3 小时后再将饲料放入塑料布上让其自由采食。第一次饮水中含 5% ~ 8%的红糖水 +0.1%的维生素 C，水温与舍温相同，一般前 10 天饮温开水（16℃）。饮水器高度应与鸡背同高。50~80 只一个饮水器，饮水清洁、不断。饮水器每天都要清洗，并用 0.3%来苏儿或 0.1%的新洁尔灭消毒，再洗一遍，更换新鲜的水，防止饮用劣质水。

（4）正确的饲喂 肉仔鸡实行自由采食，从 1 日龄至出售，能吃多少，就喂多少，不加任何限量。一般撒料每天应 6~8 次，颗料不少于 4 次。第 4 周用料盘或塑料布喂饲，每 100 只用 1 个盘。1 周后用料槽或料桶，每只鸡要有 5 ~ 15 厘米的料位。饲料根据生长情况，分前期料（1 ~ 21 天），中期料（22 ~ 42 天），后期料（43 天至出栏）。

饲喂中应注意：1~3 天以训练吃食为主，让所有雏鸡都学会吃食，喂 7~8 成饱。所以要求饲养员精心喂养。开食适宜时间最好在出壳 24~36 小时。为使雏鸡便于啄食，在粉料上面撒一层用温水泡开的小米或玉米珍。

(5) 光照 给适宜光照的目的是使雏鸡便于采食和延长采食时间，促进快速生长，光照强度不能太强，以防发生啄癖。开放式和有窗鸡舍均采取限制部分自然光照。即 23 小时光照，1 小时黑暗（1 ~ 3 天）。光照强度由强变弱：1~2 周龄每平方米应有 2.7 瓦，灯距地面 1.8~2 米，从第 3 周龄开始改用每平方米 1.7 瓦，以看见吃食为准则。从第 4 周龄开始，以暗光为准，使鸡安静，利于育肥。灯泡以白炽灯泡为好，每周擦 1 ~ 2 次。灯泡 25 ~ 60 瓦，分布均匀，灯距 2 ~ 2.4 米。

（6）断喙　在开放鸡舍或普通有窗鸡舍饲养的肉仔鸡应及时断喙以防啄斗死亡和浪费饲料。最好在出壳后的第 1 天断喙，若在 7~9 天断喙会产生较大的应激，影响采食与增重，农村专业户饲养一般不采取断喙。

（7）湿度　一般控制在 55%～60%。

（8）垫料　开放式地面平养，须选择经太阳暴晒过的锯末、稻草为宜。垫料铺的厚度以 10～15 厘米为宜，前期 1~2 周换 1 次，3 周后根据情况，每周换 2 次左右。因鸡吃得多，喝得也多，排泄得也多，垫料易污染，易感染球虫病。

5. 屠宰前抓鸡和装运注意事项

（1）抓鸡前 4~6 小时停止饲喂，不能停水。

（2）抓鸡减少光照强度或用有色灯泡使鸡看不清。

（3）抓鸡将鸡舍内所有设备移去，防止碰伤鸡体。

（4）抓鸡应有隔网一部分一部分的抓，以防惊群造成挤压死伤。

（5）抓鸡时应抓鸡的小腿以下部位，避免损伤。

（6）装笼时要轻提轻放，严禁往鸡笼扔鸡，碰伤鸡体。

（7）装笼运输鸡，最好在晚间运输，途中注意通风，各笼间留有孔隙。若遇下雨，要用带孔帆布覆盖。

（8）运输途中不能停留。

第四节　滩鸡饲养管理技术

滩鸡的饲养期一般为 70~90 天，前期采取舍饲，后期采取放牧加补饲的饲养方式，大致可以分为三个阶段，即育雏期、过渡期和放牧期。

一、场址的选择、鸡舍的建筑形式

1. 鸡舍选址

由于滩鸡饲养周期较短，饲养季节主要在5~9月份，鸡舍应以开放式为主，鸡舍坐北朝南，地势干燥，环境安静、自然通风。

2. 鸡舍建筑形式

(1) 育雏育成一段式鸡舍　采用有窗式鸡舍加围栏运动场或放牧场。主要适用于有果园、林带的农户。

(2) 育雏育成分段式鸡舍　育雏与育成分开饲养。育雏室的建设考虑到保温，应以有窗式育雏室为主，育雏结束后，转移到鸡棚。移动鸡棚棚宽4米，高度（弓形棚架中间高度）1.8~2.0米，长度6~12米，棚架上铺防雨、耐晒塑料膜。

二、育雏期的饲养管理（1~30天或1~20天）

育雏的成败是决定滩鸡饲养好坏的一个重要环节。

1. 育雏前的准备工作

(1) 育雏前对鸡舍进行全面的修理，检修电线电器、饲料桶、饮水器、喷雾器等所用其他工具。

育雏室应保温良好，光线适宜，空气流通，清洁干燥，地面坚实。根据进雏数量准备充足料槽（桶）和饮水器，每只雏鸡需要食槽长度3厘米，3~4周龄5厘米，4~6周龄7厘米，平面育雏，饲槽两面采食，只需要1/2的食槽长度（或30只备一料桶），一般60只雏鸡需塑料饮水器一个。

(2) 育雏室和用具清洁消毒程序　清扫—冲洗—药物喷雾—熏

蒸。清扫、冲洗、药物喷雾自上而下进行，每项工作要求彻底、细致。育雏室清扫顺序是先屋顶、门窗、墙壁、后地面，清扫要彻底。可用10%的石灰乳粉刷墙壁，用2%~3%的烧碱溶液冲洗地面。育雏用具如料桶、饮水器等可用0.1%新洁尔灭、0.1%~0.2%高锰酸钾等药物消毒。

(3) 育雏室熏蒸消毒　要在进雏前三天进行，室内生火炉，放入育雏设备，如采用火炕或地面育雏，要在上面铺上10厘米厚的清洁垫草（麦草、稻草、锯木屑等），房舍一定要封闭严，并保持室温25℃左右，60%~80%的相对湿度，以收到理想的效果。先把容器放在要消毒的地方，由于反应强烈，所以使用的容器体积要比加甲醛的容积大5~10倍，按每立方米消毒空间用高锰酸钾7克，福尔马林（40%的甲醛溶液）14毫升、水7毫升，熏蒸消毒24小时后打开门窗，排除甲醛气体。

(4) 进雏前的温度　进雏前1~3天，检查加热设备使室温达到30℃~35℃，火炕育雏，室温要达到25℃以上，雏鸡活动处（距垫草高5厘米处）温度达到30℃~32℃，确保不漏煤气。

(5) 进雏前的准备　进雏前一天准备好饮水（温开水），雏鸡专用料，并备齐常用药物、消毒药品、燃料、垫草、温度计及育雏记录等。

(6) 雏鸡的运输　5~9月应避开炎热的时间，如天气炎热，运雏可选择在早晚天气凉爽时间进行，其他月份应尽量选择在中午，寒冷季节运输车辆要有保温措施。运雏宜采用纸箱装运，一般容积30厘米×45厘米×18厘米的纸箱可容雏鸡50只，大型种鸡场用雏鸡周转箱或雏鸡运输盒运输，途中要查看雏鸡动态。

2. 育雏条件

（1）温度　温度要适宜，不可忽高忽低，并注意育雏期与放牧期的温度过渡。具体的育雏温度应符合下表的规定。

育雏温度

鸡龄	与鸡背同高水平温度(℃)
0~3 日	33~35
4~7 日	34~31
第二周	32~29
第三周	29~27
第四周	27~21
四周以上	20~18

育雏 4 周后、炎热季节育雏两周后可脱温，过渡到环境温度。

当雏鸡采取了应激措施后（如接种疫苗或鸡群发病等）温度应略提高 0.5℃~1℃以缓应激。

（2）湿度　育雏室相对湿度为 1 周龄 65%~70%；2 周龄 65%左右；3 周龄以上保持在 55%~60%。如湿度不够，可在地面洒水，以增加室内湿度。但湿度不能过高或过低，高温高湿易引起微生物繁殖，造成雏鸡中暑死亡；低温高湿雏鸡采食量大，易于感冒，诱发鸡白痢、伤寒等；过于干燥，雏鸡容易脱水，绒毛发脆脱落，脚趾干瘪瘦弱，食欲不振，消化不良，并易造成尘土飞扬，传染呼吸道疾病，这时应带鸡喷雾消毒，以提高湿度。湿度过高，应注意通风，即可缓解。

（3）通风换气　在重视保温的同时，不要忽视育雏室的通风换气。适时通风换气排除舍内二氧化碳、氨气、灰尘、水分的污浊空气。保持室内空气新鲜，以人进入鸡舍不感到刺鼻、刺眼为好，中午天热时要注意通风。此外，舍内要注意杜绝贼风，避免冷风直接吹到雏鸡身上，以免雏鸡受凉感冒。

(4) 饲养密度　密度的大小要根据鸡舍的构造、通风、饲养条件等具体情况决定。具体符合下表。

周 龄	平面育雏	立体育雏
1~2	40	60
3~4	25~30	40
5	20	25~30
6	15	20

(5) 光照　1~3 天为 24 小时光照，4~7 天为 23 小时光照，晚上停止 1 小时照明，让雏鸡有个适应黑暗的过程。以后每天减少 2 小时，直至自然光照。光照强度以每 20 平方米用 15 瓦的光源，鸡只看到采食、饮水即可，光照太强易产生啄癖等现象。

(6) 称重　每周一次，应在周末早上空腹进行，并根据称重情况，强弱分群饲养。

(7) 饲喂

开饮　雏鸡引进后，先在育雏室休息 1~2 小时后，先饮水。初次饮水在水中加 5%的葡萄糖或 5%的糖水、多维素，有条件的可加电解质营养液（硫酸铜 19%，硫酸亚铁 6%，硫酸锰 0.5%，硫酸钾 8.5%，硫酸钠 8%，硫酸锌 0.5%，糖 57.5%，混匀后溶于水中）。将鸡喙按入水中 2~3 秒，诱导雏鸡饮水，效果良好。要做到饮水不断，随时自由饮用。

开食　饮水 2 小时后开食，将少量饲料撒在开食盘或料桶中，少投多餐。一般前两周日喂 7~8 次，3~4 周日喂 6 次。

3. 育雏方式

(1) 网上育雏　将雏鸡养在离地面 50~60 厘米高的育雏网上。其优点是雏鸡与粪便分离，不宜感染疾病。

(2) 地面育雏　根据鸡舍的不同，可以用水泥地面、砖地面、土地面或炕面育雏，地面上铺设垫料，室内设有食槽和饮水器及保温设备，此种方式占地面积大、管理不方便、雏鸡易患病，所以只适宜小规模，暂无条件的养殖户采用。

(3) 立体育雏　目前普遍采用的是四层叠层式网上育雏。其优点是，可以增加饲养密度，节省建筑面积和土地面积，便于管理，同时提高了雏鸡的成活率和饲料效率。立体育雏（一般以四层笼育为主）前两周雏鸡放在1~2层，两周后按照上述饲养密度的要求将部分雏鸡分到第三层，四周后再分出到第四层。分群时要注意弱小雏放在上层，强壮雏放在下层。

三、过渡期的饲养管理（25~35天）

过渡期是滩鸡舍饲育雏期向放牧期的过渡，此时虽然雏鸡有一定的抵抗力，但受到外界环境的影响，也是最易出问题的时期，稍有不慎，即可带来很大的死亡率，极大的影响滩鸡的养殖效益。过渡期可分为环境过渡和饲养方式的过渡。

1. 环境过渡　环境过渡要严把脱温期管理，此期温度的把握尤为重要。在育雏期的20~25天，育雏舍的温度应保持在25℃左右。当外界气温接近20℃时，将育雏室门窗打开，加强通风换气频率，如育雏室和草地或果园、林带相连，可在草场、果园、林带放置饮水器、饲料盘，在气候温暖的时候，引导雏鸡在草场、果园、林带饮水、采食，加强雏鸡对外界环境的适应能力，30天以后选择天气晴和，晴天放养，最初每天放养2~4小时，以后逐渐增加放养时间。如育雏室与放牧地相隔较远，要在放牧地搭建移动鸡棚，并在转群的前1~2天，在饮水中加电解多维，以减少转群带来的应激反应。过渡期往往是滩鸡发病期，可在料中拌入清瘟大败毒等药物，连用5~7天。

2. 饲养方式过渡 饲喂25~35日龄前饲料中拌入20%的青饲料，青饲料为青菜类、野菜、紫花苜蓿，每日喂3次，早、中、晚各1次，早晚喂饱，中午喂少，但必须保证鸡都能吃到料。35日龄后逐渐过渡到早吃饱、中午停、晚吃饱。40日龄后，日补饲2次，早晚各一次，早晨喂6~7成饱，晚上喂饱。

四、放牧期的饲养管理（35~90天）

1. 放养训导 为使滩鸡尽早养成早晨出牧觅食和傍晚归牧的习惯，放牧开始时可用吹哨法给滩鸡一个响亮的信号，进行引导训练。由一名饲养员在前吹哨子开道，并抛撒饲料，让鸡跟随，另一名饲养员在后面用木棍驱赶，直到滩鸡全部进入放牧地。为了强化效果，每天中午还可在放牧地吹哨补饲一次。傍晚回归鸡舍时用同样方法训练。如此反复训练多次，使鸡群建立起“吹哨—放牧—采食—归舍”的条件反射，逐步形成习惯。滩鸡逐渐适应了外界气候和环境后，即可全天放牧。

2. 放养密度与时间 一般育雏30天，炎热季节15天左右开始放牧。放养密度以每亩200~300只。最佳放牧季节为春末夏初，此时外界气温适中，风力不强，能充分利用较长的自然光照，有力于滩鸡生长发育。

3. 定时定量补饲 喂料时间要固定，不可随意改变，这样可增强滩鸡的条件反射。日补2次，早晨、傍晚各一次。

饮水：放养鸡活动面积相对较大，夏季天气较热，一定要保证充足的饮水，在鸡群活动范围内，每50只左右要配备一个饮水器，饮水器要尽量放置在阴凉处。

4. 放牧期的管理　放养时要注意将鸡群按强弱分群，并选择天气晴朗、温暖的时候进行放牧，开始时间较短，以后逐渐延长，使鸡尽量适应放牧。放牧地点可由近及远，范围逐步扩大。由专人管理，密切注意天气变化情况，遇刮风、下雨等恶劣天气，应及时把鸡赶回鸡舍。炎热天气放牧应早晚多放，中午在树荫下休息或赶回鸡舍，避免在烈日下暴晒，防止中暑，如没有树荫应在放牧地搭建遮荫棚。

（1）放牧地的选择　应选择适合的草原、林区草原、果园、农闲地以及在农区收割小麦、水稻后茬地，并针对不同的放养地点来确定不同的放养方式与规模。

（2）放牧期日常管理　要做到“四勤”。一是放牧时要勤观察。健康的鸡放牧时总是争先恐后向外飞跑，弱鸡常常落在后面，病鸡不愿离舍，通过观察可及时发现病鸡，并进行隔离和治疗。二是补饲时要勤观察，健康的鸡补饲时往往显得迫不及待，病弱鸡则吃食行动迟缓、吃的较少或不吃食。三是打扫卫生时要勤观察。正常鸡的粪便软硬适中呈堆状或条状，上面覆有少量的尿酸盐沉积物；粪便过稀则为射入水分过多或消化不良；浅黄色泡沫粪便大部分由肠炎引起的；白色稀便多为白痢病；排泄深红色血便可能为鸡球虫病。四是关灯后要勤观察。晚上熄灯后倾听鸡的呼吸是否均匀、若带有“呼噜声”则说明呼吸道有疾病。

（3）强弱分群　公母分群饲养有利于提高鸡群整齐度。一般公鸡长得较快，饲料利用率较高；而母鸡相对生长较慢。

（4）轮牧　由于宁夏草场比较脆弱，每饲养一批出栏后要将放牧场转换到另外一个新的牧地，这样做不但能有效的减少鸡群间病菌的传染机会，使病源菌和宿主脱离，并配合消毒对病员做彻底杀灭，而且有利于植被恢复和场地的自然净化，同时通过鸡群的活动，可减少放牧地内的病虫害的发生。每群可 300~500 只，有条件的可放牧 1 000~2 000 只。

（5）日粮营养水平　优质地方鸡种如果按照肉用仔鸡的营养水平去饲喂，那是一种浪费。应当适当降低饲料的营养水平。可采用在肉用鸡营养需要量的基础上，蛋白质降低 5%~8%，能量水平降低 2%~3%。氨基酸水平、维生素水平和微量元素水平，可与蛋白质水平同步下降。如用浓缩料，可按要求加入一些小杂粮。

5. 消毒制度

（1）消毒　要坚持定期消毒卫生制度。

①日常消毒　饮水器、水槽每天消毒一次，料槽、料通每两天消毒一次。用 0.1%的新洁尔灭溶液消毒。要求消毒液现配现用，保持消毒液新鲜有效。

②定期消毒　鸡舍周围每月 2%~3%的烧碱或生石灰消毒一次，鸡出栏后彻底消毒一次。

③带鸡消毒　育雏期用 0.1%过氧乙酸，生长期用 0.3%~0.4%过氧乙酸带鸡消毒；或育雏期用 1∶300 菌毒敌、生长期用 1∶250 菌毒敌带鸡消毒。

④饮水消毒　抗毒威、百毒杀、漂白粉等按比例消毒。

⑤人员消毒　鸡舍门口设有消毒池，定期更换消毒药物，每周对工作服消毒一次。

（2）防疫　滩鸡放牧期活动范围较大，要严格按照免疫程序进行免疫。

一般情况下滩鸡抗病力较强，与舍饲养鸡相比较发病较少。但因滩鸡放牧期在野外，接触病原抗体机会较多，因此，要特别注意防止球虫病及消化道寄生虫病。一般在20~35日龄预防一次，60天再进行一次驱虫。可使用驱虫灵、左旋咪唑或丙硫苯咪唑驱虫。对于鸡球虫病可定期用球宝等药物防治。但在出栏半个月前要注意用药，以减少和控制鸡肉中的药物残留。

(3) 建议免疫程序（各县根据实际情况调整）

1日龄	马立克	颈部皮下注射
7日龄	新支二联苗	饮水
11日龄	法氏囊	饮水
21日龄	法氏囊	饮水
26日龄	新支二联苗	饮水
30日龄	禽流感	饮水
55日龄	新、传	饮水

(4) 免疫注意事项

鸡群饮水免疫，为使鸡群在规定时间内能将加入疫苗的水喝完，应在饮水前对鸡群停水2~4小时，免疫用水一定要重视水质状况，饮水质量将影响疫苗病毒的稳定性和活力，最好选用灭菌的蒸馏水或凉开水，若是漂白粉处理过的自来水，可在日光下静置2~3小时，待其中的氯气完全挥发后方可使用。也可在免疫前半小时往水中加入0.2%的脱脂奶粉（或加入2%鲜奶，鲜奶或全脂奶粉必须先煮沸放凉后，去掉奶皮才能使用），与稀释疫苗混合均匀，这样效果更好。免疫前用清水洗涤饮水器；避免使用金属器具。

参考文献

1. 王根林，张胜利主编.奶牛饲养管理精要.北京：中国农业出版社，2005

2. 罗晓瑜主编. 奶牛饲养与疾病防治. 银川：宁夏人民出版社，2005

3. 张沅主编.奶牛生产性能测定科普读物.北京：中国农业出版社，2009

4. 杨文章，岳文斌主编.肉牛养殖综合配套技术.北京：中国农业出版社，2001

5. 曹玉凤，李建国主编.肉牛标准化养殖技术.北京：中国农业大学出版社，2004

6. 姚爱兴主编. 牧草栽培与加工利用. 银川：宁夏人民出版社，2005

7. 黄红卫等编著.生物环保养猪技术操作手册.宁夏：畜牧工作站，2009